順著大腦來生活

從起床到就寢，用大腦喜歡的模式，
活出創意、健康與生產力的最高生活法

大衛・洛克——著
Dr. David Rock
黃庭敏——譯

Your Brai
at Worl
Revised and Update

Strategies f
Overcoming Distractic
Regaining Foc
and Working Smart
All Day Lo

致麗莎、翠妮蒂和茵提雅

CONTENTS

推薦序

最強大的心智科學

我第一次讀本書原稿時，我問大衛．洛克，是否可以讓我的妻子和我兩個青春期小孩一起試讀。書中的文字清晰，內容徹底改變了我們的觀念，故事又設計得巧妙：場景是平凡的日常工作和家庭生活，之後，一旦書中人物學會「大腦使用方式」來思考和行事，同樣的情況就會重新上演，讓他們有重新來過的機會。當他們發展出更深入了解自己思想的能力，即擁有我所說的「心智省察力」（mindsight），他們就可以有意識地選擇如何使用大腦，而且有能力改變個人習慣。

心智，即我們調節能量和資訊流動的情況，是動腦所產生的。因此，新興的大腦科學很自然地會開發出更有效的策略，來改善職場生活。大衛．洛克以準確且高度易懂的方式，詮釋了神經科學和認知等困難領域。他直接訪問科學家，參觀他們的實驗室，並花費數百小時篩選最新的研究結果，整理出關於「心智和大腦如何影響生活」的最新觀念。

書中的建議都有嚴謹的科學根據，是能幫助所有職場人員的強大工具。如果你是第一線的服務人員，本書的故事和科學能幫助你提高工作效率，避免倦怠。如果你是經理，此處提供的資訊能使你更有技巧地授權，並更成功地處理各種專案。此外，如果你是主管，了解大腦，有助於你建立一個能激勵員工以工作為榮的組織。其中，成員重視手上任務、處事機靈，且更能與同事合作。

學習順著大腦來生活，是增強心智能力和改善職業生活的有力方法。而且，有了更多調節工作能量和資訊流動的能力，你可以變得較有效率，並獲得更大的滿足感。大衛・洛克是使大腦效力的合適嚮導。我們都要感謝他，能與眾人分享他得之不易的洞見以及溫馨的幽默感。

——丹尼爾・席格（Daniel J. Siegel）醫學博士

加州大學洛杉磯分校醫學院臨床教授

前言

改變，從認識大腦特性做起

大量的電子郵件。

爆滿的簡訊。

臉書、LinkedIn和你的客戶關係管理系統發出幾十條推播通知。

會議排程讓你不到上午十一點就疲憊不堪。

由於你的工作每月都在變，變化和不確定的情形愈來愈多。

偶爾的勝利頂多讓你繼續前進。

如果這聽起來像你平常一天的工作情況，那麼你就選對了書。

這本書會幫助你更專注和工作效率更好、更聰明地工作、在壓力下保持冷靜、減少會議時間，甚至解決最困難的挑戰：影響他人。在過程中，可能會幫助你成為更好的父母和伴侶，甚至可能更長壽，或甚至可以讓人為你煮咖啡。好吧，也許沒有最後一點，但是其他部分我是認真的。

本書讓你了解有關人類大腦的最新重要發現，從而改變你的工作表現。透過了解自己工作時的大腦運作情形，你有機會變得更加專注和高效。事實上，唯有了解大腦，才能改變它。（而了解大腦可以產生的變化，也是你在書中將學到的東西。）

我很明白，大量資訊容易讓大腦招架不住，所以我無意讓你淹沒在繁雜的科學中。相反的，在本書中，你將用大腦喜歡的方式來認識大腦，也就是說故事。這個故事涉及兩個角色，分別是艾蜜莉和保羅，他們在一天的工作中遇到了一連串的挑戰。在你看著艾蜜莉和保羅忙碌的一天時，世界上一些最聰明的神經科學家將向你解釋，這兩位主角為什麼會在電子郵件、時間安排和同事相處方面很費勁。更棒的是，你還會看到，如果艾蜜莉和保羅更認識自己的大腦，他們可能會採取的不同做法。

在我解釋這本書的架構之前，讓我先介紹一下本書的緣由。我幫助全球最大資產管理集團貝萊德（BlackRock）、IBM和微軟等組織提高績效。在十年的工作經歷中，我偶然發現，向經理和員工傳授大腦知識，對他們的績效、甚至生活，往往影響深遠。然而，我找不到一本書，能用簡單的文字，為職場人士解釋最有用的大腦新知，因此我決定自己寫一本。

這本書最初花了三年時間才完成，儘管其中部分內容是我花了更久時間，才發展出來的。本書內容基於美國、歐洲和亞太地區等三十位頂尖神經科學家的訪談內容。另外，本書引用的超過三百篇研究論文，則取自近年來數千項大腦和心理學研究。在編寫本書時，我有一位科學導師幫助我涉獵龐雜的研究文獻，他就是神經科學家傑佛瑞・史瓦茲博士（Jeffrey M. Schwartz）。我還在義大利、澳洲和美國召開了三次關於職場大腦的領導者會議，在那些高峰會中，我幫助成立一份學術期刊，並在全球各地舉辦數百場講座和研討會。自本書第一版問世以來，我舉辦了十四場國際高峰會，撰寫或編輯五十多篇學術期刊論文，並協助闡釋神經領導力（NeuroLeadership）這個完整的研究領域。本書的觀點源於上述活動的結合。

關於我的事情已經說夠多了，讓我們來講一下本書的架構，我希望這本書對大家有用。碰到人腦這個宇宙最複雜的東西，處理起來很棘手。在嘗試多種不同的大腦解釋方式後，我決定把本書的架構設計得像一齣戲劇。

這部劇共有四幕，前兩幕是關於你的大腦，後兩幕著重於與別人的大腦互動，還有一個中場休息，探討故事中更深層的議題。

第一幕是〈問題與決定〉，涉及了思維的基礎；第二幕是〈在壓力下保持冷靜〉，探討了情感和動機，以及這些對思維的影響；第三幕是〈合作：從我到我們〉，介紹了與人相處更融洽的方法；第四幕是〈促進改變〉，重點在改變他人的方法，這是非常困難的事情。

每一幕都有幾個場景，每個場景開始都是艾蜜莉或保羅在工作或家庭面臨的挑戰，例如早上第一件事要處理大量的資訊。我透過蒐集資訊，用我設計的線上調查，來選擇角色的特定日常挑戰。然後，我把所得的資料與組織文化的調查研究結合起來。

看完艾蜜莉或保羅在每個場景經歷的挑戰後，你會明白他們大腦內部發生什麼情況、導致生活這麼辛苦，並直接聽到我採訪的神經科學家和其他相關研究的建議。本書最有趣的部分，是每個場景結束時的「第二種情景」。在「第二種情景」中，艾蜜莉和保羅更加了解自己的大腦，並在分分秒秒內做出一連串不同的決定。第一次和第二次之間的差異來自於行為的微小變化，但是這些變化產生了截然不同的結果。而且，這些細微的內部變化發生在不到一秒內，有時可能會改變一切。本書將幫助你理解、辨別和重現這類變化。

在每個場景的結尾，我總結了大腦研究中意想不到的事情。如果你想使用本書來更深入地改變自己的大腦，每個場景都包含一份具體的清單，你可以嘗試看看。

本書以結語〈建立適合自己生活方式的導演〉謝幕，其中除了摘出科學重點，也會探討研究背後的更大意義。我還提供了更多參考資料的清單，以及引用的參考文獻，內容注釋詳盡。我清楚說明了我從哪裡、以及如何得出自己的結論。或者，如果你願意，這些觀點來自數百項科學研究，你也可以進一步參閱。

表演即將開始，所以認識一下主要人物及其背景可能會有幫助。故事主人翁艾蜜莉和保羅都是四十出頭的人，他們和兩名青春期的孩子蜜雪兒和喬許，住在一個中型城市。艾蜜莉在舉辦大型會議的公司擔任主管，保羅曾在大企業上班，現在自立門戶當ＩＴ顧問。

故事發生在一天之內，是個普通的星期一，一切都很正常，除了一點不同：這一天是艾蜜莉升遷新職的第二週。她現在握有更多預算，管理的團隊也更大，她對自己的新角色感到很興奮，想要在一開始就把事情做好，但是她需要學習一些新技巧。保羅則在推銷新專案，他希望這個專案能幫他走出五年來在家接案的困境。儘管工作很繁忙，他們還有許多希望和夢想，包括把孩子帶好。

現在拉開帷幕，表演開始。

第一幕

問題與決定

提到做決定和解決問題，
大腦有一些意想不到的表現限制。
然而，了解大腦之後，
你會在不同的時刻做出不一樣的決定。

如今，愈來愈多人被雇用來思考問題，而不光是做例行工作。然而，由於大腦的生理極限，不管在長時間或短時間內，要做出複雜的決定和解決新問題都很困難。出人意料的是，要改善心智表現，最好的方法之一，就是了解這些極限。

在第一幕中，艾蜜莉發現思考會消耗大量精力的原因，所以發展出新的技巧，來處理龐雜事務。保羅了解他大腦的空間極限，並研究出處理資訊超載的方法。艾蜜莉明白了一心二用為何困難，並重新思考了工作安排。保羅發現自己容易分心的原因，並努力保持專注。然後，他找出讓大腦維持在「甜蜜點」的方法。在最後一個場景中，艾蜜莉發現她需要改進問題解決技巧，並學習如何在她最需要這種技巧的時候，取得突破性進展。

第1景
資訊排山倒海而來

現在是週一的早上七點三十分，艾蜜莉從早餐桌旁站起來，與保羅和孩子吻別，關上前門，走向她的車子。在整個週末解決小孩爭吵之後，她期待能專注於自己的新工作。艾蜜莉邊開向高速公路，邊想著接下來的一週，以及她希望有一個好的開始。在去公司的半路上，她想到要籌辦一場新的會議，所以在開車的過程中，她必須集中精力把這個點子記在腦海裡。

還沒到八點，艾蜜莉已經在她的辦公桌前。她打開電腦，準備詳盡地紀錄這個新的會議想法。然後，她發現了可怕的事實：電腦開始下載兩百封電子郵件。此外，她光從公司的聊天室就收到五十多則訊息，加上其他兩個程式還發出數十條推播通知，這時一股焦慮湧上她的心頭。光是回覆電子郵件可能就得耗掉一天，但她還得花數小時開幾個會議，而且有三個專案要在晚上六點以前完成。她對升遷的興奮感開始消退，她喜歡加薪和承擔重責大任的想法，但是她不確定該如何面對增加的工作量。

三十分鐘後，艾蜜莉察覺到她只回覆二十封電子郵件，還沒有去看別人發送給她的聊天室訊息，這些訊息可能很緊急。她需要加快速度，她試著一邊聽語音留言，一邊看電子郵件。她的注意力暫時轉移到工作時間更長，可能對孩子產生的影響，她記得自己過去工作太忙時，會對他們發脾氣。然後，她想起了對自己的承諾，也就是要忠於職業抱負，成為好榜樣。就這樣迷迷糊糊中，她不小心刪掉了老闆的語音郵件。

刪錯訊息引發她的腎上腺素激增，使她把注意力拉回到眼前的事情。她打字打到一半停下來，試圖思考今天要交件的專案：寫新的會議企劃書、設計行銷文案，並決定要雇用哪位助理。然後，還有所有的電子郵件，其中有幾十個問題需要追蹤進度。她花了幾秒鐘試圖想像如何決定事情的優先順序，但是什麼也想不到。她試圖回憶很久以前在時間管理課程中學到的指導方針，但是專注了幾秒鐘，卻找不到記憶的線索。她又回去看電子郵件，嘗試把字打得更快。

這個小時結束時，艾蜜莉已回覆四十封電子郵件，並處理了重要的即時訊息，但是由於今天是一週的第一個工作日，現在已經有一百二十封電子郵件未讀取，她也沒有時間去研究她對新會議的想法。儘管她有很好的意圖，但這對於一天、一週或新職位，都不是好的開始。

並不只有艾蜜莉是這樣。不堪負荷的工作量，就像流行病一樣，到處都有人遭殃。對於某些人來說，是升遷導致的壓力；對於其他人而言，則是公司縮編或進行重組；但是對於許多人來說，每天都要處理持續不斷、大量且吃不消的工作量。隨著世界數位化、全球化、鼓吹少用電子產品和改革，人們最大的抱怨就是要做的工作太多了。

為了讓艾蜜莉在新職位中行事幹練，且不損害自身健康或家庭生活，她需要改變大腦的工作方式。她需要新的神經迴路來管理更大、更複雜的待辦事項。

問題是，提到做決定和解決問題，就像艾蜜莉今天上午做的，大腦有一些意想不到的表現限制。儘管大腦非常強大，但即使是哈佛大學畢業生，也會因為被要求同時做兩件事，大腦變成八歲孩子的程度。在這個場景，以及接下來的幾個場景中，艾蜜莉和保羅將發現心智表現背後的生理極限，並在過程中發展出更聰明的用腦方法，來面對日常挑戰。隨著他們改變自己的大腦，你也有機會改變自己的大腦。

大腦中的金髮姑娘

做決定和解決問題在很大程度上，依賴大腦中的前額葉皮質（prefrontal cortex）區域。皮質區是大腦的外殼，即你在下頁的大腦圖片中看到的灰色捲曲東西。它只有零・三公分

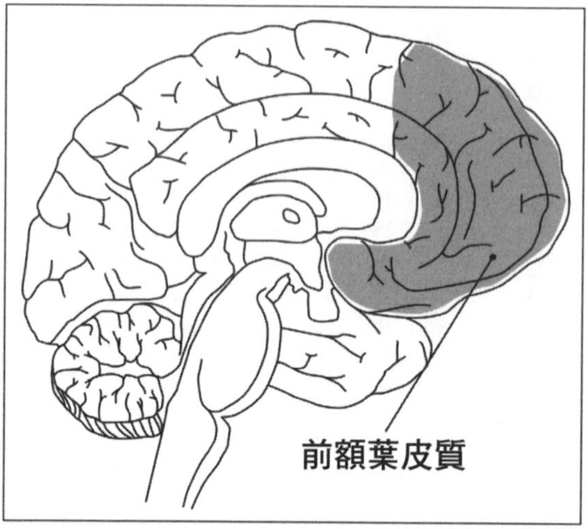

厚，像一張紙一樣覆蓋著大腦。位於前額後面的前額葉皮質只是整個皮質的一部分，是人類進化史上最後一個發育的主要大腦區域，僅占大腦總體積的四%至五%。

但是，不要被騙了。就像鑽石和濃縮咖啡一樣，好東西往往很精巧。如果沒有前額葉皮質，你無法設定任何類型的目標，不可能想著「去商店買牛奶」。此外，你也無法計畫事情，不能對自己說：「往上坡走，進入商店，買牛奶，然後往回走。」如果沒有前額葉皮質，你無法控制衝動，因此，如果你有一股衝動，想在寒冷的天氣裡，躺在陽光溫暖的道路上，這就會有麻煩了。而且，你無法解決問題，像是不知道汽車把你撞倒後，要怎麼去醫院。你也很難想像你以前從未見過的情況，所以你不知道該帶什麼東西去醫院。最後，你也無法進行創意思考，因此當你最終從醫院回家時，你無法編出一個好故事來向你太太交代。

你的前額葉皮質是你與世界有意識互動的生理場所，這是大腦在思考問題時的核心部分，而不是日常生活中的「自動駕駛模式」。在過去幾十年中，神經科學家對大腦的這個區域有了重要的發現，特別是由艾米・安斯坦（Amy Arnsten）所領導的團隊。安斯坦是耶魯醫學院神經生物學教授，她與她的導師，已故的派翠西亞・高德曼—拉基奇（Patricia Goldman-Rakic）一樣，致力於揭開前額葉皮質的神祕面紗。「你的前額葉皮質隨時都承載著你的思緒內容。」安斯坦解釋說，「這是我們思考的地方，這些思緒不是從外部或從感官產生的，是我們自己創造的。」

前額葉皮質雖然好用，但也有很大的極限。為了客觀了解這些局限，請想像你大腦中處理想法的資源，為你現在口袋裡有的硬幣價值。如果真是這樣，你大腦其餘區域的處理能力將相當於整個美國經濟（也許相當於二〇〇八年金融危機之前的價值）。或者，正如安斯坦的解釋，「前額葉皮質就像大腦中的金髮姑娘。它必須擁有最合適的東西，否則無法好好運作。」艾蜜莉需要學會的，是提供前額葉皮質「最合適的」東西，以應付她在新工作中要處理的額外資訊。

心智舞台的演員與觀眾

我會介紹一個關於前額葉皮質的比喻，這個比喻將貫穿本書。那就是，請把前額葉皮質想像成小劇場的舞台，演員在其中扮演特定的角色。在這種情況下，演員代表你所注意的資訊。有時候，這些演員會像普通演員一樣，從舞台的側面登場。比方說，注意到外在世界的資訊時，像艾蜜莉看著她的電腦下載數百封電子郵件，就是這種情況。

但是，這個舞台與普通劇場舞台不完全一樣。有時候，演員也可能是上台表演的觀眾。觀眾代表你內心世界的資訊：你的念頭、回憶和想像。舞台是你隨時注意的東西，它可以容納外在世界的資訊、你內心世界的資訊，或兩者的任何組合。

一旦演員登上了你的注意力舞台，你就可以與他們一起做很多有趣的事情。為了**理解**新的想法，你可以把新演員放置在舞台上，讓他們留在那裡夠久，看他們如何與觀眾、也就是已經存在於你大腦中的資訊進行交流。艾蜜莉在看每封電子郵件以了解內容時，大腦就是在做這樣的事情，希望你現在也在對本書做這件事。為了做出**決定**，你要把演員留在舞台上，對演員進行比較，從而做出價值判斷。艾蜜莉在看每封電子郵件，並決定如何回覆時，就是在做這件事。

要**回憶**資訊，即把過去的記憶帶回腦海中，你要把一名觀眾帶到舞台上。如果那段記憶是舊的，它說不定在觀眾席後面黑暗的地方。因此，要找到這名觀眾可能需要時間和精力，而且你說不定會在中途分心。艾蜜莉努力地回想培訓課程中管理電子郵件的方法，但是資訊在觀眾席太後面的地方了，於是她就放棄。為了**記住**資訊，你需要讓演員離開舞台，進入觀眾席。艾蜜莉試圖在開車時，記住一個新會議的想法，但發現這項工作很累人。

然而，有時候不要把注意力放在演員身上，讓他離開舞台也很重要。例如，你可能中午前有一個很緊迫的交案期限，所以你試圖專注於專案上，但是你發現你不斷冒出吃午餐的念頭，每半分鐘就會分心。而這是因為，使某些角色離開舞台的**抑制**過程需要一番心力，但這也是在生活中做事可以有效率的核心。艾蜜莉在思考如何應對新工作時分心了，結果意外刪除語音郵件。

理解、**決定**、**回憶**、**記住**和**抑制**這五個功能，構成大多數有意識的念頭，並被重新組合，來計畫、解決問題、溝通和執行其他任務。每個功能都密集地使用前額葉皮質，並且需要大量的資源來運作，遠遠超過艾蜜莉所了解的資源。

讓重要的演員先登上舞台

最近，我和妻子一起走路到上坡的商店買牛奶，有趣的是，我太太問我一個問題，我還必須先停下來，才能回答。大家都知道，走上坡路會消耗能量。事實證明，有意識的腦力活動也會消耗能量，而且我沒有足夠的精力，同時做這兩件事情。

有意識的腦力活動消耗著血液中的新陳代謝資源，即你血液中的燃料，消耗的速度明顯快於大腦的自動功能。例如，你的大腦會自動讓心臟保持跳動和肺部維持呼吸。然而，舞台需要大量的能量才能運作，就好像燈光在舞台後面很遠的地方，因此你需要大量的燈光，全部打開到最亮，才能看到演員。更糟糕的是，照亮舞台的電力是種有限的資源，隨著你的使用會逐漸減少，就像一組不斷需要充電的電池一樣。

這種腦力極限的第一個臨床證據可以追溯到一八九八年，科學家威爾許（J. C. Welsh）測量人們思考時，進行體力任務的能力。她讓受試者開始一項腦力任務，然後要求他們同時在測力計（一種測量力道的機器）上盡可能用盡力氣。她的測量結果顯示，幾乎所有的腦力任務都會減少一個人的最大力氣，通常會少到五〇%。

在舞台上執行耗費能量的工作，例如安排會議，可能在一個小時後就會讓你筋疲力盡。相比之下，卡車司機可以開一整天的車，他繼續做其他事情的能力僅受限於他是否需要睡覺。駕駛卡車不需要大量使用前額葉皮質，除非你是一名新駕駛、要開新卡車或走新的路線，駕駛卡車這類工作涉及大腦的另一部分，稱為基底核（basal ganglia）。基底核是大腦驅動日常活動的四個神經核團，不需要大量活躍的心智注意力。從演化的角度來看，基底核是大腦較古老的部分。它們很省能量，總體上比前額葉皮質的限制少。只要你重複一項活動，哪怕只是幾次，基底核就開始接管。基底核和許多大腦區域在下意識的情況下運作，這解釋了艾蜜莉為什麼可以一邊開車，一邊想著開會的事。

前額葉皮質吸收新陳代謝燃料，如葡萄糖和氧氣等，吸收的速度比人們想像得快。佛羅里達大學的羅伊．鮑邁斯特博士（Dr. Roy Baumeister）解釋說：「對於決策和控制衝動等活動，我們可用的資源有限。一旦資源用完，下一個活動所剩的資源就不多了。」當你做出一個困難的決定，接下來的活動就會變難，而這種影響可以透過喝葡萄糖飲料來解決。鮑邁斯特使用添加葡萄糖或代糖的檸檬水來測試這個假設，發現這對大腦表現的影響很明顯。

鮑邁斯特的見解對大腦機制是項重大發現。事實上，你操作舞台的能力有實質的限制，因為舞台需要大量的燃料。它需要大量的能量才能運行，而且這種能量一使用，就很容易耗盡。這解釋了許多日常現象，例如為什麼疲勞或飢餓時，很容易分心。凌晨兩點時，你似乎無法思考，這不是你的問題，而是大腦的關係。因為你最好的思考品質持續的時間是有限的，而解決的辦法並不一定是「加倍努力」。

為什麼心智舞台需要那麼多能量來運作？一些科學家認為，前額葉皮質非常消耗能量，因為它在演化過程中仍然是新的事物，需要更演進，才能滿足當今的資訊需求。這邊有一個不同的觀點。當你了解決策等活動所涉及的大腦處理過程後，你可能會對自己實際有的能力感到驚訝。你或許會尊重自己的局限，而不是與之抗衡。讓我們很快回到艾蜜莉故事的另一個環節，來探討這個想法。

艾蜜莉上午九點走進會議室，她的大腦接收到大量的資訊：三個人同時講話的嘈雜聲音、簡報架、人們的上班服和牆上的藝術品產生的鮮豔色彩，各種各樣的形狀和動作，還有十多張面孔。此時進入大腦的資訊量和複雜程度足以使任何超級電腦當機。艾蜜莉走進房間後，她用自己的**短期記憶**來處理接踵而來的資訊。大量的資訊進入她的大腦，但是二十到三十秒後，大部分資訊都流失了。就像數百名新演員短暫地跳上舞台，然後跑開一樣。如果你在一分鐘後問艾蜜莉看到了什麼，除非她停下來特別留意，並記住這些事情，否則她說不出誰穿了什麼衣服，也無法描述簡報架上的內容。

過了一會兒，艾蜜莉想起當初為什麼要來這裡，她要和新同事瑪德琳喝咖啡。現在，她的大腦必須同時處理三個消耗能量的過程。這三個過程涉及許多大腦區域，但是由前額葉皮質管理整個過程。第一，有關房間的視覺和聽覺資訊陸續進入她的短期記憶中，但是現在必須觀察這些資料，就像你在查看停車場中的汽車，是不是你的車。你必須把資料保存在舞台上，這需要付出心力才行，所以會消耗能量。

第二，艾蜜莉必須把瑪德琳的影像帶到舞台上，以便把會議室傳入的資訊與某樣事物進行比較。艾蜜莉的長期記憶中保存了數萬億位元的資訊，而瑪德琳的臉部影像是從中挖掘出來的。艾蜜莉需要讓代表瑪德琳影像的神經迴路保持活躍狀態，以讓這名演員待在舞台上，這也需要付出更多的心力和能量。

最後，艾蜜莉必須牢記「咖啡」的念頭。否則，她找到瑪德琳後，會忘記為什麼要找她。

這三個過程：「密切觀察傳入的資訊」、「瑪德琳」和「咖啡」，都必須同時保持活躍的狀態。另一方面，新資訊繼續進入她的短期記憶，這可能會擾亂記憶形成的過程。現在，艾蜜莉需要花費心力，好讓三組演員留在舞台上，而新的演員爭先恐後地上台，需要把他們給擋住。

艾蜜莉找到了瑪德琳，「我們應該去哪裡？」瑪德琳離開會議室時問。「不知道，我什麼都還沒想出來。」艾蜜莉回答說，「我們四處走走，看看能否找個地方，坐下來想事情。」

艾蜜莉的故事有什麼含義？也許你現在「看清」（事情盤據心頭時）心智舞台是很消耗能量的。你可以透過幾種方式接受此資訊，一種是抱怨人腦的運作狀況，另一種是派你的助手出去買一些葡萄糖粉或今日現成的產品：可樂。（這個選擇或許有幫助，但恐怕會有不好的副作用，如發胖、增加你的牙科費用，或提高第二型糖尿病的風險。）第三種選擇，也是我建議的選擇，是重新思考你如何評價和使用這項名為心智舞台的資源。

心智舞台是有限的資源，就像其他有限的資源，例如股票、黃金或現金一樣。試想一下，如果艾蜜莉用她公司管理金融資產的方式，來處理自己的思考能力，嚴格控制支出。然而，艾蜜莉卻浪費了資源，她在開車的時候，試圖在腦海中記住關於新會議的點子，在她還沒到公司的時候，就把她的大腦弄得很累。然後，她在新的一天開始時，先處理電子郵件。然而，處理大量資訊會耗費大量資源，這對她當時最重要的資產可能不是最佳的用途。

這是一個新的觀點：每次你使用心智舞台時，要把它分配給重要的事情。因為它是有限的資源，不能浪費。無論你有多努力，都無法像卡車司機一樣，可以整日在路上開車。要你一直做出明智的決定，這是辦不到的。

集中能量，決定優先次序

如果艾蜜莉知道自己的舞台多麼耗費能量，她就會以不同的方式開始週一的早晨。最大的不同是，她會排定任務的優先次序。在她進行其他需要專注的活動（如發電子郵件）之前，她會優先考慮工作的次序，因為決定優先次序是大腦最消耗能量的過程之一。

即使只是進行幾次腦力活動，你可能就沒有剩餘的資源來安排優先次序。因此，請用你的舞台來做一些能量密集的事情，比如說決定事情的輕重緩急。就像你在公園裡看到的玩具直升機一樣，原本應該是給孩子玩的，但實際上是爸爸買給自己的。一旦爸爸讓直升機離開地面幾次，它就飛不起來了，因為電力不夠。直升機會上升個幾公分，然後又掉下來。嘗試的次數愈多，電力就愈少。最好的辦法是充電，然後再試一次。同樣的，處理電子郵件十分鐘，可能會耗盡確定優先次序所需的能量。一旦艾蜜莉無法「知道」安排一天優先次序的方法，最後反而處理她的電子郵件時，她就經歷了這種情況。要了解為什麼決定優先次序如此耗費能量，讓我們探索一個新的想法：讓演員登上舞台的難度不同。

有些演員更難登台

這一點對於大腦是有用的洞見，有深遠的意義，所以請容我多言。想到剛剛發生的事情很容易，可以很容易存取到大腦的迴路，因為它還很「新」，例如在台下的前排找到一名觀眾。讓我們嘗試一個實驗，實際驗證這個說法。試著在腦海中想，你上一餐吃了什麼。通常，這只需要一點時間，而且不用費力。因為把最近的事件帶到舞台上是種相對快速、低能量的活動，就像把前排的觀眾帶到舞台上一樣。

現在想像一下你十天前的午餐。除非你有一致的習慣模式（「我總是吃鮪魚三明治」），否則，相較於回憶最近的一餐，想起那頓飯會耗費更多時間和精力。想像更久以前的午餐所涉及的迴路，在觀眾席較後排，因此你必須花更多時間來掃視人群，才能找到他們。記憶研究人員表示，回憶較早的記憶需要追溯時間，並按時間順序，回憶從現在到記憶最初形成時的事件。記憶愈久遠，例如艾蜜莉在電子郵件處理培訓課程中教的技巧，要回想起來的時間就愈長，需要的注意力和精力就愈多。

現在想像一下，你在中國的日本餐館為六人準備午餐。如果你是在中國工作過的日本廚師，那就很容易了！然而，對於其他人來說，觀眾席中沒有任何現成的畫面，因此必須找到合適的觀眾，把他們安排在一起，來代表這樣的午餐畫面。你可能會找到一家餐廳的畫面，然後找到六個朋友的畫面，再想像中國的畫面，這就好比試圖把二十個角色帶到舞台上，而不是只有一個角色，所以需要更多時間和精力。大腦喜歡盡量減少能量的消耗，因為人類的大腦在開發時，正值新陳代謝資源匱乏的時期。因此，在進行思考或任何使用新陳代謝資源的活動時，會有輕微的不適感。（如果耗費精力是種樂趣，大多數家庭就不會有電視遙控器、汽車電動窗或洗碗機了。）

想像一個你未曾見過的東西，要花很多精力和努力。在一定程度上，這解釋了為什麼人們花更多的時間在思考問題（他們已經看到的東西），而不是解決方案（他們從未見過的東西）。這也解釋了為什麼設定目標會如此困難（很難去預想未來）。丹尼爾・吉爾伯特（Daniel Gilbert）在二〇〇六年出版的《哈佛最受歡迎的幸福練習課》（*Stumbling on Happiness*）一書中，深入探討了這項發現的含義，說明了人類在估計未來的情緒方面有多糟糕，他把這個概念稱為「**情感預測**」（affective forecasting）。吉爾伯特證明了人們更會根據今天的感受，來定義未來的感受，而不是正確地評估他們在未來某個日期可能處於的精神狀態，因為這很難做到。

當然，這也解釋了為什麼排定事情的優先次序如此困難。因為決定任務的輕重緩急涉及想像，然後圍繞著你沒有直接經驗的概念來安排事情。例如，艾蜜莉要怎樣判斷雇用新助手會比撰寫會議企劃書容易？她沒有看到這兩件事的實際情況，所以這兩件事都不在她的觀眾席中。更重要的是，確定事情的優先次序涉及到我前面提到的每一項功能：立即理解新想法，以及做出決定、記住和抑制，這就像心智任務版的鐵人三項。

就如滑雪場使用的難度標示一樣，腦力任務也有綠色、藍色和黑色之分。[1]至少在充滿概念型計畫的知識經濟中，確定事情優先次序的難度絕對是高級雪道（黑色菱形）等級，甚至可能是雙黑色菱形。你要在精力充沛的時候做這件事，否則可能會慘遭滑鐵盧。

使用視覺效果

顯然，決定事情的輕重緩急是很重要的。現在，假設艾蜜莉先處理了優先順序的問題，她有清醒的頭腦和大量的葡萄糖可使用。那麼，她還能做什麼來最大化她安排事情的能力？要減少處理資訊所需的能量，有一種方法是使用視覺效果，在腦海中實際看到一些東西。例如，目前你就是運用舞台的比喻，來學習複雜的科學概念、認識前額葉皮質的功能。想像一個概念會啟動大腦後部枕葉的視覺皮質，這個區域可以透過實際的畫面，或用隱喻和講故事等任何能在頭腦產生畫面的方式來啟動。

視覺效果之所以如此有用，有幾個原因。首先，它們是資訊高度有效率的結構。如果你想像你的臥室，這時你腦海中記住了該圖像，這個圖像包含了大量的資訊，涉及幾十個物體之間的複雜關係、它們的大小、形狀和相對位置等等。把所有這些資訊文字化，明顯比視覺化來得費力。

視覺效果如此有用的另一個原因是，大腦在創造涉及物體和人互動的心像（mental imagery）方面，有著悠久的歷史，尤其是與語言所涉及的迴路相比。視覺過程已經演化了數百萬年，因此這個機制的效率很高。研究顯示，在請人們解決邏輯問題時，如果用人際互動來解釋問題，而不是用無形的概念來解釋，他們解決問題的速度會大大加快。

不需要思考的時候，不要思考

為複雜的想法創造視覺效果，是把有限的能量資源最大化的方法，另一種方法是盡可能減少前額葉皮質的負荷。如果艾蜜莉拿一張紙，寫下當天的四大工作項目，她就會省下要比較這些工作內容的心思，不用花費心力去保留每項工作內容。而透過實物，如訂書

1 北美地區用顏色和形狀來標識雪道難易程度，從初級到極限分別為綠色圓圈、藍色方塊、黑色菱形、雙黑色菱形。

機、原子筆和尺來代表每項工作，也可以獲得同樣的好處。這樣做的目的是讓想法跳脫出腦海，實體地進行比較，並把舞台留給最重要的功能。換言之，把能量消耗最小化，就能讓成效最大化。

如果艾蜜莉早上第一件事就是確定事情的優先次序，並把該做事項從腦海中清理出來，實際進行比較，那麼她還可以做另一件事，使今天早上工作的效率最大化。由於舞台上的電力消耗得很快，隨著燈光變暗，愈來愈難把演員安排在正確的位置上，也更難阻止其他人上台。這種傾向意味著，要趁著頭腦清醒而警覺時，安排最耗費注意力的任務。這可能是在清晨，也可能是在休息或運動之後。前額葉皮質與其他消耗能量的身體部位，例如肌肉，有很多共同之處，前額葉皮質會因使用而疲乏，經過好好休息後，可以做更多的事情。在思路清晰時，可能只要花三十秒就能做出艱難的決定，但一旦頭腦不清楚，就無法做到了。

察覺到自己的腦力能量需求，並據此安排時間很有幫助，你可以嘗試在不同時間點做事情的效果。有一種技巧是根據用腦的方式，而不是主題，將工作分成若干時段。例如，如果你需要思路清晰地在幾個不同的專案中進行創意寫作，你可以在星期一進行所有的創意寫作。然而，人們不傾向於這樣做，倒是偏向一次完成一個專案。或者傾向在問題出現時做出反應，因此有時候會在高度抽象層面上進行思考；有時候會在更詳細的層面上進行思考；然後有時候會一心多用，在不同工作之間切換。然而，你可以把一天分成多個時段，例如，一個時段用來創意寫作，一個時段用來開會，其他時段用來做例行公事，例如回覆電子郵件。另一方面，深度思考往往需要更多的精力，因此，你可以規畫在某個時段深入思考，也許是在清晨或深夜。這種策略的一大優勢是，你可以轉換工作的類型，讓大腦休息。比方說，如果你要運動，你不會整天都做舉重，你會做一些舉重，然後做一些有氧運動，再做一些伸展運動。每次你改變你的運動模式，就會以新的方式運用你的肌肉，有些肌肉在休息，有些肌肉在運作。這類似於混合不同的思考方式，透過把工作混合起來，盡可能讓大腦休息一下。

安排優先次序的最後一個洞見，涉及到你**不把東西**放在舞台上的自律能力。這意味著在你不需要思考的時候，**不要**思考，變得有紀律地不去注意非緊急的任務，直到你非處理不可。事實上，學會拒絕不屬於優先事項的心智任務，是很困難的。另一種讓你少去想不必要任務的技巧是，好好地授權。然而，你怎麼知道什麼該委託，什麼不該委託？這項任務和確定事情的優先次序一樣，需要耗費大量精力，所以最好在頭腦清醒的情況下進行。另一個技巧是，在獲得所有資訊之前，根本不用去想該項工作，不要浪費精力去解決之後會跑出更多資訊的問題。這一切的重點很簡單：你做出重大決策的能力是有限的資源，要利用各種機會來保護這項資源。

現在，讓我們整合本章觀點，並探討如果艾蜜莉了解前額葉皮質的局限，她會改以什麼方式行事。

資訊排山倒海而來，第二種情景

現在是週一的早上七點三十分。艾蜜莉從早餐桌旁站起來，與保羅和孩子吻別，走向她的車子。在整個週末小孩都吵個不停之後，她期待著專注於自己的新工作。艾蜜莉開向高速公路時，她在想這週如何拿出自己最好的表現。她對新會議有個令人興奮的想法，在等紅綠燈時，她用語音啟動錄音程式，迅速把那些想法紀錄在 iPhone 上。她知道自己不應該為了記住事情而累壞大腦，於是她打開收音機，享受一些好的音樂，讓自己放鬆。

還沒到八點，艾蜜莉已經在她的辦公桌前。她打開電腦，準備處理新的會議。接著電腦下載了幾百封電子郵件，她看到一大堆的推播通知和即時消息，一股焦慮湧上她的心頭，工作量增加的壓力開始取代她對升遷的興奮之情。她喜歡加薪和承擔重責大任的想法，但是她不確定該如何面對。光是處理電子郵件可能就需要一整天，但她還得花數小時開幾個會議，而且有三個任務要在晚上六點以前完成。

由於自己愈來愈焦慮，艾蜜莉認為，必須確定事情的優先次序，但是她知道這會花很多精力。她關掉電腦與電話，走到白板前。雖然她很想知道電子郵件的內容，但她知道應該沒有事是不能晚一點再處理的。她特意停止注意等待處理的電子郵件。在白板上，她為每個專案畫出三個小方框：「會議」、「雇用助手」、「寫作」，另一個方框則寫著「趕完電子郵件」。然後，她想起自己的新會議想法，也在白板上寫了下來。

艾蜜莉把精力留給比較各項代辦任務，而不是讓這些概念留在舞台上，這件小事帶來了很大的不同：她所有的處理能力都可用於考慮任務之間的關係。她看著每個方框，退後一步尋找可循的模式。她意識到，最困難的課題是雇用助理。她決定先集中精力解決這個問題。接下來她花了四十分鐘審視求職者的資料，以便在當天結束時做出決定。她決定花最後十分鐘檢查電子郵件，以防有緊急事件。

一小時後，艾蜜莉已經確定了她喜歡的助理求職者，並安排第二天與這名求職者瓊安進行最後面試。她還回覆了幾封電子郵件。儘管還有許多電子郵件需要回覆，但她計畫在一天的最後一小時來處理這些問題。她已經挪出時間，在午餐前為新會議寫提案，到時她將關閉手機和電腦，計畫明天再來想行銷點子。有了更清晰的思路後，她明白今天處理一個困難的任務已經很夠了，而且這個任務的期限也不是那麼急迫。這是今天、這週和新職位的好開始。

大腦的特點

- 有意識的思考涉及大腦中數十億個神經元之間深刻複雜的生理交互作用。
- 大腦每次有意識地執行某個想法時，都會消耗可量化的有限資源。
- 有些心智歷程消耗的能量比其他過程更多。
- 最重要的心智歷程，例如確定事情的優先順序，通常會花費最大的精力。

請你試試看

- 把有意識的思考視為需要保留的寶貴資源。
- 決定事情的輕重緩急，因為這是一項耗能量的活動。
- 避免其他消耗大量能量的意識活動，例如處理電子郵件，來節省心智能量，以便確定任務的優先次序。
- 在你頭腦清醒且警覺時，安排最耗費注意力的任務。

- 為複雜的想法創造視覺效果，並列出工作項目，使大腦與資訊互動，而非嘗試儲存資訊。
- 為不同的思考模式安排時段。

第2景

令人頭大的專案

現在是早上十點半，保羅從印表機拿出一疊厚厚的紙，紙都還是熱的。這是一份多達五十頁的軟體專案設計規格，規模比他以前經手的案件都要大，這是個好消息。壞消息是，客戶希望在一小時內收到企劃書，才能準備開今天的午餐會議。

其實，設計規格在四天前送到時，保羅就想著手寫企劃書了。當時他只是大概看了一遍文件，但內容似乎太複雜，而其他事情也讓他分散注意力。由於他通常只需要一個小時就可以寫好企劃書，因此他不擔心要在今天之前做完這件事，可是他沒有注意到這個專案比正常的專案大得多。

保羅仔細閱讀了這份文件。現在是上午十一點，只有三十分鐘來寫企劃書，他終於開始做試算表。他不知不覺浪費了十分鐘，才把公式寫正確。他意識到，還要弄幾個小時的試算表，才能提供準確的報價。

這份計畫書的麻煩在於，該專案涉及的資訊太多，保羅無法一下子全部記在腦海中。上週他想這件事想得頭都痛了，所以他那時沒有繼續進行，而現在他又頭疼了。這個專案太複雜，他甚至不知道從哪著手。有那麼幾分鐘，他冒出了新的想法：他是否有拖延的問題，結果這又在他已經擁擠不堪的舞台上，占據更多空間。然後，他決定試著做他平常做的事情。他打開試算表，嘗試一行接著一行快速地為專案建立預算。幾分鐘後，他知道他還要幾個小時才做得完，這時他需要新的策略。

保羅決定盡快為企劃書寫下大致的措詞，並把預算數字留到最後來填寫，他希望準備企劃書時，能得到一些靈感。現在是上午十一點二十五分，還剩五分鐘，他慌了，所以成本就用猜的。為了安全起見，他把猜測數字估得高了一點，但他擔心可能漏掉了一些費用。所以，他把報價提高一倍。就在他要送出企劃書時，他注意到有一個錯字。但他修改錯字的時候，電腦當機了，又浪費了寶貴的時間。他在五分鐘後才用電子郵件寄出企劃書，暗自希望客戶沒有注意到他遲交。幾分鐘後，保羅印出企劃書，卻發現有兩個文法錯誤。他很沮喪，準備前往開會地點，試圖把自己的感受放在一邊，但他沮喪的心情並沒有消散。

正如你在第一景中所發現的，耗費能量的前額葉皮質限制了你做決定和解決問題的能力。保羅在這裡遇到了前額葉皮質的第二個極限：在任何時候，腦海中可以記住和操控的資訊是有限的。那是因為舞台很小，比一般公認的還要小。為了在今天早上做出一系列重要的決定，保羅必須迅速理解大量的資訊。然而，要做到這一點，他需要學會把前額葉皮質的有限處理空間，運用到最大化。

記憶的真相

腦中的舞台比你想像的要小，更像是小孩的房間，而不是卡內基音樂廳，所以一次只能容納少數幾個演員。如果上台的演員太多，其他人就會被擠掉。由於可用的空間很少，你很容易不知所措，犯下錯誤。

那麼，腦袋瓜的舞台有多大呢？這個問題使科學家困惑了一段時間。你可能從未聽說過喬治・米勒（George A. Miller），但你或許聽說過他一九五六年所做的研究結果。米勒發現，我們一次最多可以記住七個東西。米勒的研究廣為人知，但問題在於它是錯的，或者至少經常被人誤解。這種誤解可能是人們普遍焦慮的原因：許多人認為自己有問題，因為他們無法在腦中記住那麼多資訊。

覺得自己記性差的人有希望了。二〇〇一年，密蘇里大學哥倫比亞分校（University of Missouri–Columbia）的尼爾森・考恩（Nelson Cowan）對新研究進行廣泛的調查發現，你可以記住的東西數量可能不是七個，更像是四個。即便如此，這也取決於這四個東西的複雜程度。如果是四個數字，要記住沒問題。要記住四個長語詞，就開始變難了。而要記住四個句子，除非是熟悉的句子，像是背起來的禱告詞或廣告詞，否則確實很難。而且，這些研究的參與者都是年輕人。你想想，四個句子，還不算太多，也難怪開會時常常一片混亂，因為沒有人能搞清楚情況。

這種局限的另一個線索，來自於你想記住的內容。舉例來說，要記住 catch（抓）、dream（夢）、ringer（鈴聲）、Fred（佛瑞德）這些詞的順序很容易。但是，請嘗試記住 thirl、frugn、sulogz、esdo 這幾個詞，這四個詞也是用同樣數量的英文字母拼寫成的詞。要記住你不會說的語言或亂編出來的四個詞，幾乎是不可能的。關鍵是，當你把根深柢固於長期記憶中的元素，帶到舞台上，舞台會有效地運作。這也解釋了為什麼很難思考新的想法，除非把新的想法與現有想法連結在一起。如果沒有長期固有的基礎來支撐新概念的含義，你無法輕鬆地把這些概念帶到舞台上。

還有更糟的是，紐約大學的布萊恩・麥克埃里（Brian McElree）進行的一項研究發現，令人驚訝的是，你能準確記住、記憶沒有退化的資訊組塊數量只有一個。這項研究指出：「有明確且令人信服的證據顯示，人們可以維持注意力在一個單位的資訊。但沒有直接的證據顯示，人們可以長時間注意超過一個單位的資訊。」雖然你明顯可以一次記住不只一件事，但你腦海中裝了很多東西時，你對每件事的記憶力會因而降低。

顯然，這是值得重視的局限，但是由於某些原因，很多人都想抗拒這個事實。長期記憶似乎容量龐大，而且，大腦不是宇宙中最了不起的結構嗎？這樣似乎不太對勁。想想一則科學傳聞，有位年輕研究生拒絕接受他的工作記憶局限。這名研究生連續幾天把自己關在隔音的房間裡，看看是否可以增加對於音訊的工作記憶。不幸的是，唯一增加的是他需要接受心理治療。

儘管採用「組塊」（chunking）[1]和其他有用的記憶策略，可以顯著地把記憶力擴展至最大，但在任何時候，前額葉皮質中可以保留的資訊量似乎都有實際的限制。但是，若試圖用舞台上的資訊做一些事情，例如在兩個演員之間做出**決定**，該怎麼辦？**關係複雜性**（relational complexity）這個完整的研究領域，就在探討這個問題。關係複雜性的研究一再顯示，要記住的變因愈少，做決定的效率就愈高。

比街道圖更複雜的大腦地圖

要了解為什麼舞台這麼小，讓我們從保羅大腦的角度，看看他試圖撰寫企劃書所面臨的挑戰。保羅在看客戶的設計規格時，設法立即在自己的舞台上容納數十個變因。客戶是一家零售連鎖店，在詢問新軟體的設計和安裝報價。他們希望消費者能夠在進入商店時刷卡，拿起物品，然後走出去，不需要停下來付款。因此，消費者接近前門時，電子讀卡器會透過貼在每件商品上的裝置，從他們的信用卡扣款。（如果有問題，就會發出聲響。）保羅的專案是為這個系統設計軟體，並安裝到五百家分店中。保羅之前也做過類似的工作，所以客戶打電話找他。專案本身並不大，他認為自己可以做到。問題在於，保羅在為該專案報價時，需要保留在舞台上的資訊量太多，無法一次保存，尤其是他必須短時間內完成這項工作。他試圖把三十位演員擠到最多可容納四個人的空間中。結果，這齣戲就是無法開演。這是現在許多人在工作中面臨的挑戰：不僅有海量的資訊，而且也必須快速地處理這些資訊。

要理解為什麼這對保羅的舞台而言是個問題，讓我們來看其中一個變因：把詳細的信用卡資料儲存下來的想法。光是這個概念，就可以啟動一張複雜的地圖，其中包含了遍及保羅大腦各處的數十億個連結，而不僅是他前額葉皮質區塊的連結而已。（地圖是類似網路或迴路的概念。）「信用卡處理」的地圖連接到保羅語言迴路中的地圖。例如，把「信用卡」一詞與「利息」、「拖欠」和「到期」等詞連接起來。「信用卡處理」地圖與長期

1 把資訊編排成數個單位，方便人們記憶。

記憶連結在一起，它與保羅擁有的第一張信用卡、此後的每張信用卡，以及他的信用卡上次超過額度的記憶相連。另外，與他的運動皮質（motor cortex）也相連，並有一個迴路與從他的錢包中取出卡片、刷卡，然後放回卡片的動作有關。（這張地圖涵蓋的內容豐富，讓保羅實際上能閉著眼睛做到這些動作。）如果你可以在紙上畫出「信用卡處理」的地圖，則涉及的大腦迴路地圖會比整個美國的街道圖更為複雜。

再強調一次，看起來很簡單的東西，經過仔細檢查，也牽涉到極複雜的情況。沒錯，你可以記住七個簡單的數字。如果只是想記住，你只須不斷重複這些數字（直到這串排列模式牢牢地嵌入你的長期記憶中），而且你還是用母語來記的，也沒做其他事情。你不能做的是，同時把多張複雜的地圖帶到舞台上，這對大腦來說負荷太多，無法管理。

這是一場競爭

前額葉皮質有空間限制的原因之一，是競爭的原則。一旦複雜的概念盤據心智舞台，通常會啟動視覺迴路。人思考時，是想像著一個概念如何在空間上與其他概念相連（工作記憶一定與視覺空間或聽覺有關，而前者的效率要高得多）。其中，視覺覺察（visual awareness）更能發揮作用。而迴路之間相互競爭，以形成對外部物體的最佳內在表徵

（internal representation）。[2]羅伯特・戴西蒙（Robert Desimone）是麻省理工學院麥戈文腦科學研究所（MIT's McGovern Institute for Brain Research）的重要科學家。他發現，大腦一次只能容納一個視覺物體的表徵。就像眾所周知的視錯覺一樣，在同一張插圖中，你看到的不是花瓶，就是老婦。大腦在任何時候都必須選定一種感知，所以你無法同時看到兩種畫面。但是，你可以隨意在主導的感知之間進行切換，這是這些幻覺有趣的一面。

對於保羅而言，「信用卡處理」地圖會啟動其他如「給客戶開發票」等概念所需的許多相同分支地圖。然而，大腦不喜歡迴路同時被牽往多個方向，所以用不著啟動太多東西，就已經有不同的地圖試著要使用你數百萬條相同的迴路了，這會造成互相衝突的情況。

大腦小空間大利用技巧

由於一次可以記住的概念數量有限，因此每次要記住的概念愈少愈好。而一次嘗試理解的新想法，理想數量似乎也只有一個。如果你要做出決定，那麼最有效益的變因數量可

2 指人所認知的世界，包括感覺、概念、知覺等形式。

能是兩個：應該向左轉，還是向右轉？如果你需要在腦海中容納更多的資訊，盡量限制一次處理三或四個想法。

我喜歡把工作記憶最大化，想成是擁有一間小小的套房，但是要做一些有創意的事情，來好好利用空間，例如用壁式折疊床、使用大量的鏡子，以及在高處安置置物架。如果你聽到腦力訓練遊戲能改善認知，其實背後的原理並不是使套房面積變大，而是提高隸屬技能的效率，例如透過更有效地**簡化**和**組塊**，來有效地把資訊送上和送下舞台、更善於選擇什麼東西該在舞台上、什麼東西該離開舞台，這意味著要學會**謹慎地選擇演員**。人們一直在憑直覺使用這三種技巧，然而，若能更理解這些技巧，你會發現自己更常使用它們，因為支撐這些技巧的迴路更大，也因此更容易找到。

簡化是王道

想像一下，你在一台記憶體有限的電腦工作，這意味著它在任何時候都無法容納很多短期資料。你想製作一個單頁的文件檔案，上面要有四張高解析度的彩色照片。每次你移動照片時，電腦都會花幾秒鐘來重新繪製所有內容。因此，為了把照片擺對位置，最好是製作一些低解析度的照片，然後在頁面上移動這些照片，看看放在哪裡最好。一旦擺好位置後，即可插入高解析度的彩色照片。平面設計師一直在使用這種「草擬」概念的技巧。編劇則使用「故事板」來描述故事的發展過程，每塊板子上都有一個簡單的繪圖來概括複雜的事件。比起重新安排整個腳本，這些故事板可以更容易地移動。而且，使用不那麼精確的想法來表示，也可以釋放重要功能所需的資源，例如採取不同的觀點、添加或刪除元素，或重新安排事情的順序。

這種把複雜的想法簡化為核心要素的能力，是大多數成功的企業主管已經養成的習慣，並且往往是他們做出複雜決策的唯一方法。例如在好萊塢，一部新電影的理想宣傳詞應該非常簡短，短到電影公司只須用一句話就能讓人「理解」。（有此一說，電影《異形》是「太空版的《大白鯊》」，這種宣傳方式形式扼要，並用人們熟知的現有元素，花最少的精力就能把想法搬上舞台。）簡單就是好，最簡單就是最好的。一旦你把複雜的想法簡化到只有幾個概念，要在你和其他人的腦海中利用這些概念，就容易多了，這單純是因為舞台很小。如果保羅知道舞台有多小，他或許會盡可能簡化這個專案。他原本可以把專案簡報精簡到只留重點，也許每一個關鍵議題都用一行文字來說明。然而，他卻反其道而行，嘗試鉅細靡遺地逐行建立試算表。

大腦喜歡組塊

以下有個小實驗，請花十秒鐘來記住這一串十位數：三六五九二三八三六二。感覺怎樣？你可以輕鬆地重複這串數字嗎？現在用十秒鐘記住一串新的十位數，七二三八一一五六四九，但這次把這些數字拆成幾組來記，例如「七二、三八」，所以會是：七二、三八、一一、五六、四九。

如果你用碼錶來替這項實驗計時，你會發現記住第二組數字要容易得多。許多研究，包括英國布魯內爾大學（Brunel University）的費爾南・戈貝教授（Fernand Gobet）所做的研究顯示，大腦靠著自動將資訊拆成組塊，來學習複雜的例行事務。而組塊的長度，大致與你對自己說出每一組數字所花的時間有關，例如說「七十二、三十八、十一、五十六、四十九」要比說「七千兩百三十八、一千一百五十六」容易得多，以此類推。由於你嘗試記住四位數時，產生的組塊太大，因此不容易留在舞台上。關鍵在於耗費的時間：最好的組塊長度只須不到兩秒鐘來思考或大聲重複。

二〇〇五年，《科學人心智》（*Scientific American Mind*）上有篇〈專家思想〉（The Expert Mind）文章，作者菲利浦・羅斯（Philip E. Ross）說明了國際西洋棋大師如何在棋局中表現出色。文章認為，國際西洋棋大師會為整個棋盤的完整布局設計出名稱，即組塊的概念。他們可能有一個組塊，代表棋局中當對方先開始，並移動最左邊士兵一步，而另一個組塊則是對方把同一個士兵移動了兩步。由於他們已經多次看過這兩種棋局的演變過程，多到記住這兩種棋局，因此可以很快就想起來，這使他們能夠輕鬆地比較這兩個組塊。西洋棋高手不會想到數百步之後的走法，他們仍然像我們其他人一樣，一次只記住少數幾個組塊，但是這幾個組塊分別代表幾十步的走法。顯然，成為任何領域的專家都涉及到創造大量的組塊，這使你能夠比業餘人員更快、更好地做出決策。目前的想法是，在任何新領域中，需要大約十年的練習，來發展出足夠的組塊，以達到「精通」的程度。

創造組塊時，舞台上的四個項目各代表其他數百萬的資訊位元。想像一下，你嘗試重新思考你的人生優先順序。因此，你可以為「工作」、「家庭」、「健康」和「創造力」創造組塊。畢竟，很難在一個窄小的舞台上，去試圖理解和重新思考整個生命歷程和未來計畫，還不如重新安排這些組塊，來改變生活會容易得多。換言之，創造組塊的做法不限於棋盤上，還可以在內心世界等許多生活領域，與複雜的模式進行互動。

將事情分成組塊，有助於保羅及時完成報價工作。他最多能把專案拆分成四個組塊，然後繼續拆分這些組塊，直到他想出如何替專案設定具體的報價。三到四個組塊似乎是可以一次記住的理想數字，而在許多情況下，三塊是最佳選擇。

每次你遇到舞台上所能容納的極限時，大腦自然會希望把事情分成組塊，這是你在不知不覺中做的事情。就像簡化一樣，如果你能明確了解拆分的過程，而不是默默地在進行，會有助於你更常、更有效地把資料分成組塊。

謹慎選擇演員

如果保羅的舞台一次只能容納大約四名演員，每名演員可以成為包含其他演員的組塊，那麼接下來的問題就變成，這四名演員中，誰隨時都是最有用的演員？

在第一景中，我介紹了一個觀點：讓某些演員登台所花費的精力，會比其他演員更多。然而，有些演員經常上台，往往是因為他們坐在前排，而不是因為他們在那一刻是**最有用**的演員。保羅第一次試圖在半小時內替專案報價時，他很快就把舞台填滿了專案的詳細資訊，然後發現自己動彈不得。因為，他的舞台太滿了，無法處理任何東西。

想像一下，你正在與六名同事開會，針對是否投資新業務，做出重大決定。這時，最好在你的舞台上安排的四個項目可能是：

一、組織的總體目標；

二、會議的預期結果，例如決定要或不要；
三、同意投資的主要論點；
四、反對投資的主要論點。

根據第一景的洞見，如果不把這四個項目放在舞台上，而是寫在紙上或白板上等大家看得到的地方，討論會更加容易進行。

在這種時候，往往會出現的情況是，人們的舞台上充滿新業務的細節，而沒有選擇合適的演員上台。這是因為這些細節剛在腦海中蹦出來，很容易被搬上舞台。而這裡列出的問題雖然很重要，但也有些籠統。因此，需要付出更多的努力來衡量。尤其，我們常常思考容易想到的問題，而不是想著正確的問題。

你如何選擇哪些是隨時都應該出現在舞台上的最佳演員？從目前我們對大腦的認識來看，這個決定本身需要許多心力和大量空間。因此，最好是儘早處理這個問題，同時你要有足夠的精力，使用視覺效果、簡化和組塊。但就目前而言，關於這個極為有限的舞台所面臨的挑戰，也許背景資訊已經說得夠多了。讓我們回到故事裡，這樣你就可以想像，如果保羅明白前額葉皮質的空間限制，他可能會採取怎樣不同的做法。

令人頭大的專案，第二種情景

現在是上午十點半，保羅坐在他的辦公桌前，茫然地盯著手中的文件，客戶希望在一小時內獲得完整的報價。保羅打開試算表，從頭開始建立預算，但是心裡有個安靜的聲音告訴他，這會花太久的時間，過程太繁瑣了。他學會在處理大量資訊時，要進行簡化和組塊。

保羅決定停下來，思考另一種策略。為了減少電腦和前額葉皮質中的資訊量，他關閉所有正在使用的電腦程式，並打開了新檔案，是張空白的試算表。他想了想自己最需要記住的東西，知道自己容易迷失在細節中，這可能會阻止他按時完成報價。因此，他先在螢幕上寫下「一小時」，讓自己專注於在一小時內完成事情。然後，他看著專案，嘗試定義他最需要實現的目標，並把目標簡化為一句話。最初，他在想寫程式的問題時又分心了，所以試圖把注意力集中在這一小時的具體目標上，他想到把「準確的報價」作為主要目標。然後，他試圖用一句話來定義這件專案，並想到「處理數千筆小額交易的軟體」這句話，他把專案簡化為幾個要點。現在，他心中有三個想法：「一小時」、「準確的報價」和「處理數千筆小額交易的軟體」，看看這些想法之間可能有何關聯。

保羅腦裡牢記著這些想法，並很快意識到，他應該把專案的報價工作分成幾個階段。

然後，他為專案確認了四個組塊：

一、制定詳細的專案計畫。

二、研究現有軟體與從頭開始設計。

三、編寫軟體。

四、安裝。

他寫下這四個組塊內容後，發現有跡可循。他想考慮軟體的所有細節（他的大腦自然會這麼想），但是他知道，如果這樣做，他會分心。相反的，他禁止這些演員上台，並試圖只讓一位演員上台，那就是「制定詳細的專案計畫。」把這個概念放到舞台上一會兒，就能讓他記住他為這種特定類型工作的報價方式。他記得，通常需要一個星期才能與客戶一起制定準確的專案計畫，而他知道如何替自己一週的工作時間報價。接下來，他考慮第二個組塊：研究現有軟體與從頭開始設計。僅僅記住這一個概念，他就想起了以前做這種工作需要多長時間。

他草擬了一個報價計畫，然後在接下來的三個步驟中，採取同樣的做法，一次把一個概念放到自己的舞台。到了第三階段的「編寫軟體」，他察覺到，在還沒完成前兩個階段之前，無法對第三階段進行報價。他決定用兩個之前類似的專案，來說明這個階段的成本，而不是給出明確的報價。這樣畫出示意圖，可節省他根據未知變因進行計算的時間。至於「安裝」這個組塊，他可以從以前的安裝過程中，計算出每間分店所需的安裝時間、支援時間等等。從這裡，他可以做出合理的估計，並提出免責聲明。

在三十分鐘內，他已經做出簡單的試算表，其中包含費用的明細。他把檔案列印出來，檢查是否有錯字，修改了幾個地方，然後在期限前十五分鐘寄出最終報價。保羅覺得客戶會很高興按時拿到這份資料，還看到了明細表，而不是只有一個數字。他對自己的推銷方式感到滿意。而且，在必須離開之前，他還有時間補看沒處理的電子郵件。

思索一下這兩種情景。在第一種情景，保羅於截止時間過後，寄出有錯字的企劃書，而且裡面只有一個數字，還只是粗估的數字，這種猜測可能代價不小。在第二種情景，他提早寄出了企劃書，還一步步跟客戶解釋該採取的步驟，而且企劃書內容沒有出錯。因為若有差錯，對保羅來說，在財務上可能有難以彌補的落差，雖然大腦運作方面的差異，倒不是很大。保羅明白他的大腦機制無法進行他想的任務，因此他改變大腦的運作方式來實現目標。當然，這種切換需要努力和注意力，也需要保羅了解自己的大腦模式，而不是做大腦自動想做的事。有時候，大腦看似很小的變化，也會對外在環境產生重大影響。

大腦的特點

- 舞台很小，比一般察覺的要小得多。
- 一次要記住的東西愈少愈好。
- 新概念在舞台上占據的空間，比你熟知的想法還要大。
- 一旦你嘗試記住不只一個想法，記憶力會開始下降。
- 在試圖從不同項目之間做出決定時，最佳的比較數量是兩個。
- 一次要記住不同想法的最佳數量不要超過三或四個，最好是三個。

請你試試看

- 透過粗估的方式簡化資訊，專注在想法的重點上。
- 一旦冒出太多資訊，就把資訊分成幾個組塊。
- 練習讓你最重要的演員先登上舞台，而不僅是那些最容易上台的演員。

第3景
分身之術

現在是上午十一點，艾蜜莉正要去參加資深主管會議。這是她第一次跟那群人開會，所以在電梯處，助理拿給她前往會議室的指示。走過長長的走廊時，她的手機響了，是艾蜜莉今天招聘工作時的落選者打來的。在她試圖客氣地拒絕對方的時候，她察覺自己迷路了，她腦海裡沒有會議室位置的地圖。她結束了通話，找到了方向，最後遲到五分鐘才到會議室，這使她很懊惱。

艾蜜莉很聰明，但是她卻無法一邊按照指示走到會議室，一邊和別人講電話。根據本書到目前為止對舞台的觀念，這種沒有辦法做到的情況可能顯得很奇怪，因為她就只注意兩件事：「找到會議室」和「講電話」。為什麼光兩件事就讓她的前額葉皮質吃不消？

隨著與會人員入坐，艾蜜莉注意到一位同事在滑手機，而她的手機則發出新郵件的震動聲。雖然她不習慣「一直開機」，但她有很多事情要做，所以她決定讓別人隨時聯絡得上她。而且，這支手機是公司因為她升官才配給她的。儘管她想把手機關掉，但是她擔心漏接緊急的事情。而電子郵件是瓊安寄來的，她是艾蜜莉想要雇用的助理人選。她們的面談需要改時間，艾蜜莉立即做出回覆，用一隻耳朵聽著開會的內容。她在輸入訊息時，幾乎有點頭暈，有點像她在車上試著讀東西的感覺。她的大腦在做它不想做的事情，她回覆完郵件，把注意力集中在會議上。然後，她的手機又震動了。是瓊安，她還有一個問題。就在艾蜜莉快速輸入回應時，同樣的輕微噁心感覺又出現了。

「艾蜜莉？」一個聲音咚的一聲進入她的意識，是執行長在叫她。

「我剛剛在問妳，想不想跟大家自我介紹一下。」

「當然好。」她停頓了一下，有些不知所措。她結結巴巴地說了「謝謝大家」讓她能有這次的升遷，還說她對今年有很大的計畫。她擔心大家可能會覺得她很奇怪，沒辦法在大庭廣眾前好好說話。

艾蜜莉是出色的講者，一向可以在很短的準備時間內，就讓人留下深刻的印象。這次她會表現不佳，是由於前額葉皮質的另一個限制，這是大部分人都希望不存在的限制，尤其是那些有很多事情要做的人。艾蜜莉發現，不光是你能同時記住的資訊是有限的，就像保羅在上個場景發現的那樣。還有，不管在什麼時候，你使用這些資訊來做的事情也有極限。如果試圖超出這個限制，就會犧牲某些東西，通常是準確度或品質會不佳。由於每天要做很多事情，艾蜜莉需要重新調整大腦，這樣她才能更有效地處理多種心智任務，又不影響自己的表現。

大腦如何運作？演員的限制

儘管你可以在腦海中一次記住幾個資訊組塊，但是你無法同時對這些資訊組塊，執行一個以上的有意識過程，又不影響大腦的表現。現在，我們有三種局限：舞台需要大量精力才能運作、一次只能容納幾個演員，而這些演員一次只能演一個場景。

儘管有時候體力上可以一次執行多個心智任務，但準確度和表現卻很快變差，其後果可能很嚴重。一項致命火車事故的調查顯示，駕駛員在火車轉彎的關鍵時刻，發了一則簡訊，所以誤判地加了速。

大多數人對這種限制都有切身的經驗。例如，在熟悉的路線上，很容易邊開車，邊和朋友聊天。但是，如果是開車到新的目的地，談話的速度會立即變慢。而在駕駛座方向相反的國外開車時，更需要努力集中注意力，讓車子開在正確的那一邊。而且，開著駕駛座與平常相反的車子，要轉換電台幾乎不可能，除非你把新的駕駛方式嵌入長期記憶中。同樣的，只須在電腦鍵盤上更改一個字母的位置，就會大大降低你的電腦打字速度。因為大腦現在一次要做兩件事：記住按鍵的位置，以及專注於要輸入的內容。

正如我在第一景中提到的，與完成工作相關的主要心智歷程是理解、決定、回憶、記住和抑制。要理解為什麼演員一次只能演一場戲，讓我們進一步探討這些過程。

理解新想法需要在前額葉皮質中創造代表新進資訊的地圖，並將這些地圖連接到大腦其餘部分的現有地圖，這就像讓演員在舞台上看他們是否與觀眾產生交流。做出**決定**包括啟動前額葉皮質中的一系列地圖，並在這些地圖之間進行選擇，就像舉辦甄選大會一樣，讓觀眾站在舞台上，從中挑選。**回憶**需要搜尋數十億張的記憶地圖，然後把正確的地圖帶入前額葉皮質。**記住**需要在前額葉皮質中，保持足夠久的注意力，把地圖嵌入長期記憶中。**抑制**需要嘗試**不去**啟動某些地圖，就像讓一些演員離開舞台。

而每個過程都涉及數十億神經迴路的複雜操作。這裡的關鍵是你必須先完成一項操作，才能進行下一項操作。原因與舞台很小的解釋類似：每個過程都消耗大量的精力，並且使用許多相同的迴路，因此迴路之間很容易發生競爭。這就像使用計算機一樣，你不能同時把兩個數字相乘，又相除。

大腦在進行有意識的活動時，會以連續的方式工作：一件事接著一件事。這與你只是觀察一個場景，但不太留意的體驗不同，例如艾蜜莉在上午九點找瑪德琳喝咖啡。在那種情況下，她的大腦在「平行處理」，雖然吸收了多個資訊流，但卻不做什麼處理。

從哈佛碩士退化至八歲兒童

針對意識過程一次處理一件事的想法，自一九八〇年代以來，已有數百項實驗進行相關研究。例如，科學家哈羅德．帕斯勒（Harold Pashler）指出，人們一次執行兩項認知任務時，其認知能力可能會從哈佛MBA的程度降至八歲兒童，這種現象稱為**雙重任務干擾**（dual-task interference）。在一個實驗中，帕斯勒讓志願者根據燈光是在窗戶左側或右側亮起，來按下小鍵盤上代表左側和右側的按鍵。有一組人員只重複地做這項任務，另一組人員除了該任務外，還必須從三種顏色中，判定閃燈的顏色。雖然上述都是簡單的變因：左邊或右邊，而且只有三種顏色。但是，同時做兩項任務所需的時間，是原來單一任務的兩倍，沒有節省到時間。無論實驗任務是針對視覺，還是聲音，也無論參與者如何練習，調查結果都一樣。如果他們的答案正不正確並不重要，那他們就可以做得比較快。這個啟示很清楚：如果準確度很重要，請不要分散注意力。

另一個實驗是讓志願者迅速踩下兩個腳踏板之一，以表示何時發出高音或低音，這個練習需要大量的注意力才行。如果研究人員多增加一項體力任務，像是在螺絲裝上墊圈，受試者仍勉強可以辨得到，但表現卻下降約二〇％。然而，若他們在腳踏板練習中加入簡單的心智任務，例如只是把兩個個位數相加，像簡單的五加三等於多少，表現就會下降五〇％。這個實驗顯示，問題不在同時做兩件事，而是同時做兩個耗腦的心智任務，除非你能接受表現會明顯變差。最近，我吃足苦頭才學到這個教訓。我當時在用藍芽耳機講電話，同時到另一個房間去找東西。結果我的腳趾卡在門底，過了好幾週傷勢才痊癒。

儘管三十年來對於雙重任務干擾的研究，結果都是一致的，但許多人仍然嘗試一心多用。多年來，世界各地的職場都要求人員要能執行多種任務。微軟前副總裁琳達・史東（Linda Stone）在一九九八年提出了「**持續的局部注意力**」（continuous partial attention）一詞。然而，若人們的注意力不斷地被分散，就會發生持續不斷、且強烈的精神疲勞。正如史東所解釋的：「持續的局部注意力是指對非常重要的事情保持注意，並不斷掃描周圍的事情，以防出現更重要的東西。」

老虎、資訊洪流與一心多用

倫敦大學進行的研究發現，在智商測驗中，不斷寄電子郵件和發簡訊會降低智力，在智商測驗中平均會降低十分。女性會降五分，男性會降十五分，這種影響類似於少睡一覺。對於男性來說，這比吸食大麻的影響高出三倍左右。雖然這個事實可能會成為有趣的晚餐聚會話題，但是手機這種最常見的「生產力工具」，可以使人像大麻吸食者一樣愚蠢，這真的不是什麼有趣的事情。（向科技製造商致歉：是有運用科技產品的好方法，特別是能夠「關機」幾個小時。）事實上，「一直開機」可能不是最有效的工作方式，後面的章節討論到在壓力下保持冷靜，會把其中一個原因講得更加清楚。但總而言之，大腦被迫太長時間處於「警戒」狀態，會使你的「**身體調適負荷**」（allostatic load）升高，這個讀數指的是壓力荷爾蒙和其他與威脅感有關的因素，這方面的生理耗損會帶來很大的影響。正如史東說的：「這種任何地方、任何時間、任何地點都要開機的時代，已經創造出人為的持續危機感。哺乳動物持續處於危機狀態下，就會啟動腎上腺素的戰鬥或逃跑機制。如果有老虎在追趕我們，這種反應很好。但每天五百封的電子郵件中，有多少封郵件等同於老虎呢？」

儘管針對先天的局部注意力問題，已有深入的科學研究，人們還是繼續勉強自己，同時做更多的事情，即使他們可能得到的好處很少。畢竟，「一直開機」似乎是合理的解決方案。因此，如果你收到的電子郵件和簡訊多到在辦公桌前處理不完，那麼你就到哪裡都得處理事情。另外，比起根本不在觀眾中的不確定解決方案，例如改變查看電子郵件的習慣，全天候都能讀取工作內容的想法顯得更為容易。然而，一直開機的意外結果是，這不只對你的心智表現帶來負面影響，還往往會增加你收到的電子郵件和資訊數量。因為人們會注意到，你會很快回應問題，所以他們會向你發送更多問題要你回應。

如果你強迫自己，在短期內保持開機狀態，看似你很有工作效率。但是，大腦要付出的代價可能很大，正如艾蜜莉在會議中遇到雙重任務干擾所引起的噁心感覺。想一想，當你試著要做很簡單的決定，像是午餐要吃什麼，這時卻有人問你很難的問題。你幾乎還是可以做出決定，但會很費心力。

人們常見的行為，就是艾蜜莉在會議上做的事情。他們試圖同時注意多個重點，並在它們之間快速切換。你可能認為這是個好主意，但是，請考慮在後台執行任務時，會發生什麼情況。有鑑於你的工作記憶容量很小，因此你減少了隨時想注意的資訊量。這時舞台上非但沒有同時有四個項目，你注意到的東西可能會減少到三個，甚至只有兩個，工作記憶的空間正被舞台上的東西所占用。儘管還沒有人對這部分進行研究，但是我們可以合理地假設，最消耗心力的項目最有可能先退出舞台。而且，更糟糕的是，這些最有可能是概念性的東西，例如較抽象的目標，或其他更細微的目標。這種傾向可以解釋，為什麼你的舞台負荷過多時，很容易就不記得整體的目標，因為體型大的演員會先被趕下台。

每當你一心多用，並且需要專注於一項以上的任務，準確度都會下降。除了一次只做一件事情（大多數每天收到兩百封電子郵件和簡訊的人會一臉不以為然），還有其他方法可選嗎？對於這種同時處理不同事情的困境，有三種可行方案。第一是把更多手邊工作嵌入或自動化，**這意味著讓觀眾做更多的工作**；另一種可行方法，是盡可能**按最好的順序讓資訊上台**；第三種則是**混合使用注意力**。

讓觀眾做更多的工作

商務人士有時會說，他們很能一心多用。的確，你可以一邊進行電話會議，並幾乎同時回覆電子郵件。然而，現實情況是，你從未同時進行兩個舞台上的任務，你只是在任務之間切換注意力罷了。結果是，對電話會議的注意力降低，因此可能會遺漏重點，也可能不會「吸收」新的想法。記憶研究人員的研究還顯示，要形成長期記憶，必須密切留意資訊。因此，你可能會聽到電話會議的聲音，但是之後幾乎很少記到討論的內容。

這裡有個可行的解決方法。你可以像小丑學會拋接很多顆球一樣，學會在工作中處理很多不同的事。換言之，一遍又一遍地練習特定的動作，直到它們嵌入腦海為止，這意味著這些活動不是由前額葉皮質所管理。一旦活動嵌入後，你可以同時增加另一個動作。然後，在嵌入其他層面的動作時，繼續增添更多層面的動作。以學習開車為例：先嵌入握住方向盤的動作，再嵌入踩油門和剎車，然後這些也變成自動的動作，現在就可以學習更多的細微技巧，例如停車。

比方說，我學會電腦的儲存、剪下、貼上和復原的快捷鍵操作，因此現在做這些事時，幾乎不需要用到大腦來注意。這使我可以在更短的時間內，寫出品質更好的文章，因為我不需要有意識的資源，來做這些經常發生的動作。一旦你嵌入重複的任務，就會把固定動作推進大腦的基底核區域，這個我們在第一景中提過。

基底核（有數個）是大腦儲存固定動作的核心。之所以稱為固定動作，是因為它們是按照某種順序組合在一起的步驟，就像舞蹈一樣。你的基底核會識別、儲存和重複你環境中的模式，基本操作原理有點像軟體程式中的「如果—然後」。例如，「如果你拿起一杯熱飲料，不要直接大口喝下去，先喝一小口測試一下。」這個固定動作儲存在複雜的地圖中，每張地圖都包含讓數百萬條神經放電的指令，以最合適的次序，在最適當的時間內，用最恰當的力度，移動數百條肌肉，拿起裝著熱飲的帶手柄杯子，並把杯子送到嘴邊小口地喝。

基底核參與了一切活動，資料透過長長的白質（white matter）連結起不同的大腦區域，構成資料傳遞的進出路徑，白質就像把大腦不同區域互相連結的長距離電纜線。此外，前額葉皮質與其他大腦區域的連結情況也很好，而某些區域，例如杏仁核，與其他區域的連結數量則比較有限。連結發達的基底核不僅在肢體動作中學會可循的模式，還會從

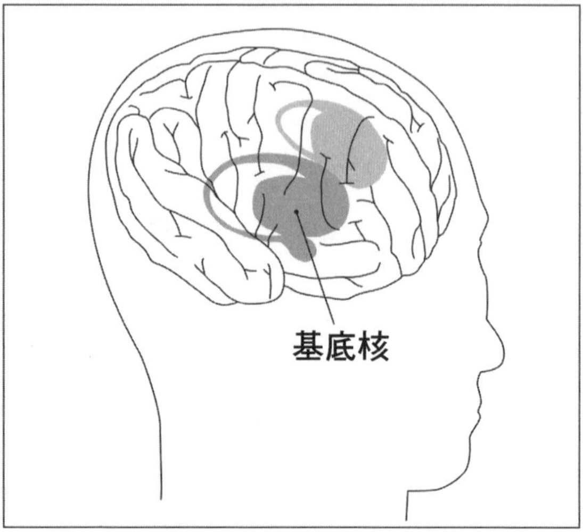

光線、聲音、氣味、語言、事件、思想、情緒，以及所有感知到的刺激中，學習到固定的模式。下次你喝牛奶前，不自覺地聞到一盒牛奶的味道，或者午餐會議前，自動檢查是否有帶信用卡時，請感謝你的基底核。

基底核對模式的吸收能力很強。研究顯示，一個慣例只要重複三次，就足以啟動所謂的**長期強化作用**（long-term potentiation），或者我稱的「內建固定功能」（hardwiring）。基底核也是靜靜地就消耗很多能量，在沒有察覺的情況下，學會了模式。加拿大蒙特婁的研究中，腦部掃描儀中的志願者看到螢幕上燈光閃動的位置時，必須按下鍵盤上四個對應的按鍵。志願者被分為兩組：一組被分配了隨機的順序；另一組則是重複的順序。重複的順序非常複雜，以至於人們無法有意識地學會。然而，他們的基底核確實學會了。接收到重複順序的小組在輸入順序時，速度快了一〇%。實驗結束後，兩個小組都被要求輸入他們能辨識的任何模式，但是兩組的表現差不多。他們的基底核隱約注意到了這些模式，但是志願者無法明確辨識出來。你可能會想起類似的經歷，例如，某天開車去新辦公室，第二天似乎不知怎麼地「就知道」行車路線。該類型的覺察是種微妙的知曉，你無法向別人描述這條路線。然而，即使你無法描述，你的基底核也形成了一種模式。

基底核執行模式的效率很高，所以請盡可能地活用此資源。一旦你把該模式重複夠多次，基底核就可以驅動這個過程，為新功能釋放出空間。因此，請培養出可以一遍又一遍重複的慣例：像是怎麼打電話給別人、如何打開新的檔案、怎樣刪除電子郵件、如何安排時間。你愈常使用某種模式，執行該任務所需的注意力就愈少，一次能夠做的事因而愈多。儘管對於高階任務來說，例如撰寫複雜的新企劃書，顯然是不可能變成自動化處理。但你或許會驚訝地發現，可以在其中嵌入不少的內容。比方說，現在我可以使用鍵盤的按鍵，花費不到三秒鐘（我計時過了），而且幾乎不須特別留意，就用一個笑臉符號來回覆電子郵件，基本上是在說：「收到你的電子郵件了，我很高興。」

按最好的順序讓資訊上台

另一個讓你一次注意一件事的資源最大化的方法，是讓事情以最佳順序出現在舞台上。想像一下，你試著與幾個朋友在 Airbnb 民宿出租平台上，選擇海灘度假的地點。但各項決定需要按一定的順序來做出，比如，在你們知道有多少人要來之前，無法計算出要買多少食物，而在大家選擇度假日期之前，你們也不會知道有多少人要來。如果你們在確認好有哪些人要去之前就去購物，會發現自己好像鬼打牆似的，無法做出決定。

你可能經歷過類似的事情，也許是在工作專案上，一直重複做出相同的決定。事實上，前額葉皮質和有意識的心智處理有一連串的特質，其中就涉及這種情況，稱為**瓶頸**。瓶頸是一系列未完成的連結，這些連結占用了心智能量，形成**工作佇列**，其他決定要排在第一個決定之後。這有點像印表機卡紙的時候，其他檔案被擋在後面，等待列印。此時螢幕上會跳出印表機的圖示，並發送「警示」通知你出現問題。同樣的，一個想法不斷重複出現時，這個決定可能會阻礙其他決定。如果你可以列出自己一週內所注意的想法，你會發現一連串反覆出現的想法。你試圖回答陷入佇列的決定，但是回答不出來，這是大腦資源嚴重浪費的情況。

你如何解決佇列中的問題？答案也許是，做出層級更高的決定。比方說，如果你在裝修房屋，但無法決定用哪種顏色粉刷牆壁，你可能欠缺了更高決策，不知道想要的整體配色方案。因此，似乎有一種最有效的方法，是阻力最小的途徑，讓人來思考任務。換言之，花時間制定正確的決策順序，可以節省大量的工作和力氣，從而減少工作佇列中尚未解決的問題。減少佇列可以避免你把相同的東西上上下下重複放在舞台，這使你有更多的心力與空間來存放其他資訊，以及整體來說，有更多的資源聚焦在其他任務上。

混合使用注意力

必須處理多項事務的最後一種解決方法，是混合使用注意力。這個觀念類似於我在第一景所討論的內容，即根據心智任務類型來安排工作。基本上，如果必須同時做幾件事情，請限制一心二用的時間。換言之，要有意識地決定分散注意力多久，然後再專注於一件事上。舉例來說，你每天工作時，手機只打開幾個小時，也許只在下午開機，因為這段時間你不打算做需要專注的工作。

讓周圍的人知道，你正在分散注意力，可能會有幫助。比方說，必須在會議中試著確定某人是否在聽，會分散你的注意力。因此，在開電話會議時，明確指出誰百分之百地投入，誰在做其他事情，可能會有幫助。一旦需要某人全神貫注，可以提醒這個人現在需要全神貫注了。

有鑑於此，現在讓我們看看，如果艾蜜莉了解大腦的局限，她可能會採取的不同做法。

分身乏術，第二種情景

現在是上午十一點，艾蜜莉要去參加資深主管會議，這是她第一次和那群人開會。她從助理那裡拿到前往會議室的指示，然後朝大廳走去。她的手機響了，她知道自己一次只能專注於一件事，並且需要注意自己要去的地方。於是，她把來電轉到語音信箱，並準時抵達會議現場。

在會議期間，艾蜜莉注意到有人在滑手機，然後聽到自己的手機悄悄地震動。她知道，如果她開始回覆電子郵件，會沒注意到會議討論的主軸。她向小組詢問會議議程，這樣她就可以有意識地決定，是否要分散注意力。她得知自己要在幾分鐘後自我介紹，所以決定把手機切換到飛行模式。艾蜜莉知道，與大家談話需要全神貫注，在自我介紹之前的十分鐘，她把注意力集中在會議室裡的每個人身上，來感受對方是什麼樣的人。聚焦在他們身上後，她感覺與他們更投契，也更加自在。她還記得以前與其中幾個人見過面，並有過愉快的對話。她為每個人建立豐富的關係網，然後儲存在工作記憶中，這有助於她等下的談話。她做了筆記，提醒自己要寄信邀請每個人見面喝咖啡。等到她自我介紹的時候，她覺得思緒靈敏，又很鎮定。

在自我介紹的過程中，她表現得堅強和自信。她補充說，她記得與會議室裡兩位同事見面時，對方所提到的見解，她對細節的記憶讓他們留下了深刻的印象。在她自我介紹完畢後，她讓大家知道，她要花三分鐘查一下簡訊再關機。她開始閱讀一封更詳細的電子郵件，但覺得頭腦混亂，所以決定專注於會議。她把手機切換回飛行模式，這樣就不會忍不住去回覆任何電子郵件。在會議快要結束時，有十分鐘的討論事項與她沒有直接關係。她利用這段時間刪除一些電子郵件，沒有試著同時做兩件事。

大腦的特點

- 一次只能專注於一項有意識的任務。
- 在不同的任務之間做切換會消耗心力。如果你經常這樣做，會犯下更多的錯誤。

- 一次執行多個有意識的任務，準確度或表現會大打折扣。
- 如果準確度很重要，那麼快速執行兩項心智任務的唯一方法，是一次做一項任務。
- 假如執行的是嵌入的固定動作，則可以輕鬆完成多項任務。

請你試試看

- 發現自己想同時做兩件事，反而要慢下來。
- 盡可能地把重複性任務嵌入到腦海中。
- 按正確的順序來安排決策和思考過程，以減少決策的「工作佇列」。
- 如果必須執行多項任務，就只把自動、嵌入的固定動作與積極的思考型任務結合起來。

第4景
拒絕分心

現在是上午十一點半，保羅要在一小時內與潛在客戶見面並吃午飯。在此之前，他想弄清楚，如果拿到這個信用卡專案，他需要哪些資源。他已經提交了企劃書，但還沒想出細節如：應該找誰來參與、如何組織團隊，以及交案的時間表。儘管他有信心可以勝任這項工作，但他的基底核發現了一種模式。雖然他無法用語言描述，但有東西困擾著他，是他大腦深處微妙且微弱的連結。雖然他現在還不能確定那是什麼，但那個記憶在告訴他需要經過更好地準備。那可能是早已被遺忘的經驗，像是沒有充分準備就與客戶會面，因此經歷了強烈的情緒。即使大腦無法輕易回憶起細節，還是能記住與某種情況相關的感受。

保羅拿了一張白紙，試圖草擬出哪些承包商最適合參與該專案，一名以前的承包商的模糊畫面開始浮現。就在這時，電話推銷員來電。由於保羅不好意思粗魯掛掉電話，所以他花了一些時間弄清楚對方要推銷的商品，才掛斷電話。不幸的是，與電話推銷員互動也需要心力，但他現在沒有足夠的心力。五分鐘後，他還在盯著那張白紙，這時他聽到輕柔的新郵件提示聲。有一瞬間，他認為應該置之不理，但是不去理會也要費力。第一封電子郵件來自承包商艾瑞克，問題關於他們的學校專案。保羅和艾瑞克正在為他們孩子就讀的學校升級電腦，保羅花了十分鐘來回覆問題。他因為分心而變得緊張，於是把情緒發洩在艾瑞克身上，草草地回答他的問題。

保羅寫好了給艾瑞克的電子郵件，並試圖重新思考這個專案。每次他重新開始時，都需要更努力來集中注意力，而且可以動用的心力儲存量也更少。隨著每次焦點的改變，保羅都需要讓目前的演員離開舞台，讓新的演員上台。老演員可能會一直跑回台上，只是因為他們人就在前排，這需要**抑制**。所有這一切都需要大量的心力，而保羅到了早上的這個時候，已經心力不足了。

保羅去冰箱找零食吃，他盯著昨晚的剩菜，想起被郵件轟炸之前他在想什麼，然後回到電腦前面，他試著找到之前突然出現在腦海的承包商。又一會兒，他想到今晚打牌的事，心思飄到上週的牌局。他希望當時自己沒有帶那麼多錢去玩，因為他知道，如果他沒有贏錢，他會把帶去的錢全都花光。然後，他的注意力回到了現在，他發現自己的螢幕桌面很亂，所以開始把檔案放入資料夾裡。在過程中，他注意到一個他已經忘記的專案，於是打開這個檔案。電話響了，是艾蜜莉。她有幾分鐘的休息時間，所以想談談她正在做的專案。保羅在與她說話和準備開會兩件事之中掙扎，結果艾蜜莉誤解了保羅的回答，以為他漠不關心。她告訴他，在新工作上任之初，她需要他的支持，而他回答說，他也很忙。他突然看了手錶一眼，已經該出門去開會了。

儘管保羅打算進行的思考很重要，但有這麼多分心的事，他無法動工。他的心思到處亂飄，只差沒有飄去他想要的地方。為了更有效地工作，他需要學習更好地管理分心的狀況，包括外在的事物和內在的分心。他需要改變自己的大腦，以便在對他很重要的時刻，可以更有效地集中注意力。

外在的注意力小偷

讓人分心的事無所不在，而如今不斷電的科技，也對人們的生產力造成沉重打擊。研究發現，受辦公室的分心干擾，上班族平均每天浪費二．一個小時。另一項研究發現，員工在一個項目上平均花費十一分鐘就會被打斷。被打斷後，他們需要二十五分鐘才能回到原來的任務上，如果他們有回頭去做的話。人們每三分鐘就切換一次活動，例如打電話、與辦公室隔間的同事交談，或處理文件。

微軟有一個部門負責研究人們的工作方式，以開發能提高效率的軟體。（根據微軟的說法，如果你正在尋找提高效率的技術解決方案，那麼準備更大的電腦螢幕就是少數幾個明顯有效的選項。）為了減少干擾的影響，他們測試不同的技術，例如更微妙的「警示」（像是更改視窗物件的顏色）。挑戰在於，無論讓人分心的事有多小，都會轉移你的注意力。尤其迴路是新的或想法較微弱時，需要花一些努力，才能把注意力轉回分心之前的事。每次保羅嘗試規畫專案，他都必須重新啟動數十億個全新的脆弱迴路，這些迴路卻可能像衣服上的棉絨一樣，在瞬間消失。

使人分心的事物不僅令人沮喪，而且可能讓人筋疲力盡。當你回到原來的起點，你集中注意力的能力會進一步下降，因為現在可以用的葡萄糖更少了。若以一小時內注意力改變十次來說（研究顯示，上班族每小時改變注意力的次數多達二十次），你的高效思考時間，可能還只是這當中的一小部分。然而，更少的心力等於更少的理解、決定、回憶、記住和抑制的能力，結果可能導致你在重要任務上出錯。或者，分心會導致你忘記好的點子，失去寶貴的洞見。有一個好點子，卻不記得，恐怕令人沮喪。就像你身體有地方在癢，卻抓不到一樣，又是另一個需要處理的分心事物。

解決方案有一部分是管理**外在**的干擾，像是：即時推播通知、電子郵件的嗶嗶聲、電話鈴聲、有人走進你的辦公室。一旦你明白高階思維（如策畫和創造）所需的心力，你可能會更加警惕，不允許有干擾來偷走你的注意力。有個最有效的分心管理技巧很簡單：在進行任何深度思考工作時，關閉所有的通訊設備。你的大腦更喜歡專注於眼前的事物，因為這樣較省力。如果你試圖專注於細微的頭緒，那麼讓自己分心，就好比停止苦差事，來享受些微的樂趣：要抗拒太難了！所以，完全阻隔外在干擾，尤其在干擾很多時，似乎是改善心智表現的最佳策略之一。

一個特別重要的問題是，你使用智慧手機的方式。最近的研究顯示，即使智慧手機處於關機狀態，但仍在房間內，它也會影響你好好思考的能力和智商。為了使手機對你沒有明顯的影響，必須把手機關閉，並把它放置在另一個你看不見的房間裡。

內在的愛遊蕩心思

但是，我們要處理的許多分心問題都不是外在的，而是來自**內在**。隨著青春期到來，人們愈來愈意識到內心的生活。許多人注意到他們的心思難以控制，奇怪的想法在怪異的時刻突然出現在意識中。心思喜歡遊蕩，就像年幼的小狗在這裡聞聞、那裡嗅嗅的。儘管這種傾向令人沮喪，但這很正常。注意力分散的原因之一，是神經系統無時無刻不在處理、重新配置和重新連接大腦中的數萬億個連結，而這個專有名詞是**環境神經活動**（ambient neural activity）。如果你看一下大腦的腦電波活動，即使是休息中的大腦，也像是從太空中看地球，每秒有幾次雷暴照亮不同的區域，這在有意識的覺察層面產生一連串的思緒和畫面。類似的過程在你做夢時也會發生，因為這時神經連結在意識層面的背後形成，並湧現在腦海中。這種持續的連結在你清醒時也會出現，但你每分鐘的數百個想法大多數不會引起太多的注意，會消失在背景中。就像隨機的觀眾跳上舞台，風光了兩秒鐘，然後離開。如果你不警惕，很容易被這些不必要的演員分心。有證據顯示，思覺失調症患者會受到這種干擾，無法抑制與任務無關的信號，但大多數人是能夠抑制，並有效忽略的。

隨意的念頭迅速消失是一件好事，因為即使沒有干擾也很難保持專注。研究顯示，人們平均一個念頭只有保持十秒鐘，然後又飄到別的地方去了。演員很容易分心，就像一個劇團每隔幾分鐘就離開舞台，只是因為外面的天氣很好，或者有人打噴嚏，或者沒有任何原因。除非你做出一些努力，把他們留在舞台上，否則很難演完一個場景。

麻省理工學院的兩位神經科學家崔・海頓（Trey Hedden）和約翰・蓋布瑞利（John Gabrieli）研究人們在做困難任務時，因內心念頭而分心的情況。他們發現，無論任務是什麼，注意力不集中會損害表現，而且注意力分散會啟動內側前額葉皮質。內側前額葉皮質位於額頭中間附近，一旦你想到自己和他人，就會啟動這個部位，大腦的這個區域也是所謂「**預設網路**」（default network）的一部分。如果你沒有做什麼事情，例如處於空檔狀態，不須把注意力集中在任何心智活動上，這個網路就會變得活躍。海頓和蓋布瑞利發現，失去外在注意力焦點時，這個預設的大腦網路就會啟動，而且注意力會轉向更多的內在信號，例如，更加注意到可能會困擾你的事情。保羅因為想到上週的牌局而分心，他就失去了要找承包商的頭緒，直到太晚才回到這個念頭上。

幾個世紀以來，哲學家都寫過控制心思的困難。東方哲學中一個著名的比喻是「象與騎象人」，其中有意識的意志（騎象人）試圖控制更大且無法控制的無意識大腦，即大象。由於前額葉皮質僅占大腦總體積的四％，現代大腦科學似乎肯定了這種隱喻的真實性。前額葉皮質是有意識決策的核心，具有一定程度的影響力，但大腦的其他部分更大，且更強壯。這顯示讓前額葉皮質與大腦其餘部分連接的網路強度增加，是非常重要的。

被迫分心的野獸時代腦

無論分心來自內在還是外在，分心的最大問題是，會分散人們的注意力。正如前文所提，不光是因為專注需要努力。被周圍的新資訊分散注意力，也像「下意識」的反射動作，就好比膝反射一樣。關於這種情況有個理論是，人類在數百萬年的演化過程中，大腦學會了把注意力轉移到任何異常東西上。或者，正如紐約大學的科學家兼哲學家強納森·

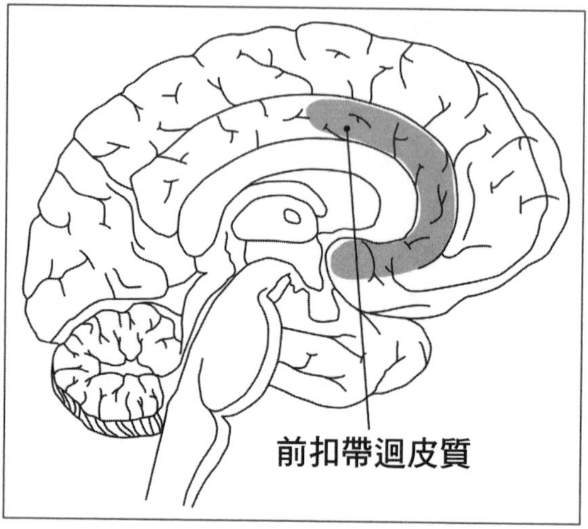

海德特（Jonathan Haidt）所說，我們的祖先是在樹叢中一有聲響，就會很警覺的人，而我們是他們的後代。無論是新的汽車形狀、一道閃光、腳下發出奇怪的聲音，或怪異的味道，會因為它們很突出、很**新奇**，就引起我們的注意。

偵測新奇事物的重要大腦區域，稱為前扣帶迴皮質（anterior cingulate cortex）。它被認為是你偵測錯誤的迴路，因為當你發現事情與預期相反，例如犯錯，或感到痛苦，它就會亮起來。所有形式的行銷和廣告，都利用這種人性的怪癖，包括人們試圖結識異性的時候。新奇事物引人注目，而在短時間內，新奇事物是正面的，但如果偵測錯誤的迴路反應次數過多，就會帶來焦慮或恐懼。這部分解釋了人類為何普遍會去抵抗大規模的改變，因為大幅變化的新奇事物太多。

正如保羅在早上發現的那樣，工作中有很多分心的事情。比如，有外部干擾，像是電子郵件、電話、需要歸檔整理的資料夾。還有內心的干擾，例如撲克牌牌局的回憶。一些內在分心可能是舞台本身限制所引起的，像是或許根本就沒有足夠的葡萄糖，來用於密集的思考，因此你的思路一直被打斷。或者，你可能試圖在腦中記住太多資訊，一次要記住四個以上的概念，所以有些東西一直忘記。或是，你的「工作佇列」中還有其他決定，需要做出的更早期決定不斷映入眼簾。或者，你的短期記憶中有東西正占用著空間，沒有什麼用處，需要擱置一旁。也許現在你能開始理解，為什麼安斯坦會把前額葉皮質稱為大腦的金髮姑娘，因為一切都必須恰恰好，才能正常運作。

遠離分心的關鍵

面對舞台上所有可能出現混亂的情形，你可能想知道自己要如何才能保持專注。人類已經為此過程發展出特定的神經迴路，儘管它並沒有像你期望的那樣運作。然而，保持對某個念頭的專注，與其說取決於你專注的方法，更確切地說，在於你如何不把錯誤的事物變成焦點。

神經科學家用來研究專注行為的常見測試是「司楚卜」（stroop）測驗，這是給測試者不同字體顏色的詞，並要求他們說出字體的顏色，而不是照著單字唸。在這裡的例子，大腦強烈希望把選項c回答成「灰色」，因為對大腦來說，說出單字要比辨識顏色來得容易。

a. 黑色
b. 灰色
c. 灰色
d. 黑色

不把字說成灰色，需要抑制自動的反應。神經科學家使用功能性磁振造影等掃描技術，來紀錄大腦的血流變化，觀察到人們抑制自己的自然反應，並發現了在這種情況所啟動的大腦網路。實際上，前額葉皮質內有一個特定區域，一直顯示為所有抑制類型的中心，稱為腹外側前額葉皮質（ventrolateral prefrontal cortex），位於左右太陽穴的後面，這個區域抑制許多類型的反應。在抑制運動反應、認知反應或情緒反應時，這個區域會變得活躍。大腦似乎有許多不一樣的「油門」，不同的區域分別掌管語言、情感、動作和記憶。另一方面，腹外側前額葉皮質則是讓各種功能剎車的系統。雖然其他大腦區域也有喊停的功能，但腹外側前額葉皮質似乎是指揮中心。而能否把剎車系統使用得宜，看來與你專注的程度密切相關。

抑制衝動的科學

腹外側前額葉皮質位於前額葉皮質內，這個事實含有重大意義。如果你是一家汽車公司，正在製造新型的道路用車，你會確保剎車系統由最堅固的材料製成，因為剎車故障可不是一件好事。不過，就人腦而言，情況恰恰相反。我們的剎車系統是大腦最脆弱、最捉摸不定且最消耗心力的區塊。正因為如此，你的剎車系統只會偶爾發揮最佳功能。如果汽車是這樣製造的，你第一次開車去商店，就不可能平安抵達了。你想一想，這些全都有道理：有時候，你可以阻止自己衝動行事，但通常並不那麼容易。而不去想那些煩人、揮之不去的念頭，有時非常困難。至於保持專注……似乎常常辦不到。

剎車系統位於前額葉皮質，這當中有個深刻的含義是每次剎車之後，你踩剎車的能力都會隨之下降。這就像有一輛汽車，每次你踩剎車後，剎車踏板幾乎都會消失，除非長時間休息後再來使用。佛羅里達大學的羅伊·鮑邁斯特是在第一景介紹過的科學家，他設計

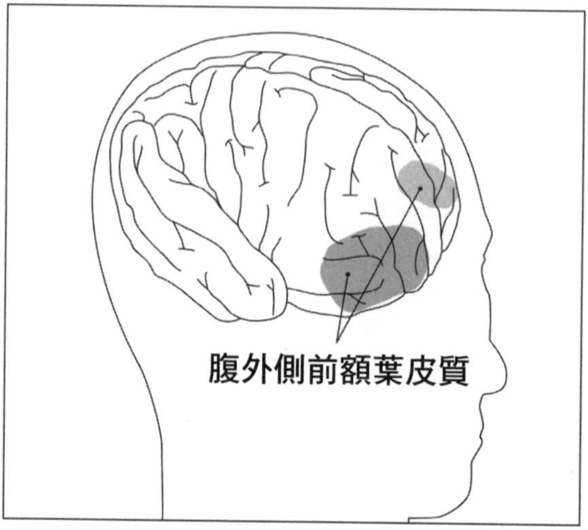

了一種實驗情況，讓人們單獨待在房間時，要克制不能吃巧克力。他發現，那些抗拒吃巧克力的人，在隨後要完成的困難任務上，放棄的速度會更快。「自我控制是有限的資源。」鮑邁斯特說，「在展現出自制力後，人們再次表現自制的能力會下降。」換言之，每次你阻止自己做某事，就更難制止下一次的衝動。這種傾向解釋了很多情況，包括為什麼節食如此困難，以及為什麼我寫作時吃很多巧克力。

讓我們更深入研究抑制的科學，因為它顯然是非常重要的能力。加州大學舊金山分校已故的班傑明．利貝特（Benjamin Libet）於一九八三年做的一項研究，為這裡所討論的事情提供了更多的解釋。利貝特和他的同事試圖確定，是否存在「自由意志」這種東西。他們設計了一項實驗，使他們能夠了解，人們決定做

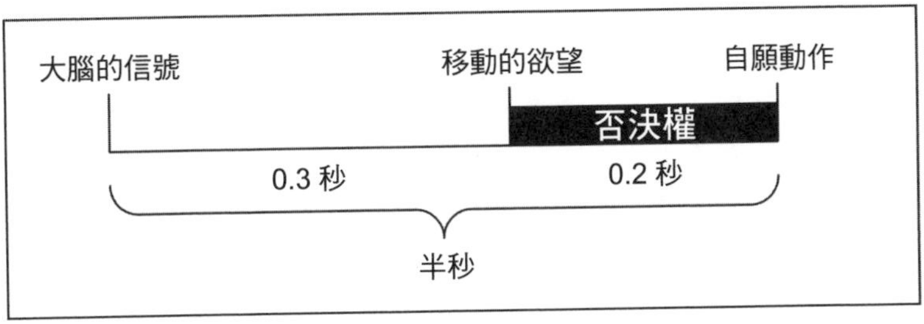

一項自願動作的時間點。在這個實驗中，自願動作是動手指。他們發現，在「自願」動作前半秒，大腦發出一個信號，稱為**動作電位**（action potential），這個信號與即將發生的動作有關。從神經科學的角度來看，這種動作電位在有意識地察覺到想動手指之前，就已經出現了。在你察覺之前，大腦會在大約零．三秒前決定「我現在要移動手指」。在你鼓起勇氣與房間另一頭的帥哥或美女交談時，你的大腦比你早十分之三秒就大膽了。

一旦你察覺到移動某物的欲望，無論是在實驗中動手指，還是把握機會走到房間另一頭，你的大腦在數百萬個連結發生之前，就做出了這個決定。在這之後，有零．二秒的時間，你察覺到自己即將移動，但還沒有採取行動。而這個零．二秒的空檔對於大腦是相當長的時間，在經過一些練習後，足以使你注意到有股衝動，甚至可能會進行干擾。

這個時機點很重要，因為你沒有太多能力來干擾大腦發出的信號。由於這些環境神經活動，大腦會把各種瘋狂的想法發送到思緒中。但是，你確實有「否決權」，有能力選擇是否對衝動採取行動。然而，如果沒有察覺到「大腦信號、欲望、動作」等階段的區隔，你可能會像大多數動物一樣，直接把大腦信號轉成動作。因此，你需要能分辨出這些較短的時間範圍。要做到這一點，就要注意你的心智經驗，並在想衝動行事時，注意到內心的衝動。

看起來你可能沒有太多的自由意志，但是你確實有「自由否決意志」（free won't），這是傑佛瑞・史瓦茲博士創造的術語，即避免衝動的能力。但是，你只有很短的空檔可以抑制反應。當然了，如果你的舞台太滿，就可能沒有空間存放抑制的概念。我們開始明白，為什麼感到疲倦、飢餓或焦慮時，更容易犯錯誤，而且更難抑制錯誤的衝動。

逮住衝動的時機

抑制分心是保持專注的核心技巧。為了抑制分心，你需要察覺到內在的心智歷程，並在錯誤的衝動形成之前，逮住它們。事實證明，正如俗諺所說，時機就是一切。一旦你採取行動，就會出現精力充沛的循環，使你更難停止這個行動。許多活動都有內建的獎勵，以增強激發的形式，來吸引你的注意力。一旦你下載資料，或只是看一下電子郵件，並注意到你認識的人傳來訊息，就很難阻止自己去讀它們。事實上，大多數運動或心智行為都會產生自己的動力。舉例來說，決定從椅子上站起來，就會啟動相關的大腦區域以及數十塊肌肉，血液開始輸送，能量四處流動。比起你第一次有衝動時就決定不站起來，一旦你從椅子上站起來，要停止這麼做，就需要更多的否決權和更多的努力。為了避免分心，在分心事物主導你的行為之前，養成儘早、快速、經常地禁止行為的習慣，會很有幫助。

關於上述的時機，有件有趣的事。為了解釋這一點，我想回顧上一個場景提到的一九八○年代的實驗。兩組人試著重複照在他們前面的複雜燈光規律，把模式輸入到相對應的按鍵上。一組人看到隨機的規律，另一組人看到複雜但重複的規律，不過很難有意識地分辨出來。看到重複規律的人，不知怎麼地打字快了一○%。他們的潛意識，很可能是基底核，已經學會了這種規律，並期待著下一個亮起的燈光。儘管他們後來在測試中，無法有意識地辨別出這種規律。實驗更有趣的地方來了，在某些時候，受試者能辨識出規律。他們可以用語言解釋，或是按出規律。這些人輸入順序的速度，比沒有規律的情況快三○%到五○%。而知道規律的人也可以在零．三秒的間隔內執行這個規律。正如我們從利貝特實驗所學到的，零．三秒非常接近於注意到你想採取行動與真正採取行動之間的差距。

若你能發展出描述一項活動的話語，至少在此實驗中，你更有可能在採取行動之前，就發現自己要做的事情，擁有明確的話語會給你更多的否決權。如果你有文字可形容某種規律，這意味著前額葉皮質參與其中，所以與該規律有關的很多事情都是可能的。

發現話語有這樣的功能，與管理分心有關，但也與我們至今所談的一切有關。如果你能用話語表達心智舞台的狀態疲憊，你會在疲倦發生時，很快察覺苗頭不對。如果你能用話語表達舞台上東西過多的感覺，你就更有可能注意到它。從某方面來說，這本書就是幫助你在前額葉皮質內，開發出明確的語言地圖，來察覺迄今為止還只是**隱約**發生的經驗。本書可以使你的大腦運作方式更加明確，因此，你將擁有更多的否決權，來處理過多的資訊、過多的注意力需求、過多的分心事物，以及接下來場景的其他挑戰。

大腦很容易分心，而分心會消耗大量精力。保持專注是需要學習的，不光在需要完成大事時，關掉手機，把它擺到別的房間。最難的部分是學會在衝動出現時，抑制衝動。要抑制衝動，你必須在衝動變成行動之前，禁止它們。如果你能用明確的語言表達涉及的心智歷程，就更有可能否決這項行動。而且，能夠熟悉大腦運作的方式非常有好處，這樣就可以在要工作時，控制好大腦。

在我們把所有內容講得過於抽象之前，讓我們用更具體的方式，把情況帶入生活，回到保羅那裡。看看如果保羅更能管理好大腦中的干擾，他可能會做出哪些不同的事。

拒絕分心，第二種情景

現在是上午十一點半，還有一小時保羅要去城裡另一頭的餐廳和潛在客戶見面。趁著這個空檔，他想仔細考慮，如果要拿到這個信用卡專案，他需要哪些資源。他感覺到，在與客戶見面之前，他需要考慮的細節不只是報價。

保羅拿了一張白紙，試圖草擬出哪些承包商最適合這個專案。前些時候有一名承包商與他合作，那個人模糊的畫面開始浮現在他腦中。就在這時，一名電話推銷員打來，保羅不經意地接起了電話，因為他專注於專案時，他的剎車系統資源不足。這件分心的事提醒他，如果他必須處理分心的事，就無法完成這項棘手又消耗心力的計畫工作。他嘗試掛掉電話，使用嵌入的固定動作，關閉了電腦和房間內的所有電話。

結束通話，並關掉電話後，保羅開始重新思考這個專案。他知道不會有其他的干擾，他感到思路更加清晰，因為他的舞台有一部分已經被釋放出來了，否則本來他會細微地注意電話是否響起。清除舞台後，保羅想起了他在通話前的想法。他重新啟動了由數十億個神經元組成的複雜但脆弱的網路，而他試著回想起的承包商出現在腦海中。他寄了電子郵件給那名承包商，對方表示可以快速與他討論，並且熱衷於參與這項專案。他為了打這通電話而開啟手機，並與對方一起制定開發專案的計畫。事實上，談論想法比僅僅思考這些想法能啟動更多的迴路，也使集中注意力變得更容易，因為現在腦中的網路更強大了。

保羅在會議之前做好準備，所以鬆了一口氣。他打開電腦，寫下並列印出基本的計畫，這會讓他看起來更有條理。他看著手錶，發現自己還有幾分鐘的時間。電話響了，是艾蜜莉。她在會議結束後，有幾分鐘的休息時間，她想談談新職位上班的第一天。保羅告訴她，她會做得很好，艾蜜莉謝謝他的支持。等到保羅看向手錶時，他們已經談論孩子的事好一會兒，現在該出門去開會了。

大腦的特點

- 注意力容易分散。
- 分心通常是因為想到自己，這會啟動大腦的預設網路。
- 大腦中不斷發生腦電波活動風暴。
- 分心會耗盡前額葉皮質的有限資源。
- 「一直開機」（可與他人透過科技聯繫）會使你的智商大幅下降，就像一晚沒睡一樣。
- 集中注意力有一部分是透過抑制干擾來實現的。
- 大腦有通用的剎車系統，可喊停所有類型的活動。
- 抑制會消耗大量能量，因為剎車系統是前額葉皮質的一部分。

- 每次你抑制某事，你再次抑制事情的能力就會降低。
- 你必須在衝動最初浮現之時，趁著還沒行動之前，就逮住衝動、予以抑制才行。
- 用明確的語言描述心智模式，可以使你更有能力在模式出現的早期，就加以阻止，以免行為落入模式的接管。

請你試試看

- 若你需要集中注意力，請排除所有的外部干擾。
- 在著手困難的任務前，先整理你的思緒，以減少內部干擾的可能性。
- 透過練習任何類型的剎車，包括肢體行為，來改善你的心智剎車系統。
- 在干擾蓄勢待發前，儘早抑制干擾。

第5景

創造巔峰心流

保羅坐上車，去見潛在客戶。洽談在午餐時間舉行，地點是在一家餐廳，開車過去要三十分鐘，而那裡是保羅不常去的地區。上路時，他想到三十分鐘內不必處理電子郵件或電話，大大地鬆了一口氣。十分鐘後，保羅開上高速公路，他察覺自己開錯了方向，他走的是每天送女兒上學的路線。

他感覺自己要遲到了，這種焦慮加劇了他的警覺性，他開始認真思考這段路程。他知道他會碰上中午的塞車時間，所以想出了一條繞小路的路線，來節省時間。他下了高速公路，開始左轉右彎地穿過狹窄的街道，腳下多踩了一些油門，用這種方式開車需要大量的注意力。在開會前的五分鐘，他開始緊張起來，想起有一次他錯過了一場會議。這種內在的分心使他錯過要轉彎的地方，浪費更多的時間。最終他從另一邊轉彎，看到餐廳就在前面。他走進餐廳的那一刻，剛好整點過一分。當領班帶他到餐桌前，保羅注意到同事咖啡都喝完一半了，看起來比他要輕鬆得多。

在去午餐會議的路上，保羅經歷了前額葉皮質連續完整的起伏表現，從**低度激發**（under-arousal），犯了一個錯誤；到**適度激發**，表現得很好；最後到**過度激發**（over-arousal），再度手忙腳亂。保羅的經歷說明前額葉皮質的最後一個重大局限：它很挑剔。前額葉皮質只需要恰恰好的激發程度，即可做出決定，並把問題解決地很好。為了讓保羅集中注意力，他不僅需要學習減少我們在上一個場景中看到的干擾，還需要學會如何使大腦處於正確適度的激發。

難伺候的演員

大腦任何區域的激發都代表著這個部位的活動程度，神經科學家可以透過幾種方法來測量大腦不同區域的激發程度。其中一種方法是透過腦波圖（EEG），在頭皮上貼上感應器貼片，來測量大腦中電波活動的類型和程度。測量激發的另一種方法是測量血流量的變化，通常由功能性磁振造影來測量，使用強大的磁場來讀取血液中鐵離子引起的血液和氧氣的變化。

在大腦中，激發的程度不斷變化。若某些部位變得較繁忙，其他部位則會變安靜。這就像從高處來看一座城市，早晨看到數以百萬計的人從郊區湧入市中心，然後在一天結束時，人們又回到郊區。用這種方式來比喻工作中的大腦還不賴，因為在工作日的大部分時間，血液、氧氣、營養物質和腦電波活動會湧入前額葉皮質，來支持它被要求進行的激烈活動。

為了使前額葉皮質達到最佳的工作狀態，需要一定程度的激發。雖然這個程度相當高，但又不會**太高**。你的心智舞台上的演員不僅容易分心，也很難伺候，需要完美的壓力量來激發他們的最佳表現。壓力太小（例如，沒有觀眾），他們就不能集中注意力；壓力太大，他們就會忘了台詞。

最佳表現的甜蜜點

研究人員早在一百年前就知道，有一個「甜蜜點」可以激發最佳表現。一九〇八年，科學家羅伯特．耶基斯（Robert Yerkes）和約翰．多德森（John Dodson）發現了有關人類表現的實際情況，他們稱為「倒U型」（inverted U）。他們發現，在壓力小的情況下，表現不佳；在合理的壓力情況下，會達到最佳狀態；而在壓力大的情況下，表現又會逐漸

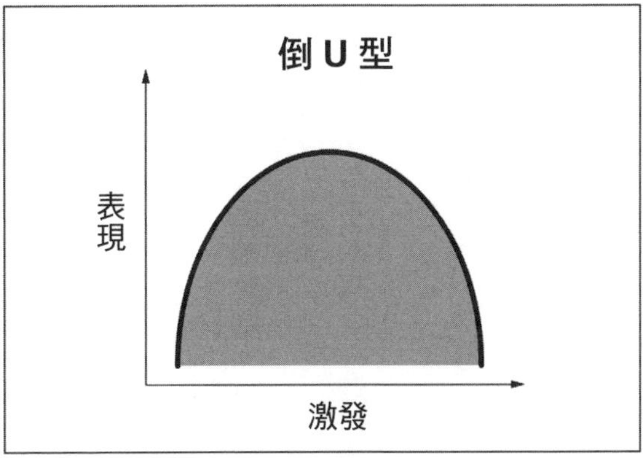

變差。英文 stress 當動詞時，意思是「強調」（stress 做名詞時，意思是「壓力」），所以這個英文字不一定是指負面的事情。如果認為壓力從你的生活中消失，你的表現就會改善，這是錯誤的。光是早上要你起床就需要一定份量的壓力，這種壓力被稱為「優質壓力」（eustress）或「正面壓力」，有助於你集中注意力。

在保羅第一次開車離開時，他出現了一種罕見的現象，那就是在工作時高興過頭了。他感覺很開心，開心到忘記要在腦中建立和維持關於目的地的影像。若沒有啟動前額葉皮質，你往往會根據習慣操作，而基底核就會接管你的行為。在那時，保羅處於倒U型的左下角：沒有足夠的壓力來表現良好。這就是為什麼你可能會在暑假期間，忘記已排定的電話會議。因為溫暖的陽光和鳳梨可樂達雞尾酒融化了你記住重要任務的能力，你放鬆過頭了。

保羅開始專注於開車走小路時，他處於倒U型的「甜蜜點」，一切都處於最佳狀態，這時較大的壓力會帶來更好的表現，對遲到的恐懼使他增加對眼前工作的注意力。許多人覺得，除非緊迫的期限，否則他們無法集中注意力。少量的恐懼或緊迫感有時候確實可以產生有益的專注度。（正如你在下一個場景中看到的，在從事體力活或固定任務時，少量的恐懼或緊迫感會更有用。）

在路程的最後，保羅認為自己可能會遲到時，他開始慌了手腳，錯過要轉彎的地方。他無法專注在地圖上，無論是腦中的地圖，還是手上的地圖。他的激發程度對他的表現產生負面影響。遺憾的是，這就是每天數百萬工作者所處的心智狀態。太多的激發會讓表現大打折扣，拉低的程度更是超過一定水準。

關鍵的神經化學物質

一些令人振奮的新研究說明了在各種激發程度下，發生的潛在生理現象。其中，許多研究成果來自耶魯大學的神經生物學家艾米・安斯坦，她花了二十年，從前額葉皮質開始研究，再到神經元、突觸、神經傳遞質，甚至研究到基因。她的研究發現有助於解釋，為什麼前額葉皮質如此挑剔，並為管理激發狀態的技巧，指出了方向。

先來介紹一下背景。神經元，即大腦的神經細胞，並不直接與其他神經元相連。相反的，它們之間有一個小的間隙，稱為突觸。電流信號沿著神經元細胞本體一路傳播下去，並在突觸轉換為化學信號。突觸兩側都有受體，可以接收這些化學信號的資訊。而突觸發送和接收以下兩種信號：一種是**刺激型**信號，告訴神經元做更多的事情；另一種是**抑制型**信號，告訴神經元做更少的事情。刺激型信號是行為激發系統（behavioral activation system），或稱BAS。抑制型信號是行為抑制系統（behavioral inhibition system），或稱BIS。（趣聞：科學家通常將此描述成BIS／BAS系統，聽起來像是可愛的卡通人物。）好了，回到我的重點：這種貫穿突觸的電位—化學—電位的傳遞系統，有時候稱為突觸「放電」（firing）。而上兆個不斷變化的神經元，透過神經元放電的模式被組織成網路。這些網路是我一直在談論的「地圖」，例如保羅大腦中的「信用卡」地圖。

安斯坦發現，前額葉皮質中的突觸能否正確放電，取決於兩種神經化學物質的濃度是否恰恰好，而這兩種化學物質是多巴胺和去甲腎上腺素（norepinephrine）。如果這兩種化學物質不足，你會感到無聊、低度激發；若兩種化學物質過多，你會感到壓力，過度激發；而這中間有一個甜蜜點，是恰恰好的。「在正常的一天下來，我們都非常了解這一點。」安斯坦解釋說，「例如，還沒有清醒，或在一天結束時很累，是很難有條理，或去進行任何複雜的前額葉皮質活動。另一方面，壓力太大時，會得到大量的去甲腎上腺素和多巴胺，這會導致所有網路斷開，及神經放電完全中斷，結果是神經細胞之間的交流非常少。」為了使前額葉皮質正常運作，大腦必須將兩種恰當濃度的神經化學物質，傳遞到令人難以置信、不斷大量變化的連結中，難怪有時候要專注會顯得如此困難。

由於自然環境的刺激，大腦中的化學物質在一天的過程中會不斷變化。如果你差點走到一輛公車前面，你可能會發現自己在接下來的下午時間更加清醒。如果你在緊張的一天之後去森林，你可能會感到比較平靜。但是，你還可以透過各種心智技巧，改變自己的化學狀態，而無須冒著生命危險，或需要跑去有樹木的地方尋找慰藉。這些技巧可以幫助你，降低或提高對事物警覺或感興趣的程度，或兩者兼有。

提高警覺度的兩大技巧

如果你曾經早上醒來後，不久便必須進行電話會議，你就會知道「激發」對於理解外在環境是很重要的。撇開咖啡因等興奮劑不談（就像更大的電腦螢幕，這被證明是可以提高心智表現的技巧），主要有兩種策略可以提高激發程度。

第一種策略，可能是最簡單和最快的，是讓任務有「急迫性」，來增加腎上腺素的濃度。去甲腎上腺素，也稱為正腎上腺素（noradrenaline），在大腦中等同於大多數人要公開演講前感覺到的腎上腺素，這是恐懼的化學反應。在你害怕時，你會特別注意、高度警覺，因為恐懼帶來了強烈而直接的警覺。此外，去甲腎上腺素對於把前額葉皮質中的迴路結合在一起也很重要。

你可以對自己耍各種「花招」，來釋放這種化學物質。例如，把活動視覺化，會產生與實際活動類似的代謝反應。有一項研究發現，想像自己在做手指運動，可以增加二二%的肌肉量，接近實際運動時所達到的三〇%肌肉量。（對於那些認為這聽起來好到難以置信的人來說，請記住，你仍然必須付出心力，而且是很努力，才能保持心智專注來做這件事。）

如果你的警覺度太低，可以透過想像未來發生不好的事情，來產生腎上腺素，實際上就是想像一個可怕的事件。在上一個場景，保羅的警覺度不足，因為那是星期一早上，還沒吃午餐。他很難集中注意力，甚至連小小的干擾也會讓他分心。在這種情況下，他本來可以用大腦想像自己毫無準備地站在客戶面前，由此產生的恐懼會增加他的去甲腎上腺素濃度，有助於他集中注意力。有一位職業拳擊手曾經向我解釋他成功的祕訣，他以前會想像，踏進拳擊擂台會讓他喪命，進而促使他瘋狂受訓。我在寫作時也使用了類似的技巧。如果我不能集中精力，我會想像我在網路發表了部落格文章，結果很多人發現我有地方寫錯，這會讓我馬上清醒過來。

這項技巧的關鍵是不要過度視覺化想像，失去控制。你只想激發大腦到恰恰好被激勵的地步，但又不要過度，導致你最終受到恐懼的困擾，並增加身體調適負荷的負擔。

讓大腦興致勃勃

提到使大腦正確發揮的神經化學作用，另一種保羅可以嘗試的管道，是透過多巴胺。去甲腎上腺素是關於**警覺度**的化學物質，而多巴胺是對事物**提起興致**的化學物質。要產生適當程度的激發，需要兩種化學物質的濃度良好，而它們各自會產生不同的影響。

有一些情況會釋放出多巴胺。首先，眼眶額葉皮質（orbital frontal cortex）偵測到新奇的事物，如出乎意料或嶄新的東西，多巴胺的濃度會升高。比方說，兒童喜歡新奇事物，新奇事物帶來的化學衝動，會在瞬間從興趣變成強烈的欲望。另一方面，幽默就是在創造出乎意料的連結。或者，看有趣的電影片段或講笑話也會增加多巴胺濃度。如果你曾經注意到，第一次說某件事情要比重複它更容易，那麼你就是注意到新迴路第一次被啟動的愉快感。之後你每次說同樣的話都需要更多的努力，因為你不再有新奇事物帶來的多巴胺愉快感。

保羅可以從簡單的小地方，來改變工作方式，提高他的專注力。比如，光是改變椅子的高度，就足以提供新的視線，釋放出更多的多巴胺。或者，他可以向別人大聲說出自己的專案，讓他再次獲得新穎的觀點。或是，他可以聽一些笑話，打電話給他喜歡的朋友，或者只是讀有趣、可以消遣的東西。

科學家還發現，期待正面的事件等任何大腦視為獎勵的東西，都會產生多巴胺。對大腦的獎勵包括：食物、性、金錢和正面的社交互動。因此，保羅若專注於寫好這份企劃書，所能獲得的獎勵、可以賺到的錢，以及將來能得到的回報，就能讓他的前額葉皮質處於合適的神經化學甜蜜點。

縱觀所有研究，可以發現，使用正面的期望或幽默的方式來產生激發、而非恐懼，可能會帶來好處。另一方面，幽默和正面的期望會啟動多巴胺和腎上腺素，恐懼則會產生腎上腺素。不過，負面的期望也會降低多巴胺。此外，恐懼還會啟動其他化學物質，長期下來，這些化學物質會對你的身體產生負面影響。

焦慮、嗨到無力：過度激發的苦果

過度激發可能比低度激發的問題更為嚴重。在對兩千六百名英國工作者的研究中，有一半的人看過同事因壓力而流淚，超過八〇%的人曾在職涯中受欺負。各地的人們都感受到資訊超載，同時受到太多想法的刺激。保羅嘗到過度激發的苦果，所以在開會的路上，錯過該轉彎的地方，這使他感到恐慌。

過度激發意味著前額葉皮質中有太多腦電波活動。為了減少這種激發，你可能需要減少流過你大腦的訊息量和速度。因此，在你似乎無法思考時，把想法寫下來，將它們「從腦海中抹去」會有所幫助。如果你的舞台不必容納這些資訊，整體的活動就會減少。

另一種策略涉及啟動大腦的其他大區塊，這往往會關閉前額葉皮質的功能。有一個例子是，把注意力集中在你周圍的聲音上，這能啟動負責感官資訊的大腦區域。你也可以做些肢體活動來啟動運動皮質，像是散步，使氧氣和葡萄糖流到大腦中更多啟動起來的區域，例如運動皮質。如果某個大腦區域被過度啟動，你有時可以透過啟動另一個大腦區域，來解決這個問題。長久以來，人們會說，「壓力很大時，可以散散步」，但理解這樣做會有用的原因，也很有幫助。

太多的激發不僅涉及恐懼或焦慮之類的感受，也可以是指更正面的激發，例如興奮或情慾。剛墜入愛河的戀人往往會「失去理智」，在熱戀期做出各種瘋狂之舉。研究顯示，熱戀中情侶的大腦與吸食古柯鹼的人有很多共同之處。多巴胺有時候被稱為「欲望藥」，因此，多巴胺過多、「興奮到超嗨」，也可能會疲憊不堪。任何活動若引起可能有獎勵的想法，都可以提高多巴胺濃度，吸引我們的注意力。這不僅是賭博的部分運作原理，也是我們沉迷於智慧手機上某些應用軟體的情況。任何一點新奇的資訊，例如出乎意料的新聞故事、影片中的貓做出常人認為貓做不到的事情，都會讓大腦湧入美妙的多巴胺。這可能感覺很棒，但是長期下來，我們可能會沉迷於實際會降低智商的某些習慣。

壓力vs愉悅：男女大不同

一件事達到什麼程度會造成壓力，或令人愉快，情況因人而異。對某個人來說，在郊區的自行車道上騎腳踏車，可能很難提高他的激發程度。但要他穿上直排輪，躲避曼哈頓的車流，他就會很專注了。然而，對另一個人來說，想到要在一條荒蕪的寬闊小徑上騎腳踏車，可能難以承受。會有這些差異部分是因為以前的經驗，以及我們將在下一個場景中討論的其他因素。其中之一是遺傳因素，雖然很有趣，但對理解本文並沒有什麼幫助。然而，這個倒U型也因性別而異，可以解釋許多日常現象。

保羅今天早上會遇到麻煩，原因之一是他把企劃書留到最後一刻才寫。客戶在四天前就寄給他設計規格，但是當時保羅覺得自己無法專注在這件事上面，因為事情還不夠「急迫」。安斯坦解釋了這種男性普遍會有的現象：「雌激素會促進壓力反應。這可以描述我實驗室現在的情況：女同事會提前一週完成所有的事情，因為她們不希望有壓力，不希望在最後期限導致激發感增加。男同事則等到最後一刻，這樣他們就有足夠的多巴胺和去甲腎上腺素，來實際推促他們完成。」

心流：快樂的三大驅動力之一

我們已經探討了過度激發和低度激發的狀態，但是在U型的頂點，即「甜蜜點」的經驗又是如何？匈牙利科學家米哈里・契克森米哈伊博士（Dr. Mihaly Csikszentmihalyi），已經研究這種狀態數十年。他在一九九〇年出版的著作《心流》（*Flow: The Psychology of Optimal Experience*）中，把在倒U頂部的體驗描述為壓力過大（過度激發）和無聊（低度激發）之間的最佳狀態。此時你沉浸在一種體驗中，而時間似乎靜止了。在保羅決定集中注意力，並走小路時，他經歷了「心流」，之前他還擔心自己會遲到。

每個人都渴望進入「心流」，因為這充滿了活力。正向心理學領域的創辦人馬汀・塞利格曼博士（Dr. Martin Seligman）認為，心流狀態是人類快樂的三大驅動力之一，比享樂、美食或美酒帶來的快樂更重要。根據塞利格曼的說法，心流顯然還涉及使用你的「優勢」，即一套你非常擅長的行為，擅長到已經根深柢固。

我有個理論，說明為什麼心流狀態如此吸引人，且使人幹勁十足。試想一下，只要極少的努力或注意力，就可以做一些滾瓜爛熟的固定動作，例如開車。現在考慮用這些固定動作，來做稍微不同的事情，但是要比平常的情況難一些。因此，唯有你集中注意力，才能做得好。例如，你不是開平常開的普通汽車，而是開改裝車，還要開在賽道上。基本的開車技能你都有，例如轉向和換擋，但是你需要留意很多事情，因為有一些變因是新的。現在出現了許多新連結，不過都是安全的，因為新連結可以建立在很多既有的連結之上。結果是無須太大努力，即可產生大量的多巴胺和去甲腎上腺素流動。這些神經化學物質的流動，是因為許多新的連結正在形成。這種化學反應可以幫助你專注，而這份專注有助於創造更多新的連結。換句話說，你在感到專注和充滿活力的地方，會產生良性循環。

總之，前額葉皮質是很難搞的。要發揮巔峰狀態，前額葉皮質需要兩種濃度適當的神經化學物質，在數十億個迴路中恰好的一點上，發揮效用。而這兩種神經化學物質與讓你保持警覺和有興致有關。幸運的是，正如你所看到的，你可以透過一些方式來干擾此過程，使自己的警覺度或興致變強或變弱。為了使這一切更加清楚，讓我們探討一下，如果保羅理解了這個場景裡關於大腦的發現，他可以採取哪些不同做法。

創造巔峰心流，第二種情景

保羅上了車，準備去參加客戶會議。他要開三十分鐘的車程，到鎮上他不常去的地方。他喜歡開車，還能趁著暖車的時候，放鬆一下，而且接下來的三十分鐘都不必處理電子郵件，使保羅鬆了一大口氣。他知道自己需要集中注意力，才能開到那個地區。因此，保羅透過想像自己到達會場，使警覺度提升到更高的水準。他的腎上腺素濃度上升。然後，在他準備要開車時，腦中有個聲音告訴他，要先查地圖。保羅的基底核以前見過這種模式，在警覺但又不至於無法承受的情況下，他注意到這樣安靜的內在信號。他掃視地圖，找出最佳路線，用聲控操作，讓車子播放他喜歡的歌曲。每隔十分鐘，他會降低音樂的音量，並檢查地圖，確認他走的路沒錯。他很專注，且從容不迫。在這種最佳狀態下，他發現自己不自覺地就選擇利用時間，在心中演練於客戶面前要如何表現。他記得要先問很多問題，並從他做過的其他大型專案開始介紹。他在腦海中溫習設計規格，想像自己如何介紹企劃書的每個部分，以及客戶可能會說些什麼，種種活動使他感到警覺、專注和胸有成足。他在會議前幾分鐘到達，有足夠的時間坐下來，喝杯咖啡，並準備文件。

大腦的特點

- 最佳的心智表現需要恰到好處的壓力，而不是極少的壓力。
- 一旦去甲腎上腺素和多巴胺達到恰好的濃度，就會創造巔峰表現。而這兩種重要的神經傳遞質與警覺度和興致有關。
- 你可以透過多種方式，有意識地操控去甲腎上腺素和多巴胺的濃度，以提高警覺度或興致。

請你試試看

- 三不五時就練習去察覺你的警覺和感興趣程度。
- 必要時，請想像輕微的恐懼，來提高腎上腺素濃度。
- 必要時，用任何形式的新奇感，包括改變觀點、幽默或期待正面的事情，來提高多巴胺濃度。
- 啟動大腦前額葉皮質以外的區域，能降低多巴胺或腎上腺素濃度。

第6景

創造力的祕密

現在是中午，艾蜜莉只給自己三十分鐘的時間，她計畫在午餐會上提議舉行新會議，所以要寫份簡單的提案。這些年來，她發現了大腦的兩件事：如果她在截止日期快到時寫作，可以較輕鬆地把點子帶到她的舞台上，而且寫作顯然可以填滿她的可用時間。

幾分鐘後，在艾蜜莉快要完成提案時，她有了一點洞見：她參加午餐會議時，應該為會議提出建議的名稱。這個洞見的新奇感激發了她的興趣，提高她的多巴胺濃度。但是她很快就氣自己之前沒有想到這一點，因為她想到，為會議命名可能要花幾天的時間，而不是幾分鐘。她變得更焦慮了，無法清楚思考，於是停下來想了一會兒。儘管艾蜜莉對這類形象定位活動非常感興趣，但她還是決定先完成大致的計畫，以便她可以思緒更清晰地進行形象定位工作。艾蜜莉很了解自己的大腦，她知道幾分鐘空蕩的舞台，比長時間分心能產生更多的點子。

艾蜜莉完成了大致的計畫，現在有十分鐘的時間為會議想出一個名稱。她仍然覺得自己目前的精神狀態不適合創造性的工作，因為快到午餐時間了，她的血糖濃度很低。所以，她關掉手機，並在門上掛上「請勿打擾」的牌子。她知道，在這種脆弱的狀態下，她的大腦不容任何一點的分心。她把其他文件放到桌子一旁，這個肢體動作也有助於清理她的舞台。然後，她在電腦上打開一個新檔案，開始腦力激盪。

她立即聯想到關於這個會議活動的明顯用詞——永續發展事業，並開始思考如何使用這些詞來組成一個名稱。這些詞坐在她觀眾席的前排，因為最近它們經常被提及。眾所周知，你會不明所以地記得最近看到的詞或概念，而且這些東西會在潛意識中，自動影響你的行為。這是大腦的一種怪癖，叫做「**促發**」（priming）。

她的清單如下：「永續發展性」、「永續發展」、「永續發展事業」、「一切永續發展」、「利潤永續發展」、「收益永續發展」。但是她不喜歡上述任何一個名稱，並試圖想出另一個方向，但她的思緒被原本思考的方向給卡住。她開始分心，沒有建立起自己想要的連結，她的多巴胺濃度下降了，這使她更難排除令人分心的事物。她選擇不把注意力放在繼續在氣自己。相反的，她聚焦在想像自己午餐時，介紹這些想法，以增加專注力。過了一會兒，她想到關於「永續發展」主題的另一些用詞。因此，在她去開會的時候，她很高興自己有先見之明，先寫出大致的提案。至少她有一個完整的提案，以及一些可能的名稱可以提出來，雖然她知道自己還沒有找到合適的名稱。

到目前為止，艾蜜莉遵循了本書的大部分原則。她在更容易讓演員上台的時候，排定好工作，清理自己的頭腦，以減少她必須掌握的訊息量，而且一次只做一件事。她減少了外部干擾，並禁止內在干擾。然而，她仍然陷入停滯狀態。畢竟，僅僅使用前額葉皮質的有意識心智歷程，並無法替會議找到想要的好名稱，她需要動用其他腦部資源。因此，艾蜜莉發現另一項關於前額葉皮質的驚人事實是，有時候，前額葉皮質本身就是問題所在，尤其是在需要創造力的情況。艾蜜莉需要更了解她的大腦，知道何時以及如何關閉有意識的線性過程，以便她可以根據需求，發揮更大的創造力。

洞見：以全新的方式來重組大腦中的地圖

艾蜜莉陷入了神經科學界所謂的**停滯**，而停滯是通往理想心智道路的障礙，這是你要建立、但無法建立的連結。停滯可能是任何事情，從試圖記住老友的名字，到確定你要給孩子取什麼名字，再到成熟作家也會出現的文思枯竭。雖然停滯是我們經常經歷的事情，但是在你需要發揮創意的時候，停滯尤其關係重大，因為要有創意需要擺脫停滯。

根據《創意新貴》（*The Rise of the Creative Class*）的作者理查・佛羅里達教授（Richard Florida）的說法，當今有超過五〇%的工作者從事創意工作，例如寫作、發明、設計、繪畫、著色、建構，或對東西進行修補。有創意的人希望以新穎的方式來整理資訊，畢竟新奇的事物引人注目，而在商業世界中，注意力往往會產生收入。在這種情況下，創意構思過程是創造財富的重要動力。

雖然一點點的新奇感能產生正面的多巴胺反應，但太多的新奇感可能會令人害怕。把這個概念與人們懸殊的倒U型擺在一起來看，你就會明白，為什麼新產品會引起大眾截然不同的反應。（據說，華特・迪士尼曾說過，如果他測試一個新點子，而大家一致反對，他就知道他可能在做非同小可的事。）大多數的創意都不是幻想曲類型的，[1]而是對現有主題進行些微改變。事實上，五〇%的工作者只透過一些小修改，來試圖使現有的產品或服務更有趣，而這些人面臨很多停滯的情況。

想想另外五〇%不是「創意型」的工作者。無論你是在銀行工作、做三明治、處理外幣兌換，還是在巴哈馬當觀光遊艇的船長，你可能大部分時間都在執行儲存在基底核中的既定例行公事。然後，突然之間，你遇到一個新的問題，讓你思考：你的美乃滋用完了、

1 幻想曲不拘泥於固定的風格與形式，是充滿作者自身想像力的樂曲形式。

匯率變得很不正常（美元的等值竟是？）或是船上的燃料不足。有一些問題很容易解決。比方說，三明治的製作手冊告訴你，在緊急情況下，能去哪裡買更多的美乃滋。對於其他問題，你可以使用心智搜尋功能，把問題跟以前的問題做比較，找到可能的解決方案。在巴哈馬的船上，你還記得以前燃料用盡時，自己是怎麼做的。當時你分配了物資，酒就讓大家自由取用，然後順風駛向隨便一個港口。

然而，隨著今天商業運作方式大幅變化，「非創意型」的人也愈來愈常遇到全新的問題，這些問題沒有步驟可循、沒有明顯的答案，而且類似情況下的處理方案，也無法解決問題。例如，有個產品在中國生產、由印度提供售後服務、運送到歐洲、由你素未謀面的人進行管理，對於這種你不了解的產品，要降低其生產成本的規則是什麼？這裡需要的不是合乎邏輯的解決方案，而是以全新的方式來重組知識（你大腦中的地圖），這就是所謂的**洞見**。

無論你是創意型的人在修改產品樣貌，還是一艘船的船長，若知道把停滯扭轉成洞見的方法，能對你的成就產生重大影響。而洞見體驗的有趣之處就在於，究竟需要把舞台關到什麼程度，才能擁有洞見。不過，在許多情況下，過度活躍的前額葉皮質恐怕是造成障礙的原因。

揭開洞見的神祕面紗

長期以來，人們認為洞見是神祕的事件，似乎是自己蹦出來的。以前沒有人知道從生物學上來講，洞見如何運作，因此很難建立如何增加洞見的理論。如今，由於馬克・畢曼博士（Dr. Mark Beeman）等科學家的努力，情況已有改善。

畢曼是位於伊利諾州艾凡斯頓（Evanston）西北大學的副教授，在洞見神經科學領域，他可是世界級的專家，不過他本人不會告訴你這件事。畢曼也是精力旺盛的人，你在與他見面之前，得先喝一杯濃濃的爪哇咖啡，才能跟上他談話的節奏。

畢曼最初的興趣是研究大腦如何理解語言，他對人類填補語言空白的方式深感興趣，這引起他另一個興趣：我們在一般的情況下是如何解決認知問題。對這方面智識的探求，讓他一頭栽進了洞見經驗的研究。二〇〇四年，畢曼與同事約翰・庫尼歐斯（John Kounios）等人一起進行了創新思維的神經科學研究，探索了在洞見體驗之前、期間和之後，大腦發生的情況。

美國著名心理學家威廉・詹姆斯（William James）有句智慧名言是在講注意力：「大家都知道注意力是什麼，但是每個人的定義卻不盡相同。」畢曼在他的實驗室接受採訪時解釋說：「我認為這也能形容洞見。每個人都有洞見，這通常不是什麼偉大的科學理論，可能只是關於如何重新整理車庫，讓汽車可以好好停進來。」

在實驗室中，畢曼研究人們解決文字問題時的洞見。他認為，這些單純的謎題與現實世界的挑戰有很多共同之處，而後者是不容易進行研究的。舉例來說，有一個謎題涉及三個詞：網球（tennis）、碰撞（strike）和相同（same），然後要產生一個與這三個詞都有關係的解題詞。這個謎題的解題詞是 match，因為你可以進行 tennis match（「網球比賽」），也可以 strike a match（「劃火柴」），而且 match 和 same 的意思相似，即「相同」。

畢曼發現，大約有四〇％的時間，人們按照邏輯的方式來解決問題，嘗試一個又一個的想法，直到有什麼東西讓你恍然大悟；其他六〇％的時間則發生了洞見體驗。洞見體驗的特點是，針對解決方案，缺乏合理的推導流程，而是突然「知道」了答案。畢曼解釋說：「以洞見來說，解決方案會突然出現在你面前，令人驚訝。但它出現時，你對它有很大的信心。一旦你看到答案，答案就顯得非常清楚。」

再來看看這個例子，以 pine（松科）、crab（螃蟹）和 sauce（醬）這幾個詞為例，看看你是否可以找出與它們相關的聯繫詞。試著在心裡記下你解決問題的過程，你是用邏輯的方式解決嗎？是否一瞬間就想到答案？在得到答案後，你是否立刻「知道」這就是正確的答案？

洞見浮現之際，你會覺得一切顯而易見，而且感到有把握。這是一個線索，告訴你擁有洞見時，大腦中可能發生的事情。畢曼和他的團隊試圖釐清，大腦是否並非在有意識覺察的層面，來處理這個問題。根據有關「促發」的研究，一旦人們從別人那裡，聽到他們潛意識已經解決的問題的答案，他們會更快讀到該答案，而且畢曼發現情況就是如此。（這是「啊不然勒」的體驗，是加州大學聖塔芭芭拉分校的喬納森・斯庫勒〔Jonathan Schooler〕所創造的術語，指的是別人告訴你，你正在解決的問題的答案。「啊不然勒」體驗與更積極的「啊哈！」頓悟體驗不同，後者是指你自己用洞見來解決問題。）

洞見出現時，似乎是無意識的層面在發揮作用。根據經驗，這是有道理的，洞見往往在最不尋常的時候，不知道從哪裡冒出來，而且你沒有特意努力要解決問題，例如在沖澡、健身房，或在高速公路上開車時。這些有關洞見的知識，為提高創造力提供了可能的策略，那就是：讓你的潛意識大腦來解決問題。而且，你可以在一天工作到半途時，出去散個步，並把手機調到飛行模式，等老闆用奇怪的眼光看著你，你現在就有嚴謹的科學理論，可以解釋你為什麼這麼做。

幸運的是，除了漫步之外，還有一些更複雜的策略可用來增加洞見。為了理解這些策略，讓我們更深入地了解有關「啊哈！」頓悟的發現。（如果剛才的謎題你沒有答出來，

pine-crab-sauce 謎題的答案就是蘋果。你可以把這些字搭配成 pineapple〔鳳梨〕、crab apple〔野山楂〕和 applesauce〔蘋果醬〕）。

打破固定的思維方式

這麼做有點違反直覺。但是，科學家發現，要了解洞見的最佳方法之一，就是先了解洞見發生前一刻的情況，即停滯體驗。主導這項研究的科學家之一，是伊利諾大學芝加哥分校（University of Illinois at Chicago）的史德蘭・歐爾森博士（Dr. Stellan Ohlsson）。歐爾森解釋了人在面對新問題時，會運用以前經驗中的有效策略。如果新問題與舊問題相似，這樣做就會很有效。但是，在許多情況下並非如此。過去的解決方案會阻礙到你，阻止更好的解決方案出現，錯誤的策略反而成為停滯的根源。

艾蜜莉陷入與永續發展有關的字詞迴圈時，她就陷入了停滯，受困於一種思考方式。歐爾森的研究顯示，人們必須停止沿著一條道路思考，才能找到新的點子。「必須積極壓抑和抑制對先前經驗的預測。」歐爾森解釋說，「這點令人驚訝，因為我們傾向於認為抑制是壞事，覺得這樣會降低創造力。然而，只要你以前的方法變成了最顯著的想法，並且全力啟動，你就會獲得相同的方法，不過是更精緻的版本，但是並沒有想出什麼真正新鮮的東西。」這裡第四景的抑制概念又出現了，而阻止自己思考某些事情的能力，正是創造力的核心。

你現在多了一個藉口，在你被問題卡住的時候，可以去公園散步。我可以想像有人被老闆炒魷魚之前的最後一句話：「我要去散步，忘卻工作，然後完全放空。」雖然聽起來很可笑，但是研究顯示，若你陷入停滯，就必須這麼做，因為錯誤的答案阻止了正確答案的出現。

以下例子，能讓你親身經歷停滯現象。這是一道猜字謎，你看到題目時，答案是非常明顯的，但是幾乎每個人在試圖解題時，都會想不出來。謎題如下：字母H、I、J、K、L、M、N、O代表什麼？花點時間試著回答這個問題，還要記下你嘗試使用的策略，以及遇到的困難。你是怎麼做的？

常見的停滯是試圖把謎題看成是一句話中每個字的首字母縮寫，例如"He Is Just Kindly Laughing"（「他只是親切地笑著」）或類似的句子，來解決這個謎題。但是，一旦你看到真正的答案，就知道答案沒有那麼牽強，是很明顯的。這些字母代表著什麼？好吧，它們是字母表中H到O的字母，明白了嗎？它代表你每天喝的東西：H_2O，即水。[2]

---

2 H到O的英文讀法為H to O，音同H_2O。

這項練習說明了，要打破固定的思維方式多麼困難。若你假設首字母縮寫是答案，這樣的假設就會把其他可能的解決方案排除在外。「縮寫詞」的地圖在你的大腦很活躍，而且固定這個地圖的電波活動抑制了其他迴路，使後者無法輕易形成。擺脫停滯就像試圖改變橋上車流的方向：你必須先阻止車輛往目前的方向行駛，才能讓它們往另一個方向行駛。

歐爾森的抑制原理解釋了為什麼你會在淋浴時，或在游泳池中出現洞見。這跟水無關。一旦你把問題擺在一邊，休息一下，你高速運轉的思考方式就會減緩。這樣做，即使是一會兒，似乎也有效。試著做以下這個實驗：下次你在手機上玩填字謎題，或其他文字遊戲，遇到想不通的情況時，去做一些完全不同的事情幾秒鐘，例如綁鞋帶或伸展運動等簡單動作。重要的是，不要去想問題。然後回到問題上，看看會發生什麼事。我預測你可能會注意到，有時候前額葉皮質，即你的有意識處理能力，本身就是問題所在。把這個阻礙挪開，解決方案就會出現。

大腦的這個怪癖也解釋了，為什麼其他人經常可以看到你的問題的答案，而你自己卻看不到，因為其他人不會陷入你的思維模式。（我在著作《沉靜領導六步法》〔*Quiet Leadership*〕一書中，用「旁觀者清」的框架對這個想法有進一步的談論。）對問題了解得太透徹，可能是你找不到解決方案的原因，有時候我們需要嶄新的視角。這是一個奇特的概念，因為通常我們認為，解決問題的最佳人選，是對問題瞭若指掌的人。在工作中，每天都會遇到很多停滯情況，也許需要的是更多一起動腦的夥伴，其中一個人知道很多細節，而另一個人卻沒什麼包袱。大家可以共同想出解決方案，這比單靠一個人想出來都要快。

讓我們回到艾蜜莉身上，她需要根據情況需求，發揮創意，但她陷入困境。儘管如此，她首先要做的正確事情，是清空自己的腦袋。她應該做些什麼不同的事情？她不應該在最後幾分鐘內，更專注在解決問題上，而是做一些違反直覺的事情。比方說，利用一點寶貴的時間去做完全不同的事，像是有趣、甚至好玩的事情，看看是否會跑出洞見來。儘管這個策略看起來很奇怪，但畢曼已經證明，艾蜜莉透過想像自己在會議上來增添焦慮感，以更加專注，這非但不會增加洞見，反而會減少洞見。

來自右腦的洞見

除了冒著工作不保的風險，外出去散步之外，你還可以做些什麼來獲得更多洞見？畢曼的研究提供了線索。他發現，那些用洞見來解決問題的人，右前顳葉的啟動程度更大，該腦區位在右耳下方。這個區域使你可以蒐集關聯性不高的資訊。它是右腦的一部分，而右腦與腦部整體的連結更有關。喬納森．斯庫勒指出，若人們專注於情境的細節，而不是大局，他們會把大腦轉移到左腦模式，這就擾亂了洞見產生的過程。

畢曼發現，有洞見的人在洞見發生之前，會經歷一個耐人尋味的大腦信號。大腦的某些區域變得安靜，就像汽車空轉一樣。根據畢曼的說法，「在人們用洞見解決問題之前大約一秒半，他們右枕葉的 α 腦波活動突然持續增加，而右枕葉專職處理進入大腦的視覺資訊。」然而，α 腦波活動恰好在洞見一出現時，就消失了。畢曼繼續說明：「我們認為 α 腦波活動顯示，人們像是預感到自己快要把問題給解決了，有某種很微弱的訊號被啟動，暗示著大腦某處就有解決方案。這時他們希望關閉或減弱視覺輸入，以減少大腦中的噪音，使他們更能看到解決方案。這有點像在說，『閉嘴，我在想事情。』」你一直都在做這種事，大概沒有注意到而已。你在和某人說話，然後，就在那一瞬間，你或許抬起頭來轉移視線，以減少分心。這是大腦關閉輸入的方式，以專注於微妙的內在信號。如果你不這樣做，洞見就不太可能出現。

畢曼還發現，情緒狀態與洞見之間有很大的相關性。更快樂就更可能有洞見，更焦慮則會減少洞見的可能性，這與你感知微妙信號的能力有關。在焦慮時，腦波被啟動的門檻降低，所以整體上腦電波活動會更活躍，這使你較難察覺到微妙的信號。因為雜訊太多，讓你無法聽清楚。這就是為什麼像 Google 這樣的公司會營造出允許娛樂和玩耍的工作環境。他們知道，這樣可以提高員工點子的品質。

其他實驗顯示，涉及認知控制的大腦區域，即切換思路的部分，會在洞見出現之前被啟動。你一直都從一種方向去思考問題，但是現在你需要從另一種方向來思考，以增加解決問題的機會。就在洞見出現之前，內側前額葉皮質往往會變得活躍，這是你預設網路的一部分，與察覺到自己的體驗有關。在運用實驗室的腦部掃描儀偵測時發現，有些人在嘗試解決問題時，內側前額葉的啟動程度較低，但他們的大腦視覺區域顯示啟動程度較高，這些人往往沒有出現洞見。他們在仔細觀察問題，但是沒有意識到自己這樣觀察好不好。畢曼的實驗能做到一個程度，就是僅根據受試者的大腦啟動模式，甚至在實驗開始之前，就挑選出誰最可能有洞見，而誰可能沒有。

以下是畢曼的發現，更有洞見的人並不代表有更好的見識。他們沒有一心想找出解決方案，也不會死盯著問題，而且他們也不一定是天才。那些畢曼可以在實驗前根據大腦掃描結果挑選出的「洞見機器」，是更能察覺自己內在體驗的人。他們可以觀察自己的思緒，從而改變思維方式。這些人有更好的認知控制能力，因此可以根據需求，獲得平靜的心思。

這些耐人尋味的研究發現，對整個培訓和教育體系意義深遠。在學校、大學和職場中，重點大多放在認知和一般智力上，卻很少著重在認識自己或認知控制能力。如果在未來擺脫停滯是很重要的能力（我當然可以想到一些需要解決的停滯情況），那麼我們可能需要重新考慮，如何教人解決問題。

提升洞見的ARIA模型

綜合所有研究，從理論上講，應該有可能開發出增加洞見的技巧和做法。我花了十多年的時間來研究這個挑戰，最終開發出ARIA模型。ARIA代表覺察（Awareness）、反思（Reflection）、洞見（Insight）和行動（Action）。這個模型也描述了洞見階段，因此你可以即時辨識當中的過程，並獲得實用的技巧來提高洞見的可能性。

覺察是大腦稍微專注於停滯的狀態。在覺察的狀態，你想把問題放在舞台上，但要確保問題占用的空間愈小愈好，以便其他演員能夠上台。為了盡量減少啟動前額葉皮質，不要過於專注，要讓其他念頭可以沉靜下來，並盡可能簡化問題。有種簡化問題的好方法，是用盡可能少的字數來描述情況。例如，比起對自己說，「我想要更多的活力來專注在工作和家庭上，並騰出時間運動和娛樂」，說「我想要更多的活力」在大腦中的啟動作用要小得多。

在**反思**階段，你會牢記停滯，但會反思自己的思考過程，而不是思緒內容。比方說，

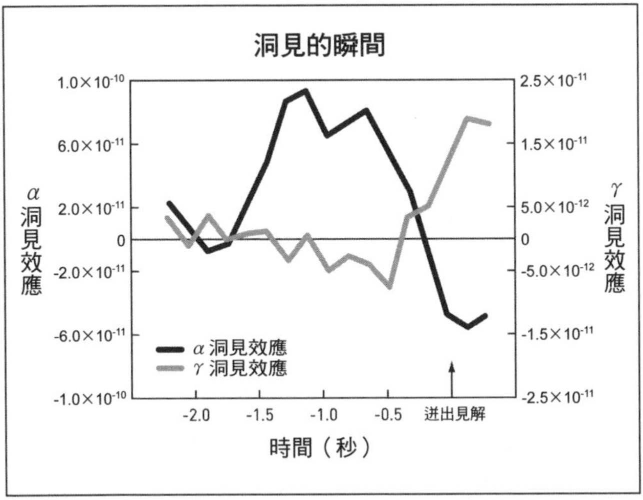

在 H_2O 的例子中，如果你注意到你的策略全部無效，然後允許全新的策略出現在意識中，就更有可能出現洞見。

這樣做的目的，是要從較高的角度來看你的停滯情況，而不是為了得到細節。這將啟動對洞見很重要的右腦區域，並允許鬆散的連結得以形成。你還希望啟動輕鬆、放空的心智狀態，像是你在早上醒來的時候，點子會夢幻般地湧進腦海。

洞見是迷人的階段。在洞見的時刻，γ 波段的腦電波會爆發。這是最快的腦電波，代表一組神經元每秒一起放電四十次。γ 頻率象徵大腦區域相互交流，而處於深度冥想的人有大量的 γ 波，有學習障礙者的 γ 波較少，無意識的人則幾乎沒有。

上方的畢曼圖表中，顯示 γ 波段爆發。

在深色線中的第一個尖峰是α腦波，大腦進入安靜狀態。第二個尖峰是γ腦波，恰好在洞見發生的瞬間。

洞見還伴隨著活力感。你可以從人們的臉上看出，從他們的聲音聽出，並從他們的肢體語言感受出來，甚至能從電話中感覺到。如果你知道該注意聽什麼東西，一切就很顯而易見。洞見是事情發生變化的一個片刻，而洞見也會帶來腎上腺素和多巴胺的爆發。洞見令人振奮，能吸引你的注意力，讓你感覺很好。

行動階段是你的機會，讓你能善用洞見形成時所釋放的能量。這種能量很強大，但很短暫。想一想，一本好書進入結尾，所有情節都拼湊起來，全部怪異的難題突然都釐清時，你會感到很刺激。有那麼幾分鐘，你會體會到這種奇妙的感覺，但是十分鐘後，這種感覺的強度明顯下降。這種「興奮感」存在時，人們會有更大的勇氣和動力，投入某些行動，但是一旦神經化學的混合物消退，他們的動力就會迅速下降。

ARIA模型指出了大腦洞見可以有多大的價值。在我舉辦的一場研討會上，七十多位商業領袖學到了洞見的神經科學和使他人獲得洞見的技巧。然後，他們有五分鐘能互相運用這個模型，討論實際的業務挑戰。在僅僅五分鐘的對話中，企業領導者所要處理的停滯情況，有七五％得到解決。（「得到解決」表示出現的洞見，使當事人能夠以新的角度來看待這個情況，因而做出明確的決定，用其他方式行事。）我所做的只是告訴人們，如何在另一個人身上營造出右腦狀態，以增加洞見的可能性。我們的大腦喜歡洞見，更重要的是這樣擺脫了前額葉皮質帶來的阻礙，並讓自己可以聽到更深層次的信號。

ＡＲＩＡ模型可以在自己或他人身上使用，能幫助你記住洞見所涉及的大腦過程：啟動一個更安靜的階段，並產生更好的內在認知覺察力和控制力。這個模型能用來記住熟人的名字、解決填字謎題的線索，或者為你的劇本找到下一個點子。讓我們來看看，艾蜜莉了解這些發現後，可能會如何根據需求，發揮更大的創意。

創造力的祕密，第二種情景

現在是中午，艾蜜莉有三十分鐘的時間，為新會議寫一份提案。寫了幾分鐘後，她有了一個洞見：去參加午餐會議的時候，她應該準備好可能的會議名稱。她感到自己的多巴胺濃度上升了，她知道洞見會提升獲得更多洞見所需的化學反應，所以她趕緊善用這股能量。艾蜜莉關掉了所有電話和呼叫器，並在門前掛上「請勿打擾」的牌子，然後在電腦上打開新檔案，開始腦力激盪。

她腦中想到簡報的關鍵詞——永續發展事業，並開始思考如何使用這個詞來取一個會議名稱。在找到關於該主題的十個詞後，她停下來，注意到自己採取的思維方向，發現自己卡在「永續發展」的主題上面。她讓大腦平靜下來，試圖聆聽其他線索，然後聽到一個微妙的想法，是關於「未來」。她朝著這個方向去想，接著又想出十個詞。她聆聽更多線索，並很快與保險、減少風險的點子連接起來，這又讓她想出十幾個詞。完成這些步驟後，她發現沒有新的主題出現在腦海中。她知道她必須把注意力放在其他地方，讓微妙的連結成形。她意識到自己陷入了停滯，可能只會在這三個主題的基礎上，繼續提出更多的解決方案。

她讓大腦轉換模式，以抑制當前的解決方案，所以她打電話給保羅，詢問他今天的情況，他們聊了幾分鐘。在聽到保羅即將舉行的專案宣傳介紹，以及他有多緊張的時候，她想到了一個新主題：「放鬆。」她掛掉電話，想出了「放鬆迎接未來」和「輕鬆的未來」，然後覺得自己陷入了死胡同。她把注意力轉移到看孩子的照片，以減輕焦慮。突然，她覺察到一股興奮感，腦中出現了很強烈的點子：「讓你的事業可以抵抗未來的變化。」她快速搜尋，發現這個短語還沒有人使用過，因此根據該主題重寫了她的提案。額外的多巴胺使她進入心流的狀態，她最棒的一些作品就是在這種狀態下創造出來的。她仍然有時間稍微試試看其他提案。在充滿活力的情況下，她提出了比預期還多的好點子，並以積極的心態去參加會議。

現在的你，可能陷入停滯。到目前為止，這本書的主題是更有效地使用前額葉皮質。為了在工作中發揮成效，我曾提出，你需要依據正確的順序、每次幾個人，並採用適當的激發程度，讓最少的演員上台。但是，現在我建議，有時候你必須讓所有人都離開舞台，以便讓無意識的過程來解決問題。但是，**何時**以及**如何**決定關閉你的舞台呢？當然，最大的問題是，究竟**是誰**在做所有的決定？為了解決這些問題，讓我們暫時不看兩位主角的故事，先來探討有關大腦更深層的發現。

大腦的特點

- 令人驚訝的是，針對問題，人們很容易陷入少數幾個相同的解決方案中，這稱為停滯現象。
- 解決停滯需要讓大腦放空，以減少啟動錯誤答案的機會。
- 要有洞見需要聽到微妙的信號，允許建立鬆散的連結。這需要一顆安靜的腦袋，並盡量減少腦電波活動。
- 你愈是輕鬆快樂，洞見就愈頻繁地出現。

- 右腦涉及資訊之間的連結，而非具體的資料，所以對洞見的貢獻很大。

遇到撞牆期，請你試試看

- 減輕壓力，延後工作期限，做點有趣的事，盡可能減輕焦慮。
- 休息一下，做些輕鬆有趣的事情，看看答案是否會浮現。
- 嘗試讓自己的大腦平靜下來，看看更微妙的連結中有些什麼東西。
- 注意資訊之間的連結，而不是去專研問題。從較高的角度去看待可循的模式和連結，而不是要弄清細節。
- 把問題簡化至明顯的特徵。讓自己從較高的角度來反思，注意在洞見冒出之前，微妙連結的輕微觸動，並在洞見發生時，放下手邊的事情，專注於洞見。

中場休息

與心智導演見面

現在是中場休息的時候了，讓我們從保羅和艾蜜莉的故事中休息一下，想想有關大腦的更深層次的洞見。到目前為止，我的主張是，了解大腦可以提高工作效率。這是因為了解大腦之後，你會在不同的時刻做出不一樣的決定。

但是，光是對大腦有更多的了解可能還不夠。請注意艾蜜莉上一個場景中的粗體字：「她**發現**自己卡在『永續發展』的主題上面。她讓大腦**平靜**下來，試圖**聆聽**其他線索，然後聽到一個微妙的想法，是關於『未來』。她**朝著**這個方向去想。」艾蜜莉正在留意她的心智歷程，她是自己工作中大腦的觀察者。如果沒有這種觀察行為，只是對大腦有所了解，可能不會有什麼變化。巔峰的心智表現需要結合兩者，既要了解你的大腦，又能觀察大腦即時發生的情況。

在舞台的比喻中，演員代表有意識的資訊。觀眾代表你大腦中意識覺察層面之下的資訊，如記憶和習慣。然後還有一個角色，我稱之為**導演**。導演是種隱喻，代表你意識中超出經驗範圍的部分。這個導演可以觀看你心智生活的表演，也就是你的生活，導演可以決定大腦的反應方式，有時甚至可以修改劇本。

當神經科學遇上心理學

數百年來，關於導演的想法有很多名稱，引起科學家、哲學家、藝術家和神祕主義者的極大興趣。在西方哲學誕生之初，蘇格拉底說：「未經審視的生命是不值得活的。」今天，有些人把觀察自己的經歷，稱為自我覺察或正念，有時候則稱為後設認知（metacognition），意思是「思考自己的思考歷程」，或後設覺察（meta-awareness），意思是「覺察到自己的覺察」。不管名稱是什麼，這種現象是世界上許多文獻的主軸，在哲學、心理學、倫理學、領導力、管理、教育、學習、培訓、教養、飲食、運動和個人成長方面，都是核心思想。如果不是有人先說「了解自己」是邁向任何類型改變的第一步，有關人類經驗的事物是很難看透的。

由於這個想法的盛行，以下兩件事中，有一件屬實。第一，也許作家都是糟糕的抄襲者。或者，能夠在一旁觀察自己轉瞬之間的經驗，也許有什麼重要通用的意義，因此也有生物學上的意義。研究顯示，情況為後者。

認知科學家在一九七〇年代首次發現，工作記憶（即舞台），具有他們稱為執行功能的特質。從某種意義上來說，這種執行功能位於其他工作記憶功能的「上方」，監視你的思維，並選擇分配資源的最佳方式。一九九〇年代，隨著新技術的發展，對這一現象的研究不斷加深，特別是在二〇〇七年左右，出現了名為「社會認知和情感神經科學」的領域，有時候也稱為「社會認知神經科學」。

社會認知神經科學是認知神經科學（對腦功能的研究），以及社會心理學（即人們相處方式的研究）的混合體。在社會認知神經科學出現之前，神經科學家傾向於注意大腦單方面的功能。而社會認知神經科學家則研究人們大腦之間的互動方式，探索例如：競爭與合作、同理心、公平、社會痛苦和自我認識等問題，而自我認識領域在此特別值得注意。你用來理解其他人的許多大腦區域，與用來了解自己的大腦區域是相同的。社會認知神經科學家很高興探索一些在哲學上具有挑戰性的話題，希望認識這位難以捉摸的導演。

凱文・奧克斯納（Kevin Ochsner）是紐約哥倫比亞大學社會認知神經科學實驗室的負責人，也是社會認知神經科學的兩位創始者之一。在他看來，「自我覺察是一種能力，可以走出自己的個體，盡可能以接近客觀的眼光來觀察自己。在許多情況下，這意味著用第三人的角度來檢視自己：想像透過另一個人的眼睛看自己。在這種互動中，我將成為照相機，看著自己，觀察我的回答是什麼。要變得了解自己，用後設的角度來看自己，真的就像與另一個人互動。這是社會神經科學試圖理解的基本東西。」

如果沒有這種站在自身經驗之外的能力、缺乏自我覺察，那麼你幾乎沒有能力在轉瞬間調適和引導自己的行為。這種即時、以目標為導向的行為調節，是成熟成年人應對處事的關鍵。你需要這種能力來使自己從經驗的自動模式中解放出來，並選擇轉移注意力的地方。如果沒有導演，你就只是自動被貪婪、恐懼或習慣所驅使。

導演、正念與自癒力

一些神經科學家把導演的概念歸因於正念，這最初是古老的佛教概念，現今的科學家則將正念定義成，以開放和接納的方式，密切留意當前的經歷。這是「活在當下」的想法，即意識到即時發生的經驗，並接受你所看到的一切。丹尼爾．席格是這個領域頂尖的研究者和作家，也是加州大學洛杉磯分校「正念研究中心」的聯合主任，他把正念描述為心不在焉的相反。「這是我們在做出反應之前，停下來的能力。」席格解釋說，「它為我們提供了思考的空間，讓人可以考慮各種選項，然後做出最合適的選擇。」

對於神經科學家而言，正念與靈性、宗教或任何特定類型的冥想關係不大。每個人在某種程度上都具有正念這個特質，可以透過多種方式加以發展。（這也是種可以啟動的狀態，而且你愈常啟動，就愈容易成為特質。）事實證明，正念對於職場的效率也很重要。當你聽從預感，認為你需要停止寄送電子郵件，並思考如何更好地計畫這一天，你就是在覺察心念。當你發現需要專注，以免在開車去參加會議的路上迷路，你就是在覺察心念。在這兩種情況下，你都注意到了內在的信號。而注意到這些信號的能力，是在工作中更有成效的重要契機。畢竟，了解大腦是一回事，但你還需要隨時察覺大腦在做什麼，這樣的知識才是有用的。

現在，全世界有數百名科學家在探索正念，而這項工作的核心人物之一，是維吉尼亞聯邦大學（Virginia Commonwealth University）的柯克・布朗（Kirk Brown），該校坐落於維吉尼亞州里奇蒙市（Richmond）。布朗在當研究生時注意到，有些人從生病康復時，比其他人更能注意到內在的身體信號。比起沒有察覺到自己內在體驗的人，那些能察覺到的人似乎更快從煎熬的手術中恢復過來。「內感受」（interoception）這個專業術語，便指察覺身體內部信號，這就像你對你內在世界的感知。布朗找不到既有的衡量方式，來測量這種注意內在世界情況的能力，所以他開發了一個衡量方式，稱為「正念覺察注意量表」（Mindful Awareness Attention Scale，MAAS）。現在，MAAS已成為衡量個人日常正念的黃金指標。

布朗發現每個人都有這種覺察能力，但是覺察的程度各不相同。在多年來對人們的測試中，他發現人們的MAAS分數與他們的身心健康，甚至與人際關係的品質相關。「一開始，我們以為資料有問題。」布朗解釋說，「這個分數不可能與所有事情有關，但是我們後來做的全部研究，均支持這項發現。」喬．卡巴金（Jon Kabat-Zinn）在麻薩諸塞大學醫學院創辦了減壓門診和「醫學、健康照護與社會的正念中心」（Center for Mindfulness in Medicine, Health Care, and Society），他的研究顯示，如果患者練習正念，從皮膚疾病中痊癒得更快，而牛津大學的馬克．威廉斯（Mark Williams）的研究發現，透過正念訓練，憂鬱症的復發率可以降低七五%。正念顯然對保持健康非常有用，但這只是因為它可以減輕你的壓力，還是有更強大的原因在發揮功用？這是中國頂尖的神經科學家唐一源博士想要回答的問題。二〇〇七年，他進行了一項研究，想了解正念僅是種放鬆訓練，還是有其他東西在發揮作用。四十名志願者接受了為期五天的正念訓練，每天二十分鐘，使用的是唐博士稱為綜合身心訓練的技巧；另一組人在同一段期間做放鬆訓練。唐博士解釋說：「僅僅經過五天的訓練，兩組人之間就出現了明顯的差異。」根據唾液樣本，正念組的免疫功能平均提高了近五〇%，他們的皮質醇濃度也較低。正念顯然不僅僅是放鬆而已。但如果正念不僅有放鬆效果，那還有什麼功效？為什麼生活中這麼多領域都會受到如此大的影響？

正念的神經科學

二〇〇七年，多倫多大學的諾曼・法布（Norman Farb）和其他六位科學家進行了「正念冥想顯露自我參照的獨特神經模式」（Mindfulness meditation reveals distinct neural modes of self-reference）研究。從神經科學的角度，讓我們對正念有了全新的理解。為了幫助你掌握這項研究的重要性，我先來回顧一下。你生來就有能力在大腦中創造外在世界的內在表徵，稱為「地圖」。（這些地圖有時稱為網路或迴路。）地圖會隨著你長期注意的內容而變化，例如保羅的信用卡地圖、律師會有數千個法律案件的地圖、非洲喀拉哈里沙漠（Kalahari）的原住民會有尋找水源的地圖，而生了第三胎的年輕媽媽會有哄孩子入睡的地圖。我們生來就有強大的能力，因此某些地圖可以自動發揮作用，例如嗅覺的地圖。

法布和另外六位科學家發展出一種方法，來研究人類在每個瞬間如何體驗生活。他們發現，人們有兩種不同的與世界互動方式，並使用兩組不一樣的地圖。一組地圖包含前文提到關於分心和洞見的大腦區域，這部分稱為「預設網路」，包括內側前額葉皮質，以及海馬迴等記憶區。這個網路之所以稱為預設網路，是因為在沒有其他事情發生時，它就會變得活躍，然後你就會想自己的事。如果你夏天坐在碼頭邊，微風輕拂著你的頭髮，手中握著冰鎮啤酒，你可能會發現，自己不是在欣賞這美好的一天，而是考慮今晚要煮什麼料理，以及你是否會把晚飯搞砸了，讓你的伴侶感到好笑。這是你的預設網路在發揮作用，它是參與計畫、做白日夢和思考的網路。

在你想著自己或他人時，這個預設網路也會啟動，組成「敘事」。敘事是一個故事情節，角色長期下來互相影響。另一方面，大腦也儲存了大量關於你自己和其他人的歷史資訊。預設網路活躍時，你在想自己的過去和未來，以及包括你自己在內等所有認識的人，還有這些龐大的資訊如何交織在一起。在法布的研究中，他們喜歡把預設網路稱為**敘事迴路**。（在日常運用時，我喜歡敘事迴路這個術語，因為在談論正念時，它比預設網路更容易記住，並且更簡潔些。）

使用敘事迴路來體驗世界，你會從外在世界獲取資訊，透過篩選來處理所有東西的含義，並添加你的詮釋。由於你的敘事迴路啟動了，當你坐在碼頭上，涼風不是涼風，它象徵夏天即將結束，這讓你開始想著要去哪裡滑雪，以及你的滑雪衣是否需要拿去乾洗。敘事迴路活躍時，我們往往很容易從一個想法，跳到另一個想法。

預設網路在你大部分的清醒時間裡都是活躍的，無須花費很多精力去操作。這個網路沒有什麼問題，但重點是，你不會希望限制自己，只透過這個網路來體驗世界。

法布的研究顯示，還有一種完全不同的體驗方式，科學家稱這種類型的經驗為**直接經驗**。直接經驗網路活躍時，幾個不同的大腦區域變得更加活躍，包括腦島，這是一個與感知身體感覺有關的區域。還有前扣帶迴皮質也被啟動，這是偵測錯誤和轉移注意力的重要區域。若啟動了直接經驗網路，你不是一心在想著過去或未來、其他人或你自己，也不是在想太多。相反的，你正在體驗即時進入感官的資訊。你坐在碼頭上，你的注意力集中在溫暖的陽光照在皮膚上、涼風輕拂著頭髮和手中的冰涼啤酒。

有一系列研究發現，敘事和直接經驗這兩個迴路是負相關的。換句話說，如果你一邊洗碗，一邊在想即將要開的會議，你更有可能沒注意到杯子有破損，而割傷自己的手。因為敘事地圖啟動時，視覺感知的地圖就不那麼活躍了。當你陷入沉思，你不會注意到太多（或聽到太多、感覺到很多）東西。可悲的是，在這種狀態下，哪怕是啤酒也沒有那麼好喝了。

幸運的是，這種情況可以倒過來。若你把注意力集中在傳入感官的資訊上，例如，洗碗時手上水的感覺，這將減少啟動敘事迴路。這就解釋了為什麼，比方說，如果你的敘事迴路激動地擔心即將到來的緊張事件，那麼深呼吸，並專注於當下會有幫助。在那一刻，你所有的感官都「活躍起來」。

現在可以嘗試以下的快速練習，使研究更有意義。請找到一些感官正接收的資訊，讓你的注意力集中在上面，只須十秒鐘。如果你正坐著讀這本書，請注意你坐在椅子上的感覺，密切注意座椅的材質、彈性和其他方面。或者，專注於你周圍的聲音，觀察你可以聽到的不同聲音。現在就這樣做個十秒鐘。

如果你做了這個練習，也許你觀察到幾件事，並注意到新接收的資訊。首先，或許你發現，把注意力集中在一件事上十秒鐘有多難，這本身就很有趣。在這十秒內，也許你不再留意自己試圖注意的資訊，而是開始想事情（這是對此練習最常見的反應）。在那一刻，當你的注意力從對座位的感覺轉移到午餐，你的大腦便從直接經驗切換到敘事迴路。然後，如果你想起這個練習，並把注意力放回你選擇的資訊流上，就能重新啟動直接經驗網路。

這個快速的實驗使你對這兩個迴路之間的轉換有了切身的感受，以便能夠感知其中的差異。如果你反覆做類似的練習，你會愈來愈注意到這種轉變。這種情況會發生在練習正念冥想的人身上，他們更能注意到「直接經驗事物」與「在大腦添加解釋」之間的區別。而經常做這類練習，會使觀察內在狀態的迴路增厚。換言之，注意導演可以使一個人變得更穩健，並賦予自己更多的力量。

在十秒的練習中，你可能注意到的另一件事，就是其他感官變得更加敏銳。在你坐在碼頭上，並停下來注意溫暖的太陽照在皮膚上時，你很快也會注意到微風。啟動直接經驗網路可以提高其他感官資訊傳入的豐富程度，從而幫助你感知周圍更多的資訊。此外，注意到更多資訊也能讓你看到較多選項，有助於你做出更好的選擇，從而使你的工作效率更高。

讓我們來回顧一下。你可以透過敘事迴路來感受世界，這對於計畫、設定目標和制定戰略非常有用。你還可以更直接地體驗世界，進而感知到更多的感官資訊。透過直接經驗網路來體會世界，可以使你更接近事件的實況。你能感知到更多周圍發生的事件資訊，以及關於這些事件的更準確資訊。此外，注意更多即時資訊能使你對世界的反應更加靈活，你也變得不再被過去、習慣、期望或假設所禁錮，而更能對事件的發展做出反應。

啟動導演有助於你感知較多感官資訊，這時就變得更耐人尋味了。這些感官資訊包括你的「自我」資訊，像是念頭和感覺、情緒以及內在狀態的資訊。等到你啟動導演後，你還會注意到更多內心正在發生的事情。而最有用的事情之一，是你試圖完成工作時，注意到大腦內發生的情況。比如，你的舞台太累而無法運作、舞台變得太擁擠，或你需要關閉舞台，讓洞見得以經過。如果你可以隨意啟動導演，就會更容易意識到這類型的觀照。

正念練習的要點

在法布的實驗中，經常練習注意敘事和直接經驗路徑的人，例如，定期冥想者，在這兩種路徑之間的區別更大。他們隨時知道自己在哪條路徑上，並且可以更輕鬆地進行切換。那些沒有練習過注意這些路徑的人，則更有可能自動走上敘事的路徑。

柯克．布朗的研究發現，正念程度較高的人更清楚自己的無意識過程。此外，與正念程度較低的人相比，這些人有更好的認知控制，並且有更大的能力來影響自身言行。如果你坐在碼頭邊，微風吹來，而且你有強大的導演，那麼你更有可能注意到，你會因為擔心今晚的晚餐，錯過了美好的一天，然後你就會把注意力轉移到溫暖的陽光上。在你轉移注意力時，就會改變大腦的功能，而這對你的大腦工作方式會產生長期的影響。（關於這種情況如何發生的技術層面，將在後面的場景中介紹。）

丹尼爾．席格是這樣解釋的：「由於能夠穩定和一心一意地專注自己的心思，因此可以偵測出以前無法辨別的放電路徑，然後進行修改。正是透過這種方式，我們可以利用心思的焦點，來改變大腦的功能，最終改造大腦的結構。」席格的意思是，如果你可以操控自如地啟動自己的導演，你隨時都能感知到更多自己心理狀態的資訊。然後，你可以做出選擇，改變你注意的事情。這就是中場休息的重點，或許也是本書的重點：了解大腦，可以增加你改變大腦的能力。無論是注意到舞台的空間狹小、面對新奇事物時多巴胺增加，還是你需要一點時間來獲得洞見，你愈留意自己的體驗，就愈有機會變得有自覺，懂得停下腳步來，好好觀察。與其跑到山上打坐來提高自我意識，不如在工作時也這樣做。

以上說的是好消息。

現在來說壞消息。在下一幕中，你將學會啟動你的導演，但是一旦事情很多，或感到壓力，就很難做到。有些人多年來沒有啟動這個迴路，因為他們陷入忙碌的生活中。畢竟，在工作時，要啟動導演並不容易。

最近退休的認知科學家約翰・蒂斯岱（John Teasdale）是一流的正念研究人員，他解釋說：「正念是種習慣，你做得愈多，就愈有可能輕鬆進入這種模式……這是可以學習的技巧，是在取得我們原本擁有的東西。正念並不難，難在要記得去察覺。」我喜歡最後這句話，正念並不難，難在要記得去察覺。

你是怎麼記住輕鬆地去做某事？答案是，你得把導演放在觀眾席最前面，以便他在需要時，可以快速跳到台上。這件事應該在你大腦中準備就緒，因為它是最近的經歷，是你首先想到的東西。而讓你可以方便運用導演的最好方法之一，就是經常練習使用導演。現在有研究顯示，練習啟動導演的人確實改變了他們的大腦結構，使參與認知控制和轉移注意力的特定皮質區域變厚。你用什麼來練習並不重要，關鍵是要練習把注意力集中在直接的感官上，而且要經常這樣做。此外，使用豐富的資料流也會有幫助。舉例來說，比起感受小腳趾的感覺，你把注意力放在足底在地板上的感覺會更容易，因為這樣可以利用的資訊更多。你可以在吃飯、走路、說話、做任何事情的時候，練習啟動你的導演，除了在溫暖的陽光下喝啤酒之外，因為你的導演可能很快就跑去狂歡，這讓你的練習只能在有限的時間內發揮作用。（關於那部分的神經科學可就要再寫另一本書了。）

建立自己的導演，並不意味著你必須坐著不動，觀察自己的呼吸。你可以找到適合自己生活的方式。比如，我和我太太與孩子在晚餐時建立了一個十秒鐘的儀式，我們在開動前，會先停下來，把注意力放在三次慢慢小口的吸氣吐氣。這樣做額外的好處是，可以使晚餐變得更加美味。

有一名靠近舞台的導演能幫你管理好演員的秩序。當你的導演即時注意到你大腦的怪癖，你就更能把語言與經驗相結合。這使你在情況發生時，更快識別出微妙的可循模式，這種技能增加了你做出細微改變的能力。如果你的心思即時改變大腦的功能，你會變得更有適應性，以最有幫助的方式，回應隨之而來的每一個挑戰。

舞台開始在閃燈，下半場的鐘聲響起，中場休息要結束了。讓我們回頭看看舞台上的一舉一動，因為艾蜜莉和保羅將面臨一些新的挑戰。我們來看看好的導演能把困難的場景改善到多大的程度。

第二幕

在壓力下保持冷靜

壓力不一定是壞事，關鍵是你如何處理。
我們需要改變大腦控制情緒的方式，
這樣就不會在壓力下崩潰了。

大腦遠不止是邏輯處理機器，它的用途是維持你的性命。每時每刻，你的大腦都會決定周遭的世界對你的性命是有害，還是有益。若你感覺到危險或獎勵，即使在極其微妙的程度上，也可能對你的思考方式和思緒內容產生極大影響。對危險或獎勵的自動反應，一般被認為是情緒。而能控制自己的情緒，不任其擺布，是在混亂的世界維持高效的重要能力。

在第二幕中，保羅發現了情緒對他思緒的影響，然後學習在情緒上來時，奪回控制權。艾蜜莉了解到大腦對控制的強烈需求，並發現了處理更激動情緒的關鍵技能。最終，保羅發覺，期待對於大腦處理資訊的方式會發揮一定的作用，有時候還會對你感知世界的方式產生重大的影響。

第7景
情緒調節大作戰

現在是中午十二點四十五分，保羅把菜單交給服務員。

「那麼，你認為到時候能做到嗎？」一年紀較大的主管米格爾問道。就在保羅準備積極反應時，他腦海中閃過以前專案的記憶，當時的客戶也是給他很短的期限。那時保羅做得很匆忙，沒有查出客戶真正需要的東西，結果東西遲交，還超出預算。保羅感到那次經歷的挫敗感湧上心頭，彷彿他又回到了那個時候。他不想讓這種情緒表現出來，所以試圖壓抑胃部噁心的感覺，但似乎於事無補。更糟的是，保羅的敘事迴路被喚起，他開始迷失在內心思緒中，這使他不太能察覺到新接收的感官資訊，他沒有注意到米格爾問他的問題，已經過了有點久他都沒回應。

保羅又花了一點時間來思考，在八週內完成專案會需要什麼條件。他現在覺得很沒把握，他想要求二十四週的工作期間。保羅感到五味雜陳，很難清楚地思考。

「我想，我可以做到……」他開始說，「但是，有沒有可能，也許，再多給我一點時間？」

另一位主管吉兒露出困惑的表情，她完美的指甲和盤起來的包頭讓保羅想起年輕時的一位女校長。他回想起有一次，她連續三天處罰他留校察看，害他錯過校外教學。他想知道吉兒對他問題的反應，是不是表示不屑。他覺得西裝裡面彷彿有一股熱氣往上沖。

「你對這種專案的準備情況如何？」吉兒問。

保羅後悔今早沒有關掉手機和電腦，這樣就能更專注地準備這次會議，也就能夠回答這個問題了。他的額頭冒出汗珠，他在想，吉兒是否會注意到，而這樣只會讓他流更多的汗。他試圖確保她沒有看到自己的不安，這需要專注才辦得到，所以他的注意力從她剛才所說的話轉移開來。

「抱歉，妳剛問我什麼？」保羅回應，臉都紅了，「哦，對，妳問我們計畫的情況如何。沒錯，我是規模較小的廠商。」他回答。他幾乎能聽到腦子裡有個安靜的聲音告訴他，過去曾做過一個規模相似的專案，但他無法明確說出是哪個專案，他希望能在會議結束之前想起這個專案。

「聽著……我的公司可能不是最大的。」他繼續說，「但至少我們是本地公司。如果我們繼續把這麼多工作送到海外去做，這個國家就會衰敗。」在他說完這句話時，他想起設計規格裡的評論暗示可能有海外競爭對手，但現在收回這句話已經來不及了。

「嗯，我們也愛這個國家。不過顯然的，如果我們能夠以四分之一的成本就做好這項專案，但我們不這樣做，也是頭腦有問題。這是與海外零售商競爭的唯一方式。」吉兒回覆，米格爾聽完點點頭。

保羅滿肚子洩氣的感覺變得愈來愈強烈。會議又持續了三十分鐘，還有更多棘手的問題。最後，米格爾和吉兒感謝保羅撥空參與。保羅表面微笑著，但內心卻很疲憊。

他回到自己的車裡，不假思索地走了同樣複雜的路線回家，只是這次他迷路了。在會議上被狂電使他的前額葉皮質筋疲力竭。他在開車時，試著看地圖，看到很喪氣，差點撞上前頭因黃燈而減速的汽車。他回到家時，發現兒子喬許坐在門口，很早就放學回家了，「你這麼早回到家做什麼？」他大吼。

「為什麼你的手機沒開？」喬許吼回去。由於稍早情緒起伏強烈，保羅忘記了應該早點回來接喬許，喬許今天校外教學，所以會提前回家。他有一部分知道是自己錯了，但他忍不住和兒子吵架。保羅大叫：「年輕人，不要在我面前甩門。」他在想，每次喬許甩門時，他是否應該罰他錢。突然之間，保羅蹦出了一個洞見，解決了會議中令人沮喪的停滯情況：罰錢、費用、收費。想起來了，他以前也做過類似的專案，該死。他兩年前做的公路收費專案幾乎與這次信用卡客戶情況相同，而且那次進行順利。如果他在會議上記得這些就好了。

保羅今天過得很不順利。由於大腦的一些毛病，害他壓力很大，而且把情況變得更糟。他正經歷著過去的情緒事件，影響到他現在的表現。儘管他試圖壓制住情緒，但他沒能做到，而這樣的情緒影響了他的銷售介紹。

保羅是在錯誤的假設下，調節情緒的。他以為盡量**不要去**感受某事，是**在壓力下保持冷靜**的最佳策略，這是「咬緊牙關」的做法。然而，他需要的，其實是改變大腦控制情緒的方式，這樣他就不會在壓力下崩潰了。有鑑於他想讓銷售提高和減少寫程式，來擴展業務，發展這套新的迴路會很重要。

藏在邊緣系統的情緒祕密

人類的情緒是混亂的，涉及許多大腦區域。情緒經驗與稱為邊緣系統的大型大腦網路有關，邊緣系統包括杏仁核、海馬迴、扣帶腦迴（cingulate gyrus）、眼眶額葉皮質和腦島等大腦區域，它們以不同的方式連接在一起。

邊緣系統追蹤你對念頭、物體、人物和事件的情緒關係，決定了你每個瞬間對世界的感覺，而且通常會在不自覺的情況下，驅動你的行為。如果沒有完整的邊緣系統，儘管可

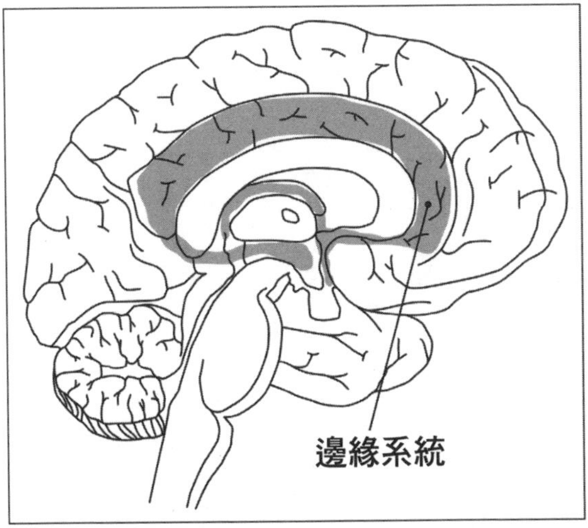

以從事基本運作，人腦的功能仍會處於很糟的狀態。倘若沒有邊緣系統，基底核還是可以啟動正確的運動神經元組合來讓你下床，但是下了床後，你可能就會傻住。在隨時都有無限選擇的世界裡，你沒有足夠的時間或精力，用邏輯來處理所有可能的選擇，再決定下一步該怎麼做。例如：應該吃早餐嗎？早餐應該吃什麼？應該在哪裡吃飯？還是應該多睡一會兒？回到床上、到沙發上，還是趴在書桌上睡？瞬間的決策不僅僅涉及理性過程。你需要根據價值判斷，來做出微妙的選擇。而做出這些價值判斷，例如決定早餐的麥片好不好吃，是邊緣系統的主要功能之一。

大腦的最高指導原則

艾維恩・戈登博士（Dr. Evian Gordon）開發了世界上數一數二大的大腦資訊庫，他擁有耐人尋味的優勢，因為他能在廣泛的研究中看到可循的模式。他和黎恩・威廉斯（Leanne Williams）一同提出所謂的**整合模型**（INTEGRATE model），其中的重要核心洞見是，大腦有個最高指導原則，即把周圍的世界分類為會傷害你，或幫助你生存。戈登解釋說：「你在生活中所做的一切，都根據你大腦的判斷，把危險最小化或把獎勵最大化。『最小化危險，最大化獎勵』是大腦的支配原則。」

邊緣系統掃視流入大腦的資訊，告訴你哪些東西需要注意，以及注意的方式。邊緣系統的工作正是告訴你，灌木叢上的莓果是危險還是美味的。像好奇心、幸福感和滿足感之類的情緒是**趨吉**的反應；另一方面，焦慮、悲傷和恐懼則是**避凶**的反應。

大腦偵測到可能危害你生命的威脅，稱為**主要威脅**。主要威脅包括在樹林中看到熊，或變得飢餓、熱或口渴等實際威脅，甚至只是看到照片中生氣的表情。如果你的大腦偵測到可以幫助你生存的東西，你會從注意到所謂的**主要獎勵**中，體驗到獎勵的感覺。主要獎勵包括食物、金錢和性，甚至只是張熟悉的面孔。

邊緣系統不斷做出趨吉或避凶的決定，也就是趨向獎勵或迴避威脅。這些決定是自動發生的，大約比你有意識地察覺到它們早半秒，前提是如果你能察覺到。有一項研究發現，即使是無意義的詞，大腦也會自動偵測。這些詞根據音素，也就是詞的最小聲音單位，可以被認定是令人愉快或不愉快的，進而被分類為正面或負面的詞。

你經歷到情緒時，邊緣系統會自動被激發。在這個過程中，少不了許多大腦區域作用，但有兩個更有趣的區域是海馬迴和杏仁核。海馬迴是處理陳述性記憶（declarative memory）的大腦區域，意味著有意識經歷的記憶，這種記憶是由遍布大腦數十億個複雜的神經地圖網路所組成。海馬迴負責統整和按主題編排這些地圖，你的海馬迴不僅記住了事實，還記住了對事實的感受。你對某事的感覺愈強烈，就愈容易回憶起來（某些強烈情緒的事件是例外，這些事件由於更複雜的因素而被遺忘）。如果你能記住夠久遠以前的事情，回想起你最喜歡的高中老師在腦中的畫面，你也會想起對她的感覺。記憶出現的那一刻就會產生這種感覺，因為它們都在同一個網路之中。

海馬迴是邊緣系統網路的重要部分，它記住某些事物是危險，還是獎勵，然後把新的經驗與以前的記憶連結起來。吉兒使保羅想起自己以前的校長時，保羅就是經歷了這種邊緣反應。

杏仁核是杏仁形狀的區域，正好位於負責嗅覺的區域上方。儘管杏仁核經常被認為是大腦的「情緒中心」，但它只是邊緣系統網路的一部分，與海馬迴和其他邊緣區域一起工作。杏仁核確實有個有趣的怪癖令它出名：它被激發的程度往往與情緒反應的強度成正比，它就像大腦中的情緒溫度計。在功能性磁振造影的研究中，你可以清楚地看到這種激發的情況。激發可以受到趨吉或避凶的情緒所驅動，不過正如你將看到的，這兩種類型的情緒以不同的方式激發邊緣系統。

慢慢靠近，快快逃跑

強納森．海德特在他的《象與騎象人》（*The Happiness Hypothesis*）一書中寫道，我們的祖先是森林中哪怕有很小的沙沙聲，都會非常注意的人。在危險的世界中，能存活下來的正是高度警覺的人。用探針刺激杏仁核（儘管我不建議你在家嘗試），你通常會感覺到的情緒類型是，如焦慮之類的避凶情緒。當然，這種焦慮可能是大腦對於探針的一般反應，但現在廣為接受的觀念是，杏仁核有點神經質，就像伍迪．艾倫電影中的角色：緊張、膽怯，容易心思紊亂。

邊緣系統除了容易焦慮多於快樂之外，在感知到危險時，反應的力道也會比感知到獎勵時強烈得多。危險引起的激發也來得更快，持續時間更長，更難消退。即使是情慾這種最強烈的趨吉情緒，也不可能讓你用跑的靠近，而恐懼卻可以在瞬間讓你跑走。（只要把塑膠蜘蛛放在某人的手上就可以觀察到這個特徵。）與避凶的情緒相比，趨吉的情緒更微妙、更容易被取代，並且更難以累積。這也解釋了為什麼良性循環（正面情緒會產生更多正面情緒），比惡性循環（負面情緒會產生更多負面情緒）要少見。人類趨吉時是慢慢靠近，但避凶時則是快快逃跑。

恐懼的熱點

有很多情況出現時會激發邊緣系統，其中某些情況之後會提到。在這個場景中，保羅的邊緣系統已經被激發，因為它感覺到目前的狀況與以前的挑戰是一樣的，就像走在一段曾經有能跳到自己面前的路上。對於保羅來說，熊代表的是很短的期限，是過去咬過他的東西，或者至少是咬傷他的錢包。

每個人都有一組獨特的「觸發點」，可以激發邊緣系統。這些觸發物已經被心理學家和哲學家討論了好幾個世紀，並以許多名稱出現，包括不自覺、模式、小精靈、惡魔和問題，但我要叫它們「熱點」（hot spot）。熱點是儲存在邊緣系統中，並標記為危險的經驗模式。一旦產生熱點的原始模式（或類似的東西）再次出現，就會啟動危險反應，反應的激烈程度與該情況的危險程度成正比。

如果你被真實或想像中的危險（或罕見的豐厚獎勵）過度激發，邊緣系統會以一些明顯的方式損害你的大腦功能。這種功能折損通常是在不自覺的情況下發生的，甚至會產生錯誤的信心。例如，感到恐懼時，腎上腺素的增加可能會使你專注，因此你對自己的決定更有信心，但實際上你做出最佳決定的能力卻已受損。

過度激發的惡性循環

邊緣系統被過度激發，會減少前額葉皮質可動用的資源，不利其發揮功能。如果你在邊緣系統沒有被激發的情況下，可以一秒內回想起同事的名字，但當邊緣系統受到激發，你可能要花五秒才想起，甚至或許一個小時都無法想起那個人的名字。同樣的情況也發生在前額葉皮質的其他功能上，包括理解、決定、記住和抑制。由於可完成工作的葡萄糖和氧氣變少了，前額葉皮質中有意識過程所需的複雜地圖就不能發揮正常作用，導致你原本的局限變得更糟。

用出奇低的門檻，就能啟動邊緣系統與前額葉功能之間的連結。有一項研究涉及兩組學生，他們完成同一紙上迷宮，從頁面中間的一隻老鼠開始。其中一組人的迷宮邊緣有張起司的圖片，這是一種獎勵；另一組則是畫了貓頭鷹的圖片。隨後，小組做了創造力測試。朝著起司走的那組人可以多解決大約五〇%的問題。其他研究顯示，僅僅是在句子結尾看到笑臉與臭臉的表情，就會影響前額葉的表現。真的很容易用可以量化的方式，測量出邊緣系統的表現因被觸發而受到折損。

保羅的煩惱在參加會議前就開始了。他到達午餐會場時，已經歷了強烈的情緒，而且沒有做任何事來抑制情緒。想起以前出錯的專案後，他的認知功能變得更糟。結果，他忘記客戶在他們第一次溝通中提到的重點，也就是時程很重要，而且他竟然還試著要求更多的時間。然後，他忘了以前的類似專案，這段記憶本來可以挽救他的簡報。等到他回到家時，他對以前專案的記憶才因為與兒子喬許對話而觸發。

如果大腦沒有足夠的資源進行有意識的處理，大腦會變得更「自動」，採用根深柢固的功能，或接近觀眾席最前面的想法，例如最近發生的事件。本質上，你的大腦只是在用最少的資源做它能做的事情，也就是使用資源消耗低的工具。以保羅來說，他使用了資源消耗低的功能，結果按照去程的方式開車回家，因為這個路線已被促發，就在他的舞台前面。由於他很累，所以走錯了路線，甚至忘了打開手機。

邊緣系統的激發增加，出現的另一個挑戰是，你的導演似乎失蹤了。畢竟，若能啟動導演，可以讓你感知更多的資訊，做出更好的決定。尤其在承受壓力時，做出正確的決定就更重要。但是，邊緣系統被激發時，要找到你的導演就變得非常困難。比方說，在會議中問某人：「你為什麼這樣想？」他們一般要停頓一下，認真思考才能回答。思考需要大量的資源，這就像舞台上已經有四位演員，還要再讓其他四位演員注意到第一組演員在做什麼，並對他們發表評論。畢竟，舞台空間總共只能容納少數幾位演員，或者，邊緣系統已經消耗了舞台的資源，此時空間甚至更少，情況就很棘手了。由於保羅的導演不在，他發現幾乎不可能讓多餘的想法，例如對先前客戶的記憶，離開舞台。

激發邊緣系統的第三個問題是，你更有可能對情況做出負面反應。你會看到不好的一面，導致你敢承擔的風險更少。尤其，邊緣系統對造成生命危險的情況有超強的意識，激發威脅感時，會注意到更多的危險。隨著保羅愈來愈被激發，他更有可能認為新專案無法完成。他對專案寧可打安全牌也不願意出錯，這雖然對專案管理有幫助，但對銷售他的服務來說，不是正確的心態。在這種負面狀態下，保羅也很難有洞見來幫助他解決停滯，例如回答有關公司能力的棘手問題。

過度激發的邊緣系統讓你的舞台空間更小、使你更消極，這已經很糟糕了，但情況還變得更糟。被激發的邊緣系統在可能沒有連結的地方，增加了建立連結的機會。在保羅被激發的狀態下，他發現自己認為吉兒看起來像以前他不喜歡的校長。杏仁核被激發後，它會產生「失誤的連結」，從而誤解了新傳入的資訊。這種誤解是透過「以一概全」的規則發生的。如果你最近看過蛇，哪怕是隱約與蛇相似的物體，像是各種細長的物體，都會讓你的大腦變得警覺。發生這種情況是因為杏仁核是用「低解析度」的方式來保存記憶，所以只能記住少量資訊。就像用電子郵件傳送照片一樣，傳送縮圖會比傳送檔案大的照片要快。由於杏仁核以低解析度的方式運作，因此可以在幾毫秒內對潛在的威脅做出反應。在遇到危險時，這是一個有用的功能。如果你看到一條蛇，就可能有更多的蛇，所以最好對任何類似蛇的東西保持警惕。但是對於讓人感到威脅的記憶，杏仁核會粗估，這也增加了出錯的可能。

還有一個原因是，當你感到焦慮，會不小心發生失誤的連結。事實上，資訊處理有個限制，稱為「**注意力暫失**」（attentional blink），指辨別不同刺激之間所需的時間間隔。大多數人的注意力暫失超過半秒，你需要半秒鐘的時間，頭腦才能沒有牽絆地思考新事情。但是，如果你聽到幾個字，然後你的注意力就轉到了內在聲音上（因為激發往往會有這種情形），你可能真的沒有時間去聽別人接下來對你說的字句。克雷格・哈塞德博士（Dr. Craig Hassed）向醫科學生傳授正念訓練，因為他發現，這不僅可以減輕壓力，而且練習正念的醫生可以做出更好的決定。哈塞德解釋說：「問題來臨時，我們實際上看不清問題。」若你感到焦慮，你會錯過資訊的刺激，也會誤解別人說的話，因為你在注意自己的內在情況。

以下要講的是對過度激發的最後一擊。一旦你長時間經歷過度激發，你的身體調適負荷就會增加，這意味著你血液中的皮質醇和腎上腺素等參考指標會長期處於高濃度。你會感到永久的威脅感，對其他威脅的門檻也變低。研究顯示，高身體調適負荷會殺死現有的神經元，並阻止海馬迴中新神經元的生長，而神經元對形成記憶很重要。顯然，能夠好好調節自己的情緒並不光是一種「很好的技能」，這對成功極其重要，不僅在工作，而且在整個生活中也是如此。

幸運的是，有一些以大腦為基礎的技術，經過神經科學的測試和驗證，可以逆轉、甚至消除激發的影響。雖然某些情況可能會過度激發你，但不一定就會這樣。有幾種方法可以把激發降到最低，而所有策略都涉及導演以某種方式干預表演。

真正有效的情緒調節技巧

史丹佛大學心理學系副教授詹姆斯．格羅斯（James Gross）在情緒調節領域是走在最前端的學者。格羅斯開發出情緒模型，可以區分情緒出現之前和發生之時的情況。他解釋說，在情緒出現之前，有幾種選擇，包含：**情境選擇**（situation selection）、**情境修改**（situation modification）和**注意力分配**（attention deployment）。

如果保羅知道，他很不擅長向客戶推銷，他可以選擇不再推銷，雇用其他人來做這個工作，這就是發揮情境選擇的作用。一旦你遇到某種情境，你可以進行某種程度的修改，這就是情境修改。保羅本來可以選擇自己來推銷，但要確保為此做好充分準備。即使你已經處於某種情境，也仍然可以決定把注意力放在哪裡，這就是注意力分配。保羅可能已經決定去做宣傳介紹，並為此做準備，但仍然感到焦慮，並選擇不注意這種焦慮。這種方法類似於你管理分心的方式，也就是我在本書前面介紹的否決的力量。

這些選項僅在情緒開始之前有效，因為一旦情緒上來，你只有三種選擇。第一種選擇是**表達**自己的情緒。如果你不高興，請像小孩一樣哭泣。很顯然，在許多社交和工作場合中，這不太行得通。

第二種選擇是**壓抑表達**，這需要壓制情緒，防止情緒被他人察覺。保羅在會議開始時試圖壓抑自己的情緒，他氣自己以前搞砸了跟一名客戶的生意，然後他試著不讓這種情緒表現出來。

第三種策略涉及**認知改變**。格羅斯解釋說：「即使你陷入困境，即使在這個相對較晚的階段，你仍然可以用不同的方式思考。」這種現象有兩個例子。一種稱為**標籤化**（labeling），指對情況和你的情緒貼上標籤；另一個稱為**重新評估**（reappraisal），即改變對事件的解釋。我們將在下一個場景中探索重新評估，在這裡先把重點放在標籤化上。

格羅斯設計了實驗室的實驗，讓人們觀看誘發情緒的影片，這些影片的場景我先不用讓你知道。然後，他讓受試者嘗試不同的情緒調節技巧，並透過自我評估以及測量身體變化，例如皮質醇濃度和血壓，來評估情緒調節技巧對受試者情緒狀態的影響。這項研究有幾個令人意想不到且重要的發現。格羅斯發現，試圖抑制負面情緒體驗的人，並沒有成功抑制情緒。儘管他們認為自己的外表看起來可以，但內在的邊緣系統卻像沒有受壓制一樣被激發，在某些情況下甚至被激發得更嚴重。哥倫比亞大學的凱文．奧克斯納使用功能性磁振造影，重複證實了這些結果。事實上，試圖不去感受某些東西是沒有效的，在某些情況下甚至適得其反。保羅在宣傳推銷時，遇到了這個問題，當時他試圖壓抑對自己不滿的感覺，但最後反而變得更焦慮。

還不只這些，格羅斯發現，如果人們試圖壓抑、不表達情緒，他們對事件的記憶就會受損，就好像他們刻意把注意力集中在其他地方一樣，例如一邊看電視、注意著螢幕，一邊又有人試著和你說話。這種情況發生在保羅身上，他沒跟上談話的主軸，必須請吉兒重複她的問題。由於試圖抑制情緒、不表達出來，需要大量的認知資源，這使得用於注意當下的資源減少。

參與者嘗試不同的情緒調節方法時，格羅斯會安排一名觀察員坐在他們對面。他發現，若有人壓抑負面情緒、不表達出來，觀察者的血壓就會上升。觀察者期望看到某種情緒，但什麼也沒有看到。奇怪的是，這樣一來，壓抑確實會讓旁人感到不舒服。格羅斯解釋說：「就像二手菸一樣，壓抑對其他人有實際的影響。」遺憾的是，保羅想讓周圍的人感到自在，卻事與願違，因為他不懂得如何好好調節自己的情緒。

所以，壓抑有很多壞處，而不把情緒表達出來往往是不可能的。雖然你能試著使用情境選擇，不去參與激發情緒的事件，但這可能會導致一些缺點，比如很少出門。的確，禁止自己不去注意某些事情會有幫助，但是，一旦情緒起來的時候，有時候你沒有足夠的心智資源做到這一點。或者，你常要和情緒搏鬥，反而耗費更多心力，這時需要的是某種形式的**認知改變**。

為情緒貼標籤

一旦你的邊緣系統被激發，前額葉皮質可用的資源就會減少。然而，換句話說，增強前額葉皮質的激發程度，可以減弱邊緣系統的激發程度，兩者就像蹺蹺板一高一低地運作。你可以嘗試找到合適的詞，來辨識情緒感受，以進行切換，這種技術稱為**符號標籤化**（symbolic labeling）。

神經科學家馬修・利伯曼（Matthew Lieberman）在加州大學洛杉磯分校擔任副教

授，他是社會認知神經科學領域的創始研究學者之一，也是研究邊緣系統和前額葉皮質功能之間連結的一流專家，並在標籤化方面進行了創新的研究。在二〇〇五年的一項重要研究中，利伯曼和同事讓三十名受試者觀看生氣、害怕或高興臉孔的照片。有一半的時間，受試者嘗試把目標臉孔與另一張表情類似的照片配對；另一半的時間，他們嘗試把臉孔配上標記正確情緒的字詞。

功能性磁振造影顯示，當受試者使用文字來標記情緒臉孔，杏仁核的活動較少。有趣的是，在這種情況下，啟動的大腦區域是右腹外側前額葉皮質，該區域掌管大腦中各式各樣的剎車功能，更一再顯示出對所有抑制類型的重要性。利伯曼解釋說：「當你把事物貼上標籤，這個腦區持續活動。另一方面，包括杏仁核、扣帶腦迴和腦島在內的邊緣系統活動則相應減少。」即使人們沒有自覺地進行抑制，右腹外側前額葉皮質也會變得活躍，就像利伯曼的標籤化實驗所顯示的，所有受試者所做的，只是說明某人的臉孔看起來是什麼情緒。

另一項關於標籤化的研究，說明了人類本性中一個耐人尋味的怪癖。比方說，要求受試者預測，如果談論自己的情緒，他們會感覺更好，還是更差。人們往往強烈預期，把情緒標籤化會導致自己的情緒激發程度增加。出乎意料的是，人們甚至預測說，把情緒標籤化會使情緒惡化。即便在進行實驗後顯示，把情緒標籤化會降低情緒，他們還是會做出這樣的預測！因為人們錯誤地預測，以為說出自己的感受會讓心情變糟，所以很多人，特別是在職場上，並不會討論自己的感受。這個例子顯示，人們對人性有錯誤假設，養成了某些令人遺憾的習慣。但是，我們不應該對人性太苛刻。大量的研究顯示，談論情緒經驗確實會使情緒重新浮現，因此關鍵是要怎麼談論。為了減少激發，你只需要用幾個詞，來描述一種情緒，最好是使用符號語言，這意味著運用間接的隱喻、指標和簡化過的經驗。這需要啟動前額葉皮質，從而減少邊緣系統的激發。重點是：只用一、兩個字來描述一種情緒，有助於減少情緒油然而生。但是，若打開關於一種情緒的話匣子，往往會讓這種情緒上升。

卡內基美隆大學（Carnegie Mellon University）的神經科學家大衛・克雷斯韋爾（David Creswell）也研究情緒調節。他重複了利伯曼的標籤化實驗，只是這一次，他首次使用「正念覺察注意量表」，來測量人的正念程度。克雷斯韋爾解釋說：「在那些覺察力更強的人中，我們看到了杏仁核被停用，甚至實際上是完全關閉了杏仁核。」他還發現，那些覺察力更強的人，他們的大腦有更多部分參與了抑制過程。克雷斯韋爾說：「啟動的不只是右腹外側前額葉皮質，還包括內側、右背外側、左腹外側前額葉皮質（在左太陽穴下方），以及其他區域都有參與抑制。」

能夠在壓力下保持冷靜是當今許多工作的基本要求。對於擔任領導職位的人來說，這種要求更為迫切。過去曾在微軟指導高階主管的瓊安・費奧雷（Joan Fiore）說：「我試著想像這些人每天要做的事情，這讓我很吃驚。」大多數成功的主管已經發展出一種能力是，可以在邊緣系統高度激發的狀態下，仍然保持鎮定，這部分出於他們標籤化情緒的能力。他們就像技術純熟的駕駛，在感覺到車要打滑時，可以用一個詞來形容恐懼的經歷。在打滑的過程中，他能立即想起這個詞，因此減少了恐慌。壓力不一定是壞事，關鍵是你如何處理。成功人士學會利用強烈的壓力，將其轉化為**優質壓力**，從而增強前額葉皮質的功能。他們在一定程度上是透過**命名**，以及靠著使用接下來場景中出現的其他技巧，來做到這點。在壓力下成功的人學會了在高度激發的狀態下，保持安靜的心態，因此他們仍然可以清晰地思考。透過練習，長期下來這種能力可以成為自動化的資源，大腦能直覺地把情緒處理更好。讓我們來看看，在保羅的宣傳介紹中，更好的情緒調節可能帶來的不同情況。

情緒調節大作戰，第二種情景

現在是中午十二點四十五分，保羅把菜單遞回給服務員。

「那麼，你認為你能做到嗎？」米格爾這位年紀較大的客戶看著保羅問。

「這時間太短。」保羅回答，停頓了一下，思考了一會兒。他腦中閃過先前的專案，因為客戶很趕，所以專案出了問題。保羅注意到自己的注意力飄走，因此很快就抑制住，不讓這種想法在他的舞台上占用空間，然後把注意力轉移到眼前的客戶及他們的面部表情上。保羅有一名強大的導演，能夠即時觀察到自己的思維過程。他知道花幾分之一秒專注於過去的問題，可能會產生失控的情緒，但專注於他的感官，則可以讓敘事迴路重新受到控制。

有了更多的注意力後，保羅注意到他心裡有一部分想說，這件事辦不到。儘管如此，他想要拿到這個專案，因為這樣他的生意能翻倍，但是他不知道在八週內完成軟體的設計和安裝需要多少錢。他想要開價兩萬四千美元，不過他花了不到一秒鐘的時間退後一步，觀察自己的思維過程和情緒狀態，發現自己可以用一個詞來描述發生的事情——他正感受到「壓力」。啟動他的導演，並為自身經歷貼上標籤，可以減少激發大腦，所有這些事都發生在一秒內。

由於他的前額葉功能有大量資源，保羅想起設計規格中提到了印度的開發團隊，保羅感覺到這意味著其他廠商表示會在八週內完成。他權衡兩種選擇，把兩組演員放在舞台上，看看他更喜歡哪一組：第一組演員是退出這個案子，第二組演員是現在答應，以後再考慮如何做。他比較了兩者的可能影響，想像每種情況可能帶來的結果。因為他沒有處於過分緊張的狀態，所以他仍然維持樂觀，就在他說完最後一句話的兩秒鐘後，突然又說：「不過，我想我做得到。」

另一位客戶吉兒臉上露出困惑的表情，但這並沒有困擾到保羅。他認為這是她心裡在想什麼讓她發笑的事情，不是在笑他。她完美的指甲和盤起來的包頭使保羅想起了他年輕時的一名女校長，但他對這段記憶一笑置之。

「你對這種專案的準備情況如何？」吉兒問。他注意到自己有想防衛的感覺，但透過平靜地辨識，並為自己的防禦心貼上標籤，他再次安撫了自己的情緒。他可以感覺到腦海中醞釀著一個想法，知道他需要保持冷靜，才能想起當中的連結。在一瞬間，他想起了最近的大專案。

「聽著，這並沒有比我最近的專案大多少。」他回答道，放慢了呼吸。「我兩年前有做過東向收費公路專案。當時我設計並安裝了收費軟體，每天處理兩萬輛汽車的信用卡繳費，也在預算內按時完成。你們所有門市每天會有多少筆交易？」

「大約是這個數字。」米格爾回答，「但差別是，我們的專案橫跨了一百間門市，而不是在一個地點。」

「這不成問題。」保羅馬上接著回答，渴望表現出自己的信心，他身體再向前傾，「聽著，從五百個地點蒐集資料的技術，這是簡單的部分，任何人都可以架設這個系統。

但要在每個門市把軟體架設到好，魔鬼就在細節中了。我可能不是最大的公司，但是我的強項是我之前做過類似的事情，所以別人在第一次嘗試此類專案時會犯的錯誤，我可以讓你們不會碰上。另外，由於我的公司規模小巧，我可以與你們的員工密切合作，如果你們願意的話，我甚至每天都可以進入你們的辦公室，逐步解決軟體開發的問題。」保羅注意到吉兒對這一點做了一些筆記。

午餐會議結束後，保羅不確定會議開得如何，但對自己的表現感到滿意。他知道自己很累，所以走主要幹道回家，這樣他就不用多想。而且，走大腦自動操作的路線，輕鬆簡單，這樣他的心智舞台才能養精蓄銳。幾分鐘後，他想起手機是關的，然後他及時打開手機，接到喬許的電話，兒子提醒他自己會提早回家。保羅和喬許在家打了十五分鐘的棒球，這有助於保羅更加恢復精神。之後，保羅回到辦公桌前，繼續研究，如果他拿到專案該怎麼交案。

大腦的特點

- 大腦的最高指導原則是，盡量減少危險（避凶反應），並盡可能增加獎勵（趨吉反應）。
- 邊緣系統很容易被激發。
- 避凶反應比趨吉反應更強烈、更快、更持久。
- 避凶反應會減少認知資源，讓你更難去思考、更有防禦心，並誤把某些情況歸類為威脅。
- 一旦情緒上來，試圖要抑制，要麼沒有用，要麼變更糟。
- 抑制情緒會大大減弱你對事件的記憶。
- 壓抑情緒會使他人感到不舒服。
- 人們的預測錯誤，誤以為給情緒貼標籤，會讓自己感覺更糟，其實不然。
- 把情緒標籤化可以減少邊緣系統的激發。
- 標籤必須是象徵性質的，才能減少激發，而不是用長篇大論描述情緒。

請你試試看

- 使用導演來觀察你的情緒狀態。
- 在激發開始之前，請注意可能會更加激發邊緣系統的事物，並在激發開始之前，找出減少這些現象的方法。
- 練習在情緒出現時注意到它們，以便更早感知它們的存在。
- 當你感覺到強烈的情緒即將上來，在被情緒掌控之前，迅速把注意力重新集中在另一種刺激上。
- 練習用詞描述情緒狀態，以減少情緒上來時的激發程度。

第8景
渴望確定感的大腦

現在是下午一點，艾蜜莉剛剛與營運部經理瑞克和公司財務總監卡爾吃完午飯。關於休假計畫的禮貌寒暄已經結束，現在該換艾蜜莉提出新會議計畫了。在她以前的工作中，她會有預先確定的預算，然後執行一連串制定好的步驟，包括爭取贊助商、統整講者和安排行銷。然而，在新的職位上，她編列預算，並監督其他會議的舉辦人員。她的目標是設計三個「符合世界脈動的」新會議，運用類似的數位經驗，替會議編列預算，然後將預算控管成功。新會議也必須「推銷」給組織中的其他高層人員，這就是這次午餐會的目的。

艾蜜莉提出了她的第一個重要構想，即舉辦永續發展會議。她想召集商界領袖，討論面對經濟挑戰、氣候變遷和全球化，如何提高企業的長期生存能力。儘管她對這個話題充滿熱誠，但她也對會議能否被批准感到焦慮。有很多不確定因素，像是：更廣大的商界是否準備好接受這個想法、可以向與會者收取多少費用、誰來當講者，以及她的團隊中誰會成為實際的管理者。她還感到不確定的是，其他人也能做得好嗎？她不確定要把這種親力親為的任務交給別人負責，畢竟這麼久以來，她都一手包辦所有細節。

女人往往更善於為自己的情緒貼上標籤，艾蜜莉知道她很著急。然而，只是把情緒標籤化並沒有使她的邊緣系統安定下來。她仍然感到緊張，這對事情沒有幫助。瑞克和卡爾不知不覺地感覺到她的焦慮，這使他們的邊緣系統進入警戒狀態，開始質疑艾蜜莉的假設。結果，她的邊緣系統變成過度地運作。現在她也不確定為什麼他們要質疑她：他們不相信她的判斷嗎？因為她是女人嗎？她感覺到自己的選擇受到挑戰，並且對無法控制自己的工作感到憤怒。她回想起最近的一份工作，在那份工作中，她得到預算，一個人全權負責自己的工作範圍。

她接下來兩個專案的簡報並不順利。艾蜜莉努力給自己的挫折感貼上標籤，放在一邊不去理會，但這種策略似乎還不夠。她離開會議時心想，這個升職是否值得做得這麼痛苦。

不過，艾蜜莉在這裡的挑戰與保羅上一個場景的挑戰不同。雖然他們倆都必須推銷一個想法，這是任何工作中最緊張的部分之一。艾蜜莉更習慣推銷，因此她的邊緣系統對這項任務的激發門檻比保羅低。畢竟，在保羅的職涯中，更多的時間是花在電腦前寫程式。

以保羅的情況來說，他的邊緣系統被過去的情緒出現在眼前給過度激發了，而艾蜜莉的邊緣系統則是被她對未來的焦慮所激發。

大腦渴望確定感，所以對未來感到不確定和感覺失控，會產生強烈的邊緣系統反應。午餐期間，艾蜜莉同時經歷了這兩種威脅。為了使她能夠勝任新職務，她需要改變大腦，以辨識和處理更大的情緒，因為此時光靠標籤化情緒，已不足以應付。

不確定性引發避凶反應

把大腦想像成一個預測機器，大量的神經元資源用來預測每一刻會發生什麼事。掌上型電腦（Palm Pilot）的發明家傑夫．霍金斯（Jeff Hawkins）後來建立了神經科學研究機構，他在著作《創智慧》（*On Intelligence*）中解釋了大腦對預測的偏愛，他寫道：「你的大腦接收來自外在世界的模式，儲存成記憶，並結合以前看過和現在所發生的事情，加以預測……預測不僅是你的大腦要做的事情之一，這是新皮質的主要功能，也是智慧的基礎。」

你不只是聽見東西而已。你聽見，並預測接下來會發生什麼事。你不只是看見東西而已。你預測自己每個時刻應該會看到的東西。有封廣為流傳的電子郵件，其中包含一段文字，每個字只有第一個和最後一個字母是對的，其餘都是亂寫，但是大多數人仍然可以看懂內容。[1]大腦擅長識別粗估的模式，並能對某事的意思做出最好的猜測，這種預測過程發生在所有感官上。例如，這就是為什麼你能在嘈雜的夜總會裡聽懂人們的話，即使我們沒有完全聽到，也能「聽懂」。

但是，這種預測能力涵蓋的範圍遠遠超過你的五種感官。《信念的力量》（*The Biology of Belief*）的作者布魯斯．立普頓博士（Dr. Bruce Lipton）說，你可以隨時有意識注意到的環境線索，大約就有四十個。在潛意識中，這個數字超過兩百萬，這樣可以用於預測的資料量可說是非常龐大。大腦喜歡辨識世界上的模式，來了解正在發生的事情，大腦喜歡確定的感覺。

正如對事物上癮一樣，對確定性的渴望得到滿足時，會有得到獎勵的感覺。獎勵低的情況像是，你走路時，預測腳會落在哪裡，這樣的獎勵通常是不明顯的（除非腳沒有按你的預測方式著地，這相當於不確定性）。但像聽到重複的音樂，預測的樂趣就會較強烈。基本上，預測的能力，以及隨之而來符合這些預測的資料，會產生整體的趨吉反應，這也是接龍、數獨和填字謎題之類的遊戲令人愉快的原因之一。它們用安全的方式，讓你能因

1 研表究示，中文字的序順不定一能影閱響讀。比如當你看完這句話後，才發這現裡的字全是都亂的。

為對世界創造更多確定性，而獲得些許快感。有時候我把智慧手機稱為「多巴胺傳遞裝置」，因為它們創造了快速掌控任何議題的能力，像是：天氣、交通、股票投資組合、國際局勢。我們更加篤定，知道自己可以在幾秒鐘內確定任何事情。此外，各個產業也都致力於解決更大的不確定性：從店家前的算命師，到據說可以預測股票走勢，讓投資人賺上數百萬的神話般的「黑盒子」。而某些會計和諮詢公司部門的賺錢方式，則是透過策略規畫和「預測」，來幫助主管體驗到愈來愈多的確定性。儘管二〇〇八年的全球金融危機再次顯示，未來本質上是不確定的。但有一件事可以確定，那就是：人們總是願意花大把的鈔票，至少能減緩不確定的**感覺**。因為對大腦來說，不確定性就像是對生命的威脅。

當你無法預測事情的結果，大腦就會發出警報，讓你更加注意。這時就會發生整體避凶反應。二〇〇五年的研究發現，只要有一點模糊的情況，就會啟動杏仁核。想想一位你通過幾次電話，但從未見過面或看過對方照片的人。你對他有一點不確定性，即使是這種微小的不確定性，顯然也會改變你們的互動方式。注意一下，一旦你知道了那個人的長相，你們的互動會有多大不同。不確定性就像無法創造情況完整的地圖一樣，而且因為缺少部分區塊，你沒有像擁有完整的地圖時那樣安心。

試想艾蜜莉正經歷的不確定性，她不知道那份永續發展會議提案能否被批准。然而，大腦喜歡提前設想，描繪未來，詳細安排事情的發展，不光是為了籌劃每時每刻，也為了提前刻畫未來的狀況。艾蜜莉的大腦試圖創造兩種不同的未來：一種是提案被核准，另一種是遭否決。每個地圖都很龐大，幾乎不可能同時記住這兩個地圖，因為它們涉及相似的網路。艾蜜莉會發現自己在兩張龐大的地圖之間切換，這個過程本身就很累人。此外，不知道專案能否被批准，會讓艾蜜莉覺得，好像有什麼東西卡在她的決策工作佇列中。一旦做好決定，她的大腦就能更容易做出其他想做的決定。

對於艾蜜莉來說，不知道能否成功推銷會議、不知道會議的地點和時間，以及不知道會議由誰負責，這些不確定性降低她發揮最佳狀態的能力。而她的同事也注意到了這一點，所以她需要更強的情緒調節技巧，來應付不確定性。但是，在談到這些技巧之前，讓我們來探討一下艾蜜莉經歷到的另一個因素，這使情況變得更糟。

死更快的老鼠：關鍵的自主權和控制感

除了來自不確定感的焦慮外，艾蜜莉還因意識到，自己對工作的控制程度下降而感到壓力。現在，她必須要很多人來批准這個會議提案，而且還必須讓其他人來做她的工作，而不是自己舉辦會議。儘管她擔任更高階的職務，但她對自主權，也就是自己能夠做出選擇的感覺已經下降。

自主權類似確定性，兩者息息相關。若你感到缺乏控制力，你會覺得缺乏「自主性」，即無法影響結果，一種無法決定未來、無法預測每個時刻會發生什麼的感覺出現了。當然，這種感覺會產生更多的不確定性。然而，確定性和自主權似乎也是個人問題。不確定性會給你帶來壓力，但你仍然有很大的自主權。就像保羅，他自己是老闆，但要等到生意成交後，才能預測自己的收入。或者，你可以從一份穩定的工作中獲得很大的確定性，但老闆事事都要管，可能不會讓你來做決定，所以你的自主權很低。而像智慧手機上好的應用軟體可以兩者兼顧，既可以有確定性，讓你無須費力即能獲得資訊，又能以容易選擇的形式，給你自主權。例如，使用導航軟體位智（Waze）或其他導航應用軟體，你會看到即時的交通問題，並可以選擇現在該怎麼做。

自主權是獎勵或威脅的主要驅動力。科羅拉多大學波德分校（University of Colorado Boulder）的史蒂夫．麥耶（Steve Maier）說，生物體對產生壓力事物的控制程度，決定了壓力源是否改變生物體的功能。他的研究結果顯示，只有無法控制的壓力源才會造成有害的影響。換言之，不可迴避或無法控制的壓力可能具有破壞性，但同樣的壓力如果感覺可以逃避，破壞性顯然較小。北卡羅來納大學威明頓分校（University of North Carolina at Wilmington）的心理學教授史蒂文．德沃金（Steven Dworkin）研究老鼠受藥物影響的方式。在一項研究中，老鼠透過押下操縱桿直接給自己注射古柯鹼，最後老鼠因缺乏食物和睡眠而死亡。令人驚訝的是，儘管第二隻老鼠與第一隻老鼠獲得相同劑量的古柯鹼，差別在於第二隻老鼠不是出於自己的意願行事，結果竟是第二隻老鼠死得更快。不同之處在於對控制的感知（或者說是科學家這麼認為，因為老鼠也沒有多說什麼。）撇開玩笑話不說，這種類型的研究已經用過電擊和其他壓力源來實驗，甚至用在人類身上過（當然，沒有達到至死的程度）。科學家一遍又一遍地發現，對壓力源的控制感會改變壓力源的影響。

還不只這樣，一項針對英國公務員的研究發現，低階、不吸菸人員的健康問題比高階主管更多。從直覺上來講這說不通，因為大家知道高階管理人員承受著很大的壓力。看來選擇的感覺，可能比飲食和其他健康因素更為重要。也就是說，能選擇以某種方式來承受壓力，要比沒有選擇或控制感的情況下，承受的壓力更輕。

研究顯示，「工作與生活的平衡」是人們自己做小生意的主要原因。然而，與在企業上班相比，做小生意的人通常花費更多時間，賺的錢更少。差別在哪裡？答案是，能夠自己做出更多的選擇，或者至少感覺如此。另一項針對養老院居民的研究發現，與對照組（同一場所不同樓層的居民）相比，實驗組的參與者對環境有三個額外的選擇時，實驗組的死亡人數減少了一半。而且，選擇本身並沒有特殊意義。例如，不一樣的植物，或不同的娛樂方式。如今甚至還有關於自主權對幸福感影響的長期全球研究。一項研究顯示，心理富庶（例如自主權）比經濟富庶更能產生幸福感。另一項研究發現，具有更大自主權感受的員工，有更高的工作滿意度和整體壓力降低。

耶魯大學醫學院的艾米・安斯坦研究了激發邊緣系統對前額葉皮質功能的影響，我在她耶魯大學的實驗室裡與她進行了一次攝影採訪，她概述了控制感對大腦的重要性，「只有我們感到失控的時候，前額葉功能會喪失。是前額葉皮質這個部位決定我們能否控制一切。即使我們有錯覺，以為一切在控制中，也會留存下前額葉皮質的認知功能。」這種控制狀況的感覺是行為的主要驅動力。實際上，經過多項研究後，我們發現控制感真的可以攸關生死。

選擇感很重要

另一種思考自主權的方式，是站在能夠做出選擇的視角。當你感覺到自己有選擇，曾經感到壓力的事情就變得更容易處理。也就是說，發現自己在某種情況下有選擇，可以減少自主權和不確定性帶來的威脅。如果艾蜜莉想減輕提案能否被批准的壓力，她可以想著自己能選擇重新安排會議的時間，而且是她選擇今天提出自己的想法。即使是很渺小的選擇感覺，顯然也會影響邊緣系統的激發。想像一下，老闆告訴你必須雇用一名新的團隊成員，這讓你感到沮喪，因為你會耗費太多時間，也覺得自己別無選擇。如果你靜下心來，找到雇用新人的正面理由（例如，減少你長期的工作量），你的邊緣系統會轉為更多的趨吉反應。在此趨吉狀態下，反思自身情況就容易得多。

「選擇感很重要」的觀念，很容易在兒童身上得到驗證，他們經常會抱怨沒有選擇。若孩子不願意上床睡覺，你可以給他一個選擇，來減少他的反抗。例如，他可以選擇自己讀故事書，還是要聽故事。這種選擇可能會產生很大的影響。對大腦來說，選擇的「感覺」才是最重要的。針對青少年行為的研究顯示，討人厭的青少年並不是生物學上的必然情況，因為有一些文化並沒有這種現象。針對西方文化中青少年的研究發現，這些青少年的選擇比監獄中的重刑犯還要少，請好好深思。

找到做出選擇的方法，無論多麼微小，顯然都會對大腦產生明顯的影響，使你從避凶轉變為趨吉。如果這看起來很奇怪，要知道，把物體推開與把同一物體拉向你的行為，也會在大腦中產生這種變化。情緒狀態有時出奇地容易改變，不同的用字或說詞可以產生很大的變化。

如果我在車陣中開車，並讓自己因遲到而煩惱，在這種大腦狀態下，小小的挫折感，如忘記一份文件，會變得更嚴重。在某個時候，我的導演可能會發揮作用（也許我照照鏡子，注意到我看起來很暴躁）。我或許會決定拋開挫敗感，在開車時專注於放鬆心情，因為我知道我想在稍晚時寫東西。如果我因為脾氣暴躁而筋疲力竭，那就寫不出來了。我決定對自己的精神狀態負責，而不是成為處境的受害者。在我做出決定的那一刻，我開始看到身旁更多的資訊，並察覺出感覺更快樂的機會，例如記得打電話給朋友。找到選擇，並做出這個選擇，這種感受改變了我當時體會到的事物和情況。

關於在生活中「承擔責任」的重要性，已經有多篇文章討論。而**責任**指的是回應的能力。透過做出積極的選擇，產生趨吉反應，可以增強你的應變能力，對傳入的資訊做出回應。這個概念對於最大化工作表現很重要，因為有太多情況會過度激發邊緣系統。這種有意識選擇以不同角度看待情況的概念，稱為「重新評估」，這是艾蜜莉在午餐會上所缺少的環節。

強大的情緒剎車工具

認知重新評估（簡稱重新評估）是另一種調節情緒的認知改變策略。有一系列研究顯示，重新評估往往比標籤化具有更強的情緒剎車效果。因此，它是減少更大情緒衝擊的工具。

重新評估通常有其他名稱，例如重新框架，或重整脈絡（recontextualizing）。關於重新評估的格言有很多，例如化腐朽為神奇，或撥雲見日。哥倫比亞大學的凱文・奧克斯納研究重新評估的神經科學，其中部分是根據詹姆斯．格羅斯的心理研究。奧克斯納解釋說，「心理學文獻中有個著名的發現，顯示在變得半身不遂和中彩券的六個月後，兩種人的快樂指數都回到事件發生前的原點。顯然，即使是最糟糕的情況，人們也能找到樂觀的理由。你始終可以做的一件事，就是控制你對情況意義的解釋，而這正是重新評估的根本奧義。」

在奧克斯納的重新評估實驗中，受試者看到一張人們在教堂外哭泣的照片，這自然使受試者感到悲傷。然後，他們被要求想像這個場景是婚禮，照片上的人們是喜極而泣。在受試者對事件更改評估的那一刻，他們的情緒反應發生了變化，奧克斯納使用功能性磁振造影來捕捉他們大腦中發生的事情。正如奧克斯納所解釋的：「我們的情緒反應最終來自於我們對世界的評價。如果能夠改變這些評估，就會改變情緒反應。」儘管大多數的重新評估傾向於更加樂觀，但也可能做出負面的評估，讓想法變得更糟。艾蜜莉在午餐時就是做出負面的評估，認為她同事的疑問是在質疑她的判斷。請記住，感知到危險會帶來很大的衝擊。因此，即使只是小小的重新評估，方向錯誤也會產生很大的影響。

奧克斯納的研究發現，一旦人們積極地重新評估，左右腹外側前額葉皮質的啟動會增加，邊緣系統的啟動則相應減少，這與利伯曼在人們標籤化情緒時發現的情況類似。事實證明，有意識地控制邊緣系統是可能的，但不是透過抑制感覺，而是打從一開始就改變解讀方式，不讓情緒萌芽。但是，標籤化和重新評估之間的區別是，儘管人們誤以為標籤化會增加激發，但他們正確地預測到，重新評估會減少激發。

四大重新評估技巧

根據我自己的觀察，我認為有四種主要的重新評估類型。第一類是婚禮／葬禮圖片實驗中發生的情況，你判定威脅事件不再是威脅。我們經常做這種類型的重新評估，通常是在不知不覺的情況下進行的。例如，在機場走向還沒看見的登機口時，我會擔心錯過航班。一旦我看到登機口，發現有人排隊，我的焦慮就消失了。我判定自己沒有危險，立即感覺好了很多。第一種類型的重新評估牽涉到**重新解釋**事件。

我想起了菲力浦．佩蒂特（Philippe Petit），這位走鋼絲藝人一九七〇年代在世貿中心雙子塔之間表演高空走鋼絲。他想出了一種方法來解決他對高度的恐懼，即雇用一架直升機，花些時間坐在艙門大開的直升機上，讓自己待在比計畫走鋼絲的高度還要高的地方，適應高度。他讓他的大腦認為，比雙子塔高三百零五公尺的地方並不危險。這使得幾天後，他走在這高度之下的鋼絲時，能感到「安全」，因為鋼絲上的感覺不再那麼高！你可以把這種重新評估，視為改變你對某件事的原始情緒反應。

第二種重新評估是許多有效管理和治療技巧的核心，它的名稱是「**正常化**」（normalizing），為廣泛有用的工具。假設你踏入全新的工作崗位，甚至連找到文具或茶水間咖啡機等簡單的心智地圖都還沒成形，一切都是新的。而新意味著不確定，也代表激發，這會減少舞台空間。然而，處於新環境中，意味著你需要經常使用你的舞台。在演員工作過度的情況下，就更難施展標籤化或重新評估的能力，無法減輕不確定性引起的激發。這樣一來，做任何非常新的事情都會產生惡性循環。這就是改變如此困難的原因之一：以不同的方式做事，會帶來惡性循環，使人感到難以承受。

如果艾蜜莉知道在新工作的頭幾週會感到不知所措是「正常的」，她的不確定感就會減少。事實上，對某種經驗有所解釋，可以減少不確定性，並增加控制感。變革管理這個領域以正常化的力量為基礎，透過描述變革的階段和引發的情緒，例如拒絕或憤怒，來幫助人們減少威脅反應。當你把情況正常化，無論是新工作的壓力，還是養育家中青少年的挑戰，你都在使用第二種類型的重新評估。

第三種重新評估複雜一些，但本質上會涉及到**重新排列**資訊。大腦把資訊保留在巢狀的層次結構中，所有資訊相對於其他想法的位置都是固定的。從某種意義上，這類似於組織架構圖的外觀：大腦中的每張地圖都在某些地圖的上方、下方或旁邊。例如，艾蜜莉認為「家庭」地圖比「工作」地圖更為重要。事實證明，她也重視獨自完成工作更勝於與他人合作。

這項新工作正在挑戰艾蜜莉對事物的排序。她想舉辦永續發展會議，但要做這件事，她需要與其他人有更多的合作。然而，她更喜歡獨自工作，所以必須要放棄某些東西。透過重新審視她賦予各種情況的價值，艾蜜莉可能會找到積極與他人合作的方式，以提高與他人合作想法的價值。這種重新評估將導致大腦中大量神經元被重新排序成新的層次結構，而新的層次結構又與其他大量的神經元有關。這種認知改變往往伴隨著大量的能量釋放，這可能是正在重新配置的神經元數量所致。重新調整你對世界的價值，會改變大腦儲存資訊的層次結構，從而改變大腦與世界的對話模式。

最後一種是**重新定位**，這種重新評估可能是最難做到的，但有時候反而最有效。這與重新排列相似，但似乎需要舞台上有更多空間才能應用。就如先前停滯和洞見的場景所發現的，人們很容易固定在一種思維方式上。人與人之間關係緊張的最常見原因是，有人堅持自己的世界觀，無法透過他人的眼光來看世界。然而，當你從另一個人的角度出發，你就在改變自己看待情況的框架。這是艾蜜莉可以在會議上做的事情，也許她能透過同事的眼光來看自己（他們只是不太了解她罷了），而不是假設他們不信任她。你可以把這種類型的重新評估視為重新定位，因為你正在尋找新的視角。可能是從另一個人的立場，或者從另一個國家或文化的觀點，甚至從你自己在另一個時期的角度。

這四種重新評估的類型：重新解釋、正常化、重新排序和重新定位，都是人們一直在使用的技巧。而且，對重新評估背後的生物學有了更深入的了解後，能為這些技巧提供更豐富、更容易找到的地圖，讓你可以開始更頻繁、更迅速地重新評估，這能大大增加你在壓力下保持冷靜的能力。

隨時都能選擇詮釋的方式

在第一幕中，我介紹了到達倒U形頂端的想法，這是制定決策和解決問題的最佳激發程度，在這種安靜的警覺狀態下，你可以同時在多個層面上進行思考。如果有足夠的空間讓導演不時跳進去，觀察正在發生的心智歷程，你的思維甚至能得到更大的改善。

好吧，那是沒人能經歷到的「完美世界」。工作會涉及複雜、不確定、混亂的任務，一旦一個人不能好好地控制情緒，這種狀態在大多數工作中會持續一個小時左右。然而，雖然大多數人有合理的情緒調節能力，他們仍處在過度激發的狀態，超過最佳表現的理想激發程度。因為激發程度太大，很難找到導演。沒有導演，思緒就容易亂飄，不相干的觀眾也更容易跳上舞台，接管工作。另一方面，少量的過度激發會導致你花更多的時間，去做簡單的工作，或錯過重要的洞見。現在問題尤其嚴重，在這個時代，智慧手機用嚇人的資訊轟炸我們，從新聞更新、到家人在臉書上逼近的人際衝突，到電子郵件不斷傳來的大量資訊。在這種一直開機的情況下，一有空閒就要去檢查手機，這使我們的大腦更喧鬧，並且在可能的威脅出現時，更容易處於受到威脅的狀態。一直開機促發我們處於惡性循環當中。

事情沒有必要落到這個地步。隨著你更了解自己的大腦，就有可能在任何情況下保持冷靜，包括因為對未來的不確定性以及科技不斷的資訊轟炸，導致難以承受的邊緣系統激發（雖然你可能需要更頻繁地關閉3C產品，這是種情境修改）。重新評估給了你保持冷靜的能力。

以下是我問凱文・奧克斯納，重新評估的研究對他的思維產生什麼影響，他的回答值得我們深思，「如果我們的情緒反應根本上是源於對世界的解釋或評估，而我們可以改變這些評估，那就必須試著這樣做。從某種層面來說，不這樣做，是相當不負責任的。」

讓我們根據艾蜜莉的情況，來探討重新評估對工作成功的重要性。她不確定，能否把自己的永續發展會議點子推銷給同事，這個念頭使她感到焦慮和無能。回到格羅斯的情緒調節選項清單上，她可以嘗試情境選擇，派其他人去推銷會議的點子，但可能不會那麼順利。或者，她可以進行情境修改，也許是在陽光和煦的公園舉行會議，但在那裡她仍然可能會感到焦慮。她也可以嘗試不把焦點放在焦慮上，來轉移注意力，但她的激發程度可能太強了，無法做到這一點。或是，她可以試著表達自己的情緒，但是你能想像情況緩和效果也不會好到哪裡去。她也可以試著壓抑自己的情緒，但她仍然會感到焦慮，甚至更加焦慮，然後她的同事也會感受到焦慮。如此一來，艾蜜莉的最佳選擇就是認知改變。這時為情緒貼上標籤顯然不夠，她得要重新評估。

艾蜜莉可能會注意到，自己對向同事推銷這個點子感到焦慮，並決定她根本不需要向他們推銷，進而重新評估。或是，她決定轉而尋求他們的幫助。或者，她可能決定把同事視為能發現她盲點的人。這樣一來，在她向執行長提出建議時，她就能涵蓋所有的角度。用上述方式來改變她對事件的解釋，可能會改變會議的結果，因而舉辦一場原本無法舉辦的重要會議。也許奧克斯納是對的：有時候不重新評估，是不負責任的。

有關重新評估的研究顯示，這是幾乎沒有缺點的策略，而且有很大的優點。格羅斯在實驗室外做了另一項研究，他根據受試者是否傾向於重新評估，還是會壓抑情緒，對數百人進行分組。然後，他用各式測試條件來比較這兩組人，包括樂觀度、對環境的掌控感、正面的人際關係和生活滿意度等。在所有因素上，那些更會重新評估者的表現遠好於壓抑的人。

格羅斯還發現，男人比女人更容易壓制情緒。也許男性普遍認為，向自己解讀外在環境的「故事」不像「男子漢」，所以寧願「咬牙忍受」。

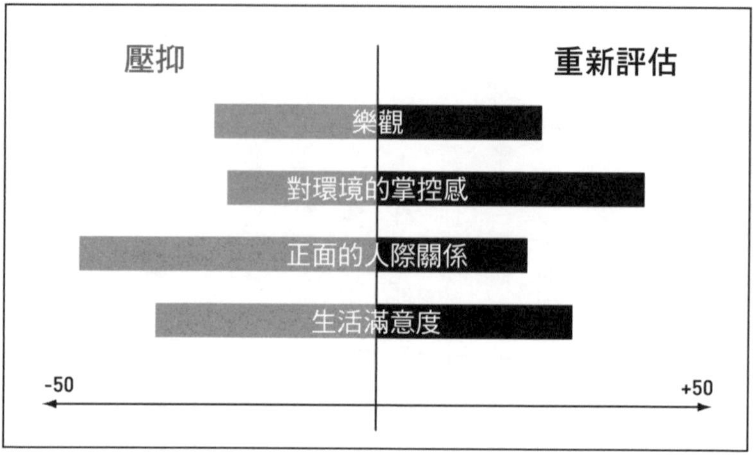

格羅斯解釋說：「大量研究顯示，老年人在情緒調節方面做得比年輕人更好。」青少年表達情緒的能力是他們最美好和最恐怖的特質之一，隨著青少年的年齡增長，他們是學會壓抑，還是運用重新評估作為他們的主要情緒調節策略，可能是他們未來幸福的重要因素之一。

格羅斯用純正科學家的口吻高明含蓄地說：「重新評估似乎是相當有效的方法，可減少負面情緒的經驗和生理表現。」他這麼說可能還太輕描淡寫了。對我而言，重新評估是人生成功所需的最重要技能之一，另一項是觀察心智運作的能力。我問格羅斯，他對重新評估及其在教育和更廣泛的社會中的作用有何看法，他表現得更為激昂：「我認為應該儘早、經常給人們傳授這些知識。這應該要加在我們喝的水中。」

不過，雖然重新評估聽起來是實現世界和平

與消除飢餓的方式，但這項技術也帶出了具有挑戰性的哲學問題。二〇〇七年，我向一家癌症研究機構的醫生介紹了重新評估的研究。一位資深科學家對我提出質疑，「你這是在說，工作上的成功是根據你對世界做出錯誤解釋的能力，而不是應對現實問題的能力？」我必須停頓下來，思考好一會兒才能回答。研究顯示，透過略微樂觀的角度來看待生活的人，他們其實是最快樂的，而快樂的人在許多類型的工作中表現更好。對於醫生們的問題，答案基本上是肯定的（當然，可能有人把這樣的回答想得太偏了）。對於根據邏輯和事實的科學家來說，可能很難接受這個答案。重新評估需要靈活的認知，也要能從多個角度看待問題，而更有創造力的人往往擅於此道。對於技術人員而言，「創造性地看待其他觀點」的想法不僅不合邏輯，可能還有些奇怪，因此也有些不確定。

但是，還有另一個切入角度，如果你願意，可以重新評估。想想看偉大的神經科學家華特·弗里曼（Walter Freeman）的話：「大腦所能知道的一切，都是來自大腦內部知道的東西。」如果你認同世界上所有的詮釋，都只是你的大腦做出的解釋，所以最終只是你的解讀。那麼，人隨時都能選擇詮釋的方式，這樣就更說得通了。

重新評估有其缺點，這在一定程度上解釋了為什麼它不是每個人的首選工具。重新評估在新陳代謝的角度上是耗費資源的，因為要做不容易，尤其當你的舞台站滿了演員，或者你的演員已經累了。若要重新評估，首先，你必須抑制目前的思維方式，這需要大量的資源。接下來，你必須產生幾種替代的思維方式（每種思維方式都是一幅複雜的地圖），並把這些替代方式牢記地夠久，以便從中做出決定。然後，必須選擇對事件最合理的替代解釋，並繼續專注於此。這一切都顯示需要有一位能力強的導演。如果無法隨意使用你所有的認知能力，你重新評估的能力就僅限於你精神飽滿的時候。

重新評估所涉及的工作，解釋了為什麼與其他人一起重新評估會更容易。比方說，指導、輔導、職業諮詢或各種療法中的許多工具和技巧，都試圖改變你對事件的解釋。畢竟，別人會看到你自己看不到的盲點，這就像多出一個額外的前額葉皮質。

使重新評估更容易的另一種方法是透過練習。你愈常練習重新評估，所花費的精力就愈少，因為你在前額葉皮質和邊緣系統之間建立了更厚的網路。而透過輔導，也可以幫助人們練習重新評估。另一方面，樂觀主義者可能是對生活挫折內建了自動積極地重新評估。樂觀主義者會在過度激發發生之前，就抑制住，在想發牢騷之前，他們總是看到光明的一面。

幽默也可能是一種重新評估的形式。我認識一位退休的執行長叫約翰·凱斯（John Case），如果人們在會議上感到緊張，他會講一句話：「我有沒有告訴你，我剛買的汽車保險很划算？」突然插進這句話來，讓人哈哈大笑，這使他們的觀點從嚴肅變成了逗趣，從避凶變到趨吉。你可能已經注意到，一旦你對原本艱難的情況大笑，就能更容易看出選項。有了幽默感，就只須選擇讓你發笑的觀點即可，不需要在重新評估的過程中，耗費大把認知資源，也不用試圖流覽大量的替代觀點，還要想出完美的新觀點，再把不同的目標互相比較。這樣來看，我喜歡把幽默感視為划算的重新評估。

管理內部壓力源的有效方法

讓我們把重新評估帶入另一個層次。事實上，對自己的局限性、錯誤、錯失的機會、健忘或壞習慣的挫敗感，會產生大量的邊緣活動。在氣自己時，一種常見的自動反應是設法抑制這種感覺，消除內在的挫敗感。但是你現在知道，抑制會對情緒產生什麼影響了。

這帶出了本書的重要觀念。隨著你愈來愈了解自己的大腦，你開始發現你的許多缺點和錯誤，都歸因於大腦的建構方式。你無法一邊思考複雜的工作情況，一邊在屋裡走來走去（這是我從痛苦的經驗中學到的，因為我的腳趾就是這樣才卡在門縫裡）。這不是你的問題，是你大腦害的。你在學著做複雜的新事情時，邊緣系統肯定會因為不確定性而放電。例如在沒有翻譯的陪伴下，學著在日本搭地鐵。在這種情況下，你難免會犯錯（我也從痛苦的經驗中學會這一點，我有一天就是這樣迷路的）。這不是你的問題，是你大腦害的。此外，你不能在下午四點參加會議，還期望自己和其他人都能提出精彩的想法。這不是你或他們的問題，是你們的大腦害的。

因此，下次你苛責自己時，你可以說：「哦，那只是我大腦的問題。」這句話本身就是種重新評估。比起試圖表達你的情緒，這種策略可能好得多，而且應該也遠好於試圖壓抑對自己缺點的挫敗感。就像使用幽默來重新評估一樣，這種快速簡便的策略易於記住和啟動。當舞台在耗用資源，這種策略更是重要。

有鑑於此，讓我們來看看，如果艾蜜莉發現自己感到不確定和失控，並且找到了重新評估的方法，來減少強烈的激發，那麼她的午餐會議會有何發展。

渴望確定感的大腦，第二種情景

現在是下午一點，午餐剛剛結束。

艾蜜莉提出了她的第一個重要構想，即舉辦永續發展會議。她想召集商界領袖，討論面對氣候變遷、全球化，如何提高企業的長期生存能力。儘管她對這個話題充滿熱誠，但她也對會議能否被批准感到焦慮。有很多不確定因素，像是：更廣大的商界是否準備好接受這個想法、他們可以向與會者收取多少費用、誰來當講者，以及她的團隊中誰會成為實際的管理者。她還感到不確定的是，其他人也能做得好嗎？她不確定要把這種親力親為的任務交給別人負責，畢竟這麼久以來，她都一手包辦所有工作。

艾蜜莉注意到，種種不確定性正在增加她的焦慮。她這樣注意到，是一種情緒標籤化的行為，這對她有些許幫助。接下來，她試圖禁止自己把注意力放在焦慮上，但這似乎沒有讓她脫離焦慮。她必須找到另一種方式，來看待自己的情況。她思考了一會兒，發現可以用幾種視角來看待這次會議，然後她決定這樣想：這是她認識新主管的機會，而且可以看看有什麼方法能與他們合作無間。她重新解釋了情況，並且透過重新評估，舒緩了她的邊緣系統。

艾蜜莉注意到瑞克和卡爾在質疑她的假設，在她要築起防禦心時，她決定打消這種防禦心，現在在比較平靜的狀態下，她能夠做到這一點。她重新評估了情況，從瑞克和卡爾的角度來看自己，這是在重新定位。從這個角度來看，她可以明白，在公司投入大量資金之前，尤其是在新上任主管要編列預算之前，讓老闆仔細研究是很重要的。在她證明自己的觀點之後，他們可能就不會對她太嚴厲。有鑑於此，她沒有對他們的問題做出防禦性的反應，幾分鐘後老闆的問題就停止了。而且，她也把三種會議都介紹得很好，並對自己的表現感到滿意。在這小時結束時，他們原則上同意舉辦永續發展會議，並確定活動的日期。她準備向她的團隊提出這個點子，並選擇可能最適合這項工作的人。

大腦的特點

- 確定性是對大腦的主要獎勵或威脅。
- 自主權這種控制感，是對大腦的另一種主要獎勵或威脅。
- 由確定性和自主權所引發的強烈情緒，可能不能光靠把情緒貼標籤來調節，還得更費心來處理。
- 重新評估是管理激發增強的有效策略。
- 懂得重新評估的人顯然過著更好的生活。

請你試試看

- 請練習注意這一點：不確定性會帶來威脅感。
- 請練習注意這一點：自主權減少的感覺，會造成威脅感。
- 盡可能找到創造選擇和感受到自主權的方法。
- 若你感覺到強烈的情緒湧入，儘早練習重新評估。

- 你可以透過重新解釋事件、重新排列價值觀的優先順序、使經驗正常化，或重新定位你的觀點，來重新評估。
- 重新評估自己的經歷是管理內部壓力源的有效方法。若你對自己的心智表現感到焦慮，可以使用這種技巧，就說：「那只是我大腦的問題。」

第9景

失控的期望

現在是下午三點，保羅回到了辦公桌，試著計畫如果他拿到這個新案子，他該如何交付專案。他同意了緊迫的期限，並要求兩天的時間來制定詳細的專案計畫，再提供最終的正式報價。自從四天前客戶第一次與他聯繫以來，保羅一直期待算出他可以從專案中賺多少錢。他希望獲得可觀的利潤，足以讓他享受愉快的假期，並使自己的業務提高到另一個水準。自從保羅第一次想到這一點以來，大賺一筆的念頭使他產生積極的情緒。他一直在和艾蜜莉聊天，討論今年能用多餘的錢去哪裡度假。他也很高興，還去告訴他的承包商這次的銷售提案。他最近都沒有什麼工作給他們，這個消息似乎讓他們高興起來。

保羅打開了試算表，為這個專案建立適當的預算。他把他認為可以收取的最高費用輸入進去，而且相信還能保有競爭力，進而算出他的管理費用。經過幾次計算，他發現如果要在八週內寫完軟體，需要動用所有的承包商。在快要完成時，保羅期待著等等能向下滾動試算表，看看會有多少利潤。十分鐘後他完成計算，他向下滾動，看到利潤是負數。保羅起初並不太擔心，認為一定是某個地方的公式寫錯，於是他去找出錯的地方。

二十分鐘後，他在廚房，水龍頭已經打開，他盯著水槽，看著水一直流。他已經像這樣站了超過兩分鐘。

「爸爸，已經很缺水了，你還這樣浪費。」喬許一邊打開冰箱找吃的，一邊大喊道。

「哦，對喔。」保羅心不在焉地回答。

「我要去商店，冰箱裡沒有東西可以吃。可以給我一些錢嗎？拜託。」喬許邊問邊關上冰箱的門。

保羅回答：「不行，去做功課。冰箱裡有很多食物。兩天前我們才花了很多錢買東西。」

「爸爸，你怎麼了？你通常很樂意讓我出門，別這麼討厭。」

「聽好。」保羅回答，現在變得煩躁起來，「照我的話做就是了，我今天很不順利。」

「但是，爸爸，我已經安排好了要去見朋友。」

「好吧，告訴他們你爸爸很討厭，不會讓你去的。」

「好，隨你便。」喬許氣呼呼地走了。過了一會兒，他砰地一聲關上了房間的門。

保羅回到他的書房，開始思考。他無法提高價格，因此他要麼得放棄這個專案，要麼得找到比平常合作的承包商還更便宜的方式來完成。現在這兩個選項都行不通。他的心頭湧上一股沮喪情緒，無關緊要的工作很快就讓他分心，都是他的助手應該做的事情，像是拆信和把檔案歸檔。他想做些事情來解悶，因此他開始給承包商寫信，說明工作暫時無法進行。在他寫的過程中，意識到一個聲音安靜地警告他，是否要寄出這種電子郵件。但是，就像很難在吵鬧的聚會中聽見手機聲響一樣，這樣的信號太細微了，難以察覺，然後他按下寄出鍵。

不久後，長期承包商奈德就寄來了回覆，奈德聲稱保羅被這筆錢所蒙蔽，保羅回寄了一封憤怒的電子郵件。

三十分鐘後，保羅在回覆另一位承包商寄來的憤怒電子郵件時，蜜雪兒從學校回來了。她問爸爸今天好不好，然後他們談論發生的事情。蜜雪兒只比喬許大三歲，但似乎成熟了十歲。

「爸爸，你為什麼不找海外的工程師幫你寫程式呢？現在大家都這麼做。」她建議說。

「謝謝妳幫我想主意，親愛的，但我不認識有可以信任的人。而且，我還必須親自出國一趟，可是現在沒有時間做這些事。」

「也許還有別的辦法。」蜜雪兒邊說邊走向廚房，她找到了做三明治的食材，幫他們倆做了點心。

他們走去後門廊那裡吃了起來，保羅問蜜雪兒她今天的情況。蜜雪兒在一項藝術作業上得到的成績比她預期中更好。保羅對她在做的事情很感興趣，想知道她是否有天分。有那麼一會兒，他回想起自己以前在學校做自然作業，那時他對學習很有興趣。突然有個想法出現在他的舞台上：他也許能夠找到承包商，為他這樣的小型顧問安排軟體程式設計。他回到書桌上，在線上搜尋承包商。在很短的時間內，他已向三家看起來信譽良好的公司寄出詢問信，並且收到一封回覆，他感覺好多了。情緒低潮的迷霧漸漸散去，留下一絲絲可能的好消息。如果當初他沒有把事情搞得這麼糟就好了。

在不到一小時內，保羅竟傷害了與兒子及長期承包商之間的重要關係。他最快今晚就能修復與喬許的關係，但奈德可能就沒有那麼寬宏大量了。事情沒有必要落到這個地步。只需要對自己的大腦有一點了解，保羅就可以獲得洞見，把一些工作外包到海外，幫助他完成工作，還不會造成附帶的損害。保羅需要知道如何用新的方式，在壓力下保持冷靜。他得學會管理自己的期望，尤其是對正向獎勵的期望。

該期待什麼？

到目前為止，我們把場景的重點放在處理威脅反應，因為它比獎勵反應更常見也更強大。再者，有人需要學習處理佳餚或美好談話所產生的情緒嗎？但是，正面的情況有時候也會使你出錯。在撲克牌遊戲中，如果你拿到兩張A，這是你能得到的最好的牌，你很容易對於贏得這局感到過度興奮，這種可能獲勝的興奮感在你的邊緣系統產生大量的激發。雖然這種高度的激發可能讓人愉悅，但結果類似於負面的激發：你的舞台可用資源較少，導致思路不清晰。結果是你沒留意到會讓你輸的事情，但在正常情況下你很容易就會注意到。犯這樣的錯誤，無論是在牌桌上，還是生活中，代價可能很高。

保羅在這一幕的處境就像期望靠兩張A就能獲勝一樣。讓他落入這種處境的，並不是**真正的**正面獎勵，而是對獎勵的**期望**。期望獲得正面獎勵會對大腦產生很大影響，不僅會改變你處理資訊的能力，甚至會改變你感知的內容和方式。期望對於大腦形成良性和惡性循環也很重要，它們可以把你帶到表現的巔峰，或絕望的深谷。不過，在生活中保持正確的期望，可能是維持整體快樂和幸福的重點。而建立合適的期望也是一個機會，讓你的導演來編寫你的日常生活情緒腳本，而不是只在挑戰出現時才做出反應。

期望會改變認知

期望是種奇特的構念，因為它不是實際的獎勵，而是一種**可能有的**獎勵感覺。無論你是在現實生活，還是在心智階段看到美味的莓果，或者只是希望看到美味的莓果，在這些情況下，「莓果」的地圖都會啟動，而你的獎勵迴路也會啟動。

正面期望是關於感覺到某個「有價值的」事件或物品正朝你接近。當然，在大腦中，價值意味著可以幫助你生存和繁殖的東西。比方說，甜食和性愛等主要獎勵通常被邊緣系統標記為有價值的東西。你還可以為自己認為有價值的物品或經歷，創造自己的地圖。你可以選擇重視高品質的鞋子，這種情況就像《慾望城市》中的凱莉一樣，只要走過一家鞋店就可能讓你開心。以保羅為例，他創造了一個由數十億個相互連接的神經元組成的地圖，這個地圖代表了這次專案的潛在利潤。這個地圖變得更加密集，因為他已經加以思考、注意、甚至談論過它，例子就是與他的妻子談論有關度假的事情。

為有價值的東西創造地圖的另一個例子，是設定「目標」。設定目標後，代表你認定最終結果是有價值的。在你想到或朝著目標努力時，你會增加對獎勵的期望。朝著目標前進，可以啟動大腦整體的趨吉狀態。

你的大腦會自動導向你給予正面評價的事件、人和資訊。艾略特・柏克曼（Elliot Berkman）和馬修・利伯曼在〈追求目標的神經科學〉（The Neuroscience of Goal Pursuit）的論文中解釋說：「社會心理學研究顯示，參與者會留意目標的線索，並投入追求目標，而且完全沒有意識到自己有這兩種行為。」這就是為什麼我決定要有孩子的時候，我開始注意到，到處都是嬰兒車、公園遊樂場和兒童菜單。這個原理已被深入研究到神經元的程度。舉例來說，科學家訓練猴子期望看到特定的物體，例如紅色的三角形，然後猴子大腦中用於感知紅色三角形的神經元，在三角形出現**之前**就會亮起。《馬太福音》中這句「尋找，就尋見」可能便是取材自神經科學。

因為期望會改變感知，所以人們會看到他們期望看到的東西，看不到沒有期望的東西。由於保羅的試算表沒有達到自身期望，他就把資料丟置一旁，認為出了差錯。喬許認為屋子裡沒有食物，因此沒有發現做三明治來吃的機會，而蜜雪兒則沒有這種期望，她在同一個冰箱內看到了不同的世界。

未滿足的期望通常會產生威脅反應，我稍後將在這一個場景後面進一步解釋。因為大腦的設計就是要避免威脅，所以人們傾向於努力重新解釋事件，以滿足自身期望。事實上，經常可以看到人們在沒有真正關聯的想法之間，建立薄弱的關聯，或者拋棄可能推翻理論的重要資訊。有時候這會帶來悲慘的結果，從警員意外開槍射殺他們預期有帶槍械的人，到一個國家入侵另一個國家，到頭來發現是臆測錯誤。

媲美嗎啡的期望

有一些科學家認為，期望可以解釋安慰劑效應。在唐納德・普萊斯博士（Dr. Donald Price）的研究中，三組患有腸躁症的志願者（他們已經充分了解即將發生的事情，我希望這些人做這個實驗能拿到不錯的酬勞），實驗會在他們的直腸中吹起一個氣球，他們被要求以一到十分的等級來評估疼痛。一組受試者在沒有藥物治療的情況下，經歷了疼痛。這些資料由下圖的黑色實線表示，平均疼痛等級為五・五分（滿分十分）。

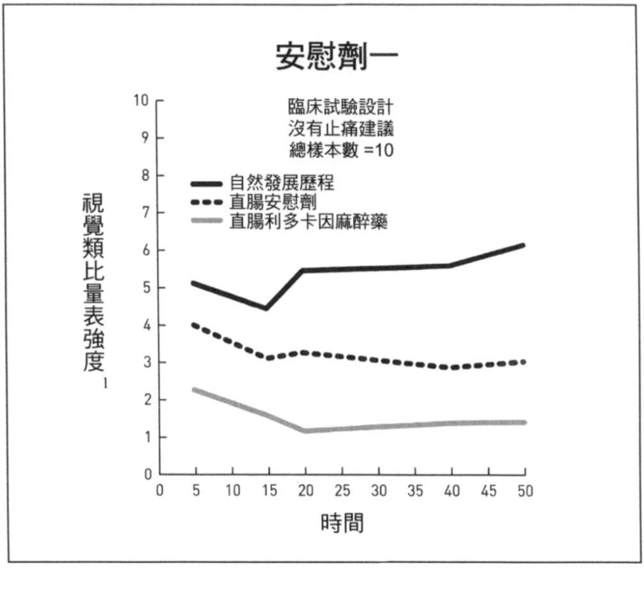

其中一組被施打利多卡因，這是一種局部麻醉劑，可消除大部分的感覺。這一組的平均疼痛評分為二．五分，即上頁圖中最下面的灰線。另一組則施予安慰劑，除了凡士林以外，什麼也沒有，並經告知他們可能服用了安慰劑，他們的結果用虛線表示，平均疼痛評分為三．五分。安慰劑減輕了疼痛的感覺，即使人們被告知可能施打的是安慰劑。普萊斯重複了這項實驗，但是這次安慰劑小組被告知，他們「服用公認可以有效減輕大多數人痛苦的東西」，但沒有告訴他們，服用的是安慰劑。不過他們也沒有受騙，因為安慰劑確實可以減輕某些人的疼痛。普萊斯所做的是擾亂人們的預期，在第二張圖中，你可以

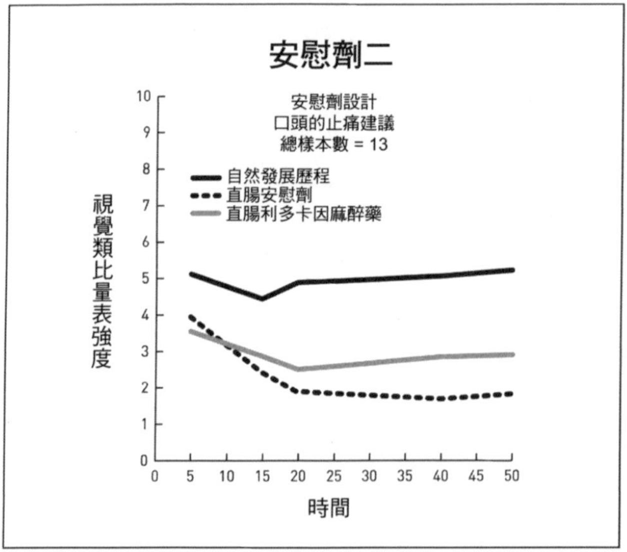

看到這組人的疼痛，甚至比服用利多卡因麻醉藥的人更輕微。

現在，這種研究已經以許多不同的方式重複進行，並且一次又一次地看到，擾亂人們的期望可以對他們的感知產生顯著的影響。佛羅里達大學疼痛研究人員勞勃・柯希爾教授（Robert Coghill）設計了一個實驗，透過校準過的加熱墊體驗腿部受到劇烈的疼痛。然後，他巧妙地利用人們的期望，看看這會如何影響他們的疼痛評分方式。柯希爾解釋說：「若我們的受試者只是單純預期得到攝氏四十八度、而不是攝氏五十度的刺激，十名受試者中就有十名對疼痛的評分下降了。」在〈疼痛的主觀經驗：當期望變成現實〉（The Subjective Experience of Pain: Where Expectations Become Reality）論文中，柯希爾補充：「正面的期望減輕了人們感覺到的疼痛，效果可與明顯鎮痛劑量的嗎啡相媲美。」正確劑量的期望可以與最強效的止痛藥一樣強大，布魯斯・立普頓博士的《信念的力量》一書更詳細地探討了這種現象。

柯希爾想知道安慰劑效應是否牽涉到欺騙自己，這僅僅是「心態的關係」，還是大腦出現真正的變化？他研究了靠改變期望而減輕疼痛的人，他從這些人的大腦掃描影像中發

1 視覺類比量表（visual analogue scale，VAS），為疼痛評估工具，是一條直線，最左邊標出零（畫上哭臉臉譜），最右邊標出十（畫上笑臉臉譜），由左往右移表示愈來愈痛。

現，當人們預期中等程度的疼痛，卻得到強烈疼痛，這會改變一向對疼痛做出反應的大腦區域。柯希爾解釋說：「許多大腦區域的啟動程度大幅降低。」期望好事或壞事，會影響大腦區域的啟動，就像在「現實」中產生實際體驗一樣。

期望的神經化學反應

期望不僅會影響你感知的資訊，還會改變大腦啟動的區域。期望也對你的神經化學反應有很大的影響，這方面的最佳研究來自英國劍橋大學的沃夫朗・舒茲教授（Wolfram Schultz）。

舒茲研究了多巴胺與獎勵迴路之間的關聯。多巴胺細胞位於大腦深處，在中腦的部位，從這裡連接到依核（nucleus accumbens）裡的神經元，並在預期獲得主要獎勵時放電。舒茲發現，當來自環境的提示顯示你將獲得獎勵，就會釋放多巴胺作為回應，而意外的獎勵釋放的多巴胺會比預期的獎勵還多。因此，工作中突如其來的獎金，即使金額很小，也可以比預期的加薪對你的大腦化學產生正面的影響。但是，如果你期望得到獎勵，卻沒有得到獎勵，多巴胺濃度會急劇下降。這種感受並不愉快，非常像痛苦的感覺。比方說，期待加薪卻沒有得到，會產生持續數天的喪氣感覺。但是，低度的未達成期望是我們不斷會經歷的事情，像是：期望紅綠燈變成綠燈，卻發現等了很久，這時你的多巴胺濃度就會下降，使你感到沮喪。期望銀行的服務速度快，卻發現要排隊等很久，又是更多的挫敗感。在這些情況下，不僅多巴胺會下降，還會產生避凶反應，降低前額葉的功能。你可能需要重新評估，也許對自己說：「這給我很棒的動力，該去啟用網銀功能來處理這樣的事情了。」你這樣做的話，會發現挫敗感正在退散，取而代之的是趨吉反應。

多巴胺是欲望的神經傳遞質，當你想要做某些事情，多巴胺濃度會升高，即使是像過馬路一樣簡單的事情。（多巴胺也是大多數動物界中獎勵反應的驅動力，我們終於知道雞想過馬路的真正原因了，牠渴望得到多巴胺帶來的快感！）簡單地說，多巴胺是趨吉狀態的核心，也就是保持開放、好奇、興致勃勃的心態，它甚至與運動行為有關。帕金森氏症患者由於失去了大部分的多巴胺神經元，所以在動作方面會有障礙。

大腦每秒建立的連結數量也與多巴胺的濃度有關。例如，吸食古柯鹼會驚人地提高多巴胺的濃度，隨著每秒神經連結數量的增加，人們會混亂地從一個想法跳到另一個想法。若多巴胺濃度太低，大腦每秒的連結數量會下降。比方說，羅賓．威廉斯和勞勃．狄尼洛主演的電影《睡人》（*Awakenings*）描述了一個病人，在被注射多巴胺促進劑左旋多巴（L-dopa）後，從昏迷變成狂躁。然而，患者停止使用左旋多巴時，又陷入了昏迷狀態。

正如我們在第一幕所學到的，依核中的多巴胺細胞連接到大腦的許多部分，包括前額葉皮質，在那裡濃度恰好的多巴胺對於集中注意力極為重要。根據艾米．安斯坦的說法，你需要適當濃度的多巴胺，才能讓想法「保留」在你的前額葉皮質中。另一方面，正面的期望會增加大腦中多巴胺的濃度，而且這類的濃度增加會使你更加專注。從直覺上來講這是有道理的：老師都知道，如果小朋友對某個科目感興趣，他們的學習效果最好。興趣、欲望和正面的期望只是說法稍微不同，但都是類似的經驗，即大腦中多巴胺濃度提高。

保羅對利潤的期望沒有達成時，他的多巴胺濃度驟然下降，對於做任何重要事情的渴望突然減少。他想做助手應該做的單調任務，還經歷了大腦每分鐘處理的想法數量下降，以及大腦整體啟動的減少。他的大腦全面處於避凶的情緒狀態，這讓他更難去思考複雜的問題，例如把寫程式的工作外包出去。喬許也遇到了類似的挑戰，他期待著去見朋友的獎勵，但他的父親破壞了他的計畫，使他感到很不是滋味和憤怒。

保羅在多巴胺減少的狀態下，努力思考自己的處境。畢竟，這項專案看起來毫無希望。他開始進入惡性循環，畢竟多巴胺濃度過低會導致更低濃度的多巴胺。直到他對某事感興趣，即他女兒在學校的一天，他的多巴胺濃度才上升到一個程度，使他能夠開始感受到趨吉的反應。然後，他對外包有了自己的洞見，於是他變得很興奮，又重新出發，開始行動起來。出乎意料的洞見提高了他的多巴胺濃度，他每建立一個正面的新連結，例如，尋找可能的承包商，都增加了他對獲得更多獎勵的期望，進而增強他建立新連結的能力。

他已經轉入了良性循環。

在這個場景中，蜜雪兒也發現自己處於良性循環。她已經處於正面的心理狀態，加上她的藝術作品成績比預期好，使她的心情變得更好。這種良性循環使她看到了解決父親問題的可能辦法，而她父親只能看到問題。她甚至從冰箱裡看到比喬許更多的食物選擇。

這種良性循環聽起來可能在一定程度上解釋了，為什麼人在快樂時表現更好。這方面已經有許多研究，例如北卡羅來納大學的芭芭拉．佛列德里克森（Barbara Frederickson）的研究顯示，快樂的人可以感知更廣泛的資訊，解決更多的問題，並針對狀況提出更多新的行動點子。期望、多巴胺和感知之間的關聯可以解釋，為什麼快樂對心智表現是很棒的狀態。也許，對快樂難以捉摸的追求，實際上是對恰當多巴胺濃度的追求。從這個角度來看，要創造「快樂」的生活，也許你應該讓生活中有大量新奇感，創造機會獲得意外的獎勵，並相信事情總是會一點一滴地好轉。

管理期望的最佳技巧

無論你的目標是永遠快樂，還是只求提升工作表現，顯然，好好地管理期望、創造恰當濃度的多巴胺都很有用。先講清楚，我不主張服用左旋多巴、古柯鹼或任何會引起更高濃度多巴胺的物質。要在沒有任何副作用下，管理你的期望，最好的方法是開始注意你的期望，這意味著啟動你的導演。此外，管理你的期望也是個機會，讓你的導演更加積極主動，替將來良好的表現奠定基礎，而不是只在問題出現時才來解決問題。

重要的是，應該避免期望落空的感覺，因為這些感受會產生更強的威脅反應。「對於任何大腦功能而言，首要之務是把威脅降到最低。」—艾維恩．戈登解釋說，「只有把威脅降到最低之後，你才能專注於增加可能的獎勵。」

有意識地改變你的期望會產生驚人的影響。想像一下，你試著獲得長途國際航班的機位升等。如果你不抱很高的期望，那麼就算沒有得到升等獎勵，你也無所謂；但如果得到升等，你會很高興。然而，如果你讓自己對可能的升等感到興奮，那麼如果假設你沒有得到升等，你的飛行感受將會很糟糕；或是你真的被升等了，也只是平靜無事地開心，還不到興奮的程度。當你退後一步，用這種方式看待所有可能的結果，在大多數情況下，把正面獎勵的期望降到最低是有意義的。對潛在的勝利保持平常心，著實有好處。

除了確保降低期望之外，另一種提振心情的方法是，額外注意那些肯定會達成的正面期望。我有一位同事最近說：「我喜歡去想假期即將來臨，就算是幾個月之後的事，也可以幫助我保持正面的態度。如果我專注於這一點，雖然不太合邏輯，但我已經了解到，這有助於我擺脫消沉。」即使有時候證據顯示結果為相反，但選擇專注於某事物總是會讓情況變得更好一些，還可以幫助你維持良好的多巴胺濃度。

優秀的運動員知道如何管理自己的期望，他們不會因為可能獲勝，而過度興奮，因為這會破壞他們的注意力。而且，如果他們擔心失敗，也盡量不去想會輸。就像標籤化和重新評估一樣，不管用什麼方式管理你的期望，都需要有一位強大的導演。當你可以停下來，注意自己的心智狀態，你就有能力對不同的思維方式做出選擇。比方說，優秀的運動員會觀察他們的注意力走向，並巧妙地改變他們關注的焦點。他們的導演可能會注意到期待太過高昂，並選擇抑制興奮，促使大腦轉而專注當下。為了好好運用你的導演，你需要能夠找到它。最好的技巧之一，簡單來說就是多注意自己的經歷，包括觀察期望如何改變你的心態。

讓我們看看，如果保羅有一名強大的導演，並且即使在難熬的情況下，也能夠管理他的期望，那麼他可能會有怎樣不同的表現。

失控的期望，第二種情景

現在是下午三點，保羅回到他的辦公桌，思考如何交付這項新專案。他同意了緊迫的期限，但是要求兩天的時間來制定詳細的專案計畫。

他打開試算表，然後停下來思考他的心智歷程。他覺得自己的精神狀態不適合做這項工作，但他還不知道為什麼。不過有一個安靜的信號告訴他，要好好思考如何處理這項預算任務。他決定去商店散散步，買點牛奶，因為他知道在路上會有時間思考。散步時，保羅想起自己過去對於豐厚的利潤感到多麼興奮，以及這種興奮感如何阻礙他清晰思考。他把對專案感到興奮的衝動擱置一旁，決定完全不要注意這個想法。他正要打電話給一些承包商分享這個好消息，但是他認為，萬一期望落空的話，這可能不是一個好主意。保羅的導演可以在錯誤的演員要上台時，將他們撤下來，因為這是最容易阻止他們的時候。

保羅回到家，打開了試算表來計算專案成本。他計算出，將需要動員所有承包商，而且他們必須比平時工作更長的時間。他們會向他收取額外的費用，因為他們必須在他的專案上增加人力。他輸入數字，並向下滾動，以看最下面的利潤數字，結果是負的。保羅知道自己會因此而生氣，但他禁止自己的注意力朝這個方向發展，並告訴自己，他知道這是第一次嘗試報價，可能還有他沒想到的辦法。他起身去廚房拿點吃的，認為一些葡萄糖可以幫助他建立新的連結，如果他使大腦平靜下來，也許他的無意識層面會有所洞見。

喬許進來廚房找吃的，保羅也藉此機會解釋了他工作的困難，希望另一個人的觀點有助於他擺脫意外的停滯。聽到自己向喬許大聲解釋問題後，保羅有了一個點子。就在他談到沒有其他方法，來完成這項工作並獲利時，這個洞見突然出現在他的腦海中。他的導演觀察了他在說這些話的感覺，並且意識到這些話聽起來很傻，總是會有其他方法的。事實上，大聲說出複雜的想法，可以讓你更清楚地明白自己的想法。保羅認為，這可能是很好的機會，可以嘗試把寫程式的工作外包給海外收費便宜的人。保羅在更為正面的狀態下，對這個點子保持「開放的心態」。即使這個點子還混沌未明，他也不會拒絕。當你處於趨吉狀態，就更容易接受較小的不確定性。保羅在網上搜尋印度的軟體承包商，發現了很多家，他從一家有機會合作的承包商那裡，得到了迅速而正面的回應。之後，喬許問可不可以去商店買零食，保羅問兒子作業做完了沒，並得知喬許已經寫完了，他感到很驚喜。保羅在高興的狀態下，給了喬許一些錢，看著他蹦蹦跳跳地出了門，而喬許也很開心能如願以償地去見朋友。

蜜雪兒回家時，他們聊起了她在學校的順利經歷。保羅給她正面的回饋，讓她眉開眼笑的。她提議替大家煮飯，不過保羅說他會去買餐廳的外帶食物，這樣他們就有更多時間在一起、共度時光，這真是美好的一天。

閉幕詞

在我們總結第二幕時，你現在擁有三種在壓力下保持冷靜的具體技巧。每一種都需要啟動你的導演，並專注於當下，而這也能增加你的舞台空間。面對一般的情緒，你可以嘗試為情緒貼上標籤，這樣可以增加確定感，並減少邊緣系統被激發。對於更強烈的情緒衝擊，你可以改變對事件的解釋，來重新評估，這可以增加確定性和自主權，同時具有更強的情緒抑制效果。為了減少以後突然爆發的激發，你可以透過察覺自己的期望來管理它，並選擇新的期望來代替。因為你有一名強大的導演，這三種技巧都能獲得改善，並且在執行個別技巧時，可以進一步增強你的導演。掌握了這三種技術，或是說得更確切一點，在你的大腦中更容易使用這些技術的地圖，這樣即使身處最困難的情況，你也有很大的機會在壓力下保持冷靜。

大腦的特點

- 期望是大腦注意到潛在獎勵（或威脅）的體驗。
- 期望會改變大腦感知的資訊。
- 讓傳入的資訊去配合期望，並忽略不符合期望的資訊，是很常見的。
- 期望可以改變大腦的功能，而恰當的預期有類似嗎啡臨床劑量的效果。

- 期望會啟動多巴胺迴路，這是思考和學習的中心。
- 達到期望會讓多巴胺輕微增加，引起輕微的獎勵反應。
- 超出期望會讓多巴胺劇烈增加，產生強烈的獎勵反應。
- 未達到期望會導致多巴胺濃度大幅下降，引發強烈的威脅反應。
- 期望會改變感受和影響多巴胺濃度，這兩者之間的動態關係會使大腦產生良性或惡性的循環。
- 整體上心情要期待美好事物，這樣會產生良好的多巴胺濃度，而它也是感到快樂的神經化學參考指標。

請你試試看

- 練習注意你在任何情況下的期望。
- 練習把期望降低一些。
- 為了保持正面的心態，即使是很小的事，也要找到方法讓事情超乎你的期望。
- 若沒有達成正面的期望，要記住這是大腦在用多巴胺搞怪，從而練習重新評估情況。

第三幕

合作：從我到我們

有人拿起杯子，你的大腦也會這樣做。
大腦了解其他人的意圖和感受的方式，
可以幫助你判定你對這個人應該有何反應，
是該合作，還是製造麻煩。

現在很少有人獨自工作，而與他人好好合作的能力，也幾乎是各行各業表現良好的關鍵。然而，人際的環境也是龐大衝突的根源，許多人從未掌握當中看似混亂的規則。如果對大腦的基本需求有更廣泛的了解，就可以減少人與人之間的問題。人除了對食物、水、棲身處和確定感的需求之外，還有「社會需求」。如果這方面沒有得到滿足，就會產生威脅感，很快就會演變成人際衝突。

在第三幕中，艾蜜莉發現大腦很需要社交連結，並體認到在朋友中感到安全竟是如此重要。保羅發覺公平性會驅動很多行為，並學會在自己和同事身上控制這種感覺。艾蜜莉發現，自己對地位感的需求遠大於她以前所期望的，並且找到了在不使其他人感到威脅的情況下，提高自己地位的長久之計。

第10景
化敵為友

現在是下午兩點，艾蜜莉剛剛在午餐會議上提的永續發展會議已獲准。現在她回到辦公室，拿起電話，按下設定好的常用會議專線按鈕，及時加入了她的團隊電話會議。艾蜜莉在不需要耗腦力尋找號碼的情況下，節省了自己的注意力，並利用時間專注於當下，進行反思，然後啟動她的導演。她注意到，與幾個小時前相比，現在要把想法帶到舞台上，所花費的時間更長。她試圖找出一個適合自己心態的詞，結果想出來的詞是**焦躁**。不過，給她的狀態取個名字使她平靜下來。她還注意到腦海中有股揮之不去的不安感，但說不上來是什麼感覺。種種思緒就發生在這短短的幾秒鐘內，在她等待電話會議系統播完錄好的訊息的時候。

她接通時，柯林和莉莎正通話中。但艾蜜莉加入後，他們突然結束了對話，形成彆扭的沉默。他們三個曾經是同事，經常一起為會議工作到深夜。艾蜜莉想知道如何管理老朋友，並感到自己的焦慮感在增強。她試圖找方法來重新評估情況，但是找不到重點，一會兒之後，她今早雇用的瓊安來到線上，使她又分心了。

艾蜜莉試圖專注於要有條理，藉此來整理她的思路。她提出了議程：決定要誰來主持永續發展會議、介紹瓊安，並計畫團隊如何定期開會。她希望她能夠產生他們都是一個「團隊」的感覺，就像她上次管理會議專案時，一群人感受到的群體感。然而，由於大家分布在全國各地，他們很少親自見面，而且每個人也都有各自的會議需要注意。此外，艾蜜莉也短暫地擔心過，要在已經有競爭感的情況下，把新人引進到這個團體中。有個安靜的警報信號試圖提醒她這點，但未能引起太多注意力。

「各位，我想向你們介紹瓊安，她將接管我以前舉辦的會議。」艾蜜莉接著說道，「我之所以會選她，是因為她曾成功舉辦過其他大型會議。」她覺得聽到莉莎在嘆氣，但不確定。

「很高興認識大家。」瓊安回答，然後話題又回到議程上。艾蜜莉說，她想選擇一個人來舉辦永續發展會議，但電話線上大家卻沉默不語。

艾蜜莉說：「柯林，你和我合作的時間最長。你認為誰最適合這份工作？」柯林和莉莎本來就處得不是很好，但是艾蜜莉仍然對接下來的事情感到驚訝，「我認為莉莎不適合舉辦新活動。」柯林說，「因為她喜歡『安排完美的系統』，而不是複雜的東西。」他試圖在語氣中注入幽默感，但他是唯一笑得出來的人。柯林繼續說，並沒有意識到莉莎的邊緣系統被激發的程度急劇上升：「而且，把新人安排到這個峰會是不對的。這是個大活動。」

瓊安打斷說：「恕我直言。但是，柯林，這和我以前舉辦的活動規模一樣。」

莉莎插進來：「柯林，在管理財務方面，你也不是最適當的人選。」柯林知道莉莎正在挖瘡疤，他之前舉辦過一場賠錢的會議。

「莉莎，不用替我攻擊柯林啊。」瓊安回答，「我只是說，我曾經舉辦過大型活動，所以不要把我排除在外。」

艾蜜莉試著把焦點拉回到會議上，但沒有機會。柯林和莉莎在光鮮亮麗的表面下，兩人就像兩隻巷弄裡的貓在互相對峙嘶吼。艾蜜莉決定提前結束會議，希望她可以與團隊成員一對一地解決這個問題。

艾蜜莉很失望，她不明白為什麼大家都要這樣，她特別對柯林感到生氣，還以為可以信任他，她心想：「他應該知道，再怎樣也不要把新人給扯進來，讓新人有這麼不好的經歷。他難道不知道，要找到好員工有多難嗎？」這種強烈的情緒經驗在艾蜜莉的海馬迴和杏仁核中，留下了強烈的記憶烙印。以後她看到或想到柯林時，就會想起這次的電話會議。她在心裡記住，不能對待柯林像是她原本認為的朋友那樣。然後，她想到了瓊安，想知道她是否最後會決定不接受這份工作。這種想法產生了很大的不確定性，使艾蜜莉感覺更糟，這半小時令人感到頭痛和困惑。

當今大多數工作要成功，就需要有強大的與他人合作能力。對於使用邏輯系統，例如電腦或工程，來建立心智圖的人來說，與人打交道帶來的混亂和不確定性，可能會令他們無法消受。但事實證明，在社交世界中成功與人互動合作是有規則可循的。其中一個被發現的主要規則是，社交世界對於我們每個時刻的生存都極其重要。正如馬修·利伯曼所說：「大腦處於休息狀態時，在後台運作的五個過程中，就有四個牽涉到在想他人和自己的事。」艾蜜莉受到大腦社交天性的突襲，她不知道邊緣系統有多麼密切地受到社交環境的影響，也不知道人們有多麼容易誤解社交線索。在缺乏正面的社交線索下，人們很容易陷入更常見的人際互動模式：不信任他人。在這種大腦狀態下，由於邊緣系統過度啟動，玩笑變成輕視，輕視變成攻擊，攻擊變成交戰。只要人們一直會懷恨在心，那就可能終結原本成果豐碩、以目標為中心的思維，而人們確實會記仇很久。

艾蜜莉知道舉辦成功會議的基本規則，當中涉及管理預算、承包商、廣告和系統。就像古典音樂家要學習爵士樂一樣，艾蜜莉需要學習新的規則，來成功地與他人合作。在這個場景中，她需要更懂得化敵為友。

大腦是社交動物

如果你是狼，你的大腦大部分將專注於直接從野外獲取資源。你會有複雜的地圖來與自然景觀互動，像是：嗅出遠處食物的地圖，以及在黑暗中找到回家之路的地圖。身為人類，尤其是年輕人，你的所有資源不是從野外獲得，而是從其他人那裡取得。因此，人類皮質的大量「空間資源」被用於社交世界。如果你在辦公室工作，你可能可以閉上眼睛，描述周圍的十個人，他們對彼此以及對你來說有多重要、他們今天給你的感覺、他們是否可以信任，以及他們當中有誰可能欠你人情，你對人際相互關係的記憶是無限的。

社會神經科學家認為，人腦有個社交網路，負責社交世界的所有互動，與你觀看、動作或聆聽的其他網路類似。社交大腦網路使你能夠理解，並與他人建立聯繫，以及了解和控制自己。它涉及本書中已經討論過的區域，包括內側前額葉皮質、左右腹外側前額葉皮質、前扣帶迴皮質、腦島和杏仁核。這個社交網路是我們與生俱來的，像嬰兒剛出生幾分鐘後，朝向臉的照片的機率比其他照片都要高。嬰兒在六個月大的時候，早在他們能說話之前，就會體驗到進階的社會導向情緒，例如嫉妒。有很多證據顯示，人們認為人生中最美好和最糟糕的經歷，不是個人成就，而是社交經歷，例如重要人際關係的開展和結束。

這一切都意味著社交問題對大腦很重要，非常之重要。事實上，如今，一些科學家認為，社交需求屬於主要威脅和主要獎勵的範疇，就像食物和水對生存那樣不可或缺。一九六〇年代，馬斯洛提出了現在著名的「需求層次」，這顯示人類有個必須滿足的需求順序，從最基本的實際生存開始，一直往上到自我實現。社交需求居於正中間，但是馬斯洛可能錯了。現在許多研究顯示，大腦與社交需求互動時，所使用的網路是與基本生存相同的網路。換言之，飢餓和被排斥會動用相同的網路，啟動類似威脅和痛苦的反應。

在有關社交世界的三個場景中，艾蜜莉在第一個場景遇到了與他人一起感受安全的需求，這是種根本的渴望，希望與周圍的人能有同感，並建立起聯繫。我把這稱為「關聯感」。關聯感是大腦的主要獎勵，而缺乏關聯感會產生主要威脅。當你感覺自己屬於一個團體，感到自己是有凝聚力團隊的成員，你就會有關聯感。艾蜜莉以前自己舉辦會議時，曾經感受過關聯感，但是現在她在團隊裡卻沒有這種感覺。

腦中的鏡子

大腦讓你感覺到與他人連結和關聯的方式，涉及一項到一九九五年才發現的大腦驚人事實。艾蜜莉的電話會議出了問題，因為人們在電話會議中，誤解了其他人的心理狀態。

事情的起因是，柯林想要幽他人之默卻被誤解了。他說了一個在面對面的情況下，會讓人發笑的笑話。然而，由於沒有看到他的臉和肢體語言，大家都誤解了他的意圖。人們在講電話時，沒有以大腦最擅長的方式進行交流，而這種方式原本能夠直接複製他人的情緒狀態和意圖，大腦能做到這一點是透過鏡像神經元。

鏡像神經元是由帕爾馬大學（University of Parma）的義大利神經科學家賈科莫・里佐拉蒂（Giacomo Rizzolatti）發現的，它使人們對人與人之間的聯繫方式展開了新的認識。里佐拉蒂發現，我們看到其他人做所謂的「意圖動作」（intentional action）時，大腦各處的鏡像神經元會亮起來。如果你看到有人拿起水果來吃，你大腦中的鏡像神經元就會亮起來。而你自己吃水果時，這些相同的鏡像神經元也會亮起來。

這些神經元的不尋常之處在於，只有我們看到別人的動作背後具有特定意圖時，它們才會亮起來，隨機的動作不會產生相同的效果。這麼一來，鏡像神經元似乎是大腦了解他人意圖的機制，用來理解別人的目標和目的，並因此感覺與他人有聯繫。荷蘭的鏡像神經元頂尖研究人員克利斯蒂安・克瑟爾（Christian Keysers）說：「我們的大腦似乎透過共用迴路來了解其他人。當你看到其他人正在做某個動作，會啟動你的運動皮質中相同的迴路。有人拿起杯子，你的大腦也會這樣做。正是透過這種能力，你可以對他人的目標有直覺的了解。」

加州大學洛杉磯分校的米蕾拉．達普瑞妥（Mirella Dapretto）研究自閉症，為鏡像神經元的重要性提供了進一步的線索。自閉症患者被認為處在「思維盲區」（mind blind），無法準確解讀他人的想法、感覺或意圖，導致在社交上出錯。現在，許多科學家認為鏡像神經元與自閉症有關，而新的研究確實顯示自閉症患者的鏡像神經元受到損害。

克瑟爾解釋了鏡像神經元如何讓我們直接感受到他人的意圖，「發生的情況是，我們看到別人的臉部表情時，會在自己的運動皮質中啟動同樣的表情，但是我們也會將這個資訊傳遞到與情感有關的腦島。當我看到你的臉部表情，我會知道你的臉部動作，這驅動了我臉上同樣的運動反應，所以微笑會帶來微笑。而運動共鳴也會傳送到你自己的情緒中心，因此你會跟眼前的人有同樣的情緒。」

這是艾蜜莉面臨的挑戰起因，在電話會議上，由於看不到臉孔，小組成員無法讀懂彼此的情緒。然而，溝通中被剝奪的社交線索愈多，意圖被誤讀的可能性就愈大。我們大多數人都經歷過電子郵件被誤解的問題，文字被斷章取義。「我們愈能看到對方，就愈能搭配對方的情緒狀態。」加州大學洛杉磯分校鏡像神經元研究員馬可．亞科波尼（Marco Iacoboni）解釋說，「真實的互動會比視訊啟動更多的神經元，而視訊又比電話啟動更多的神經元，因為我們會對肢體語言的視覺輸入做出反應，特別是臉部表情。」

如果人們沒有社交線索可注意，就無法與他人的情緒狀態聯繫起來。研究顯示，反之亦然。大量的社交線索使人們之間的聯繫更加豐富，也許有時候是會有挑戰的。例如，有大量的社交線索時，情緒資訊就像會傳染般，迅速在人與人之間傳播。研究顯示，團隊中最強烈的情緒會擴散出來，驅使每個人產生相同的情緒共鳴，而且沒有人意識到正在發生這種情況。強烈的情緒得到注意，而人們注意的東西會啟動他們的鏡像神經元。同樣的，老闆的情緒會對他人產生後續效應，因為大家非常注意老闆。你看到老闆微笑，你的大腦就開始模仿他的微笑，然後你微笑，接著老闆也對你微笑。這是一個良性循環，每個人都透過「鏡像模仿」（mirroring）功能，提高對方微笑的深度。鏡像神經元解釋了為什麼領導者需要特別注意管理自己的壓力程度，因為他們的情緒確實會影響他人。

在電話會議上，最強烈的情緒是莉莎聽得不是滋味，這給電話上其他人帶來了類似的體驗。雖然看到臉孔會幫助大腦模仿他人的大腦狀態，但鏡像神經元也可以在沒有看到臉的情況下，透過聽覺線索發揮作用，尤其是因為避凶情緒狀態更強烈，往往容易被激發起來。

克利斯蒂安．克瑟爾說：「如果你想與他人合作順利，就必須了解他人所處的狀態。」鏡像神經元是大腦了解其他人的意圖和感受的方式，可以幫助你判定你對這個人應該有何反應，是該合作，還是製造麻煩。

是敵是友

雖然在我們這個聯繫愈來愈緊密的世界裡，合作益發重要，但與此相對立的「部門高牆的心態」，使人們在自己的部門、單位或更大組織中的團隊進行合作，但不會擴大範圍地與人分享資訊。若能理解這不過是人類的天性，可能會有所幫助：人們自然傾向於與親近的同事組成安全的部落，在部落中把事情做好，避免與不熟的人在一起。因為與不熟的人合作，對大腦是種威脅。也許，經過數百萬年生活在小團體當中，我們對陌生人的自動反應是「不要信任他們」。在以前資源匱乏的世界中，人們的平均壽命只有二十歲，這種生存策略是有效的。現在，這種反應可能不必要，甚至或許是負擔，特別是那些依賴團隊的組織，在這樣的組織內人們應該脣齒相依。

合作之所以困難，一個重要原因是：就像大腦自動把所有的情況分類為潛在的獎勵或威脅，大腦對人也是這樣，在潛意識中會判定你遇到的每個人**是敵是友**。這個人是你想花更多時間相處的人（如果你在街上看到他，會**朝向**他走過去），還是**避開**（如果看到他走過來，就走到馬路對面）。問題來了：你不認識的人，尤其是你不認識、又與你有些不同的人，在證明是朋友之前，他們往往會被歸類為敵人。在電話會議期間，這成為了艾蜜莉面臨的挑戰重點。她的團隊成員不僅互相誤解，而且強烈地感覺其他人是威脅、是敵人，而不是朋友。

信任的荷爾蒙

你使用一組大腦迴路來思考那些你認為與你一樣、是朋友的人，並使用另一組大腦迴路來思考那些你認為與你不同的人，把他們當作敵人。如果你的大腦認為某人是朋友，你處理彼此的互動時，用的是與思考自己經歷時類似的大腦區塊。實際上，當你覺得與某人有安全聯繫，聽他們說話就類似於思考你自己的想法。此外，判定某人是朋友也會產生趨吉的情緒反應，讓你的舞台有更多空間給新點子。若你注意到你認為是朋友的人，你會更準確地評估他們的情緒狀態，也就是你會感受到他們的感受。如果你的朋友覺得痛苦，你的大腦也會跟著亮起來，但這種情況不會發生在敵人身上。當你看著朋友做某項任務，你會不知不覺地用微表情為他們加油，例如他們做得好時，你會微笑，或者他們做得很吃力時，你會露出關切的表情。然而，若某人是敵人，情況就會相反。

一旦你把想法、情緒和目標與其他人相互聯繫，會釋放催產素，這是令人愉快的化學物質。這與小孩子從出生的那一刻，和母親肢體接觸所獲得的化學體驗相同。當兩個人一起跳舞，一起演奏音樂，或進行合作對話，就會釋放催產素，這是安全交流的神經化學反應。

在二〇〇五年六月科學雜誌《自然》（*Nature*）發表的一篇論文中，一組科學家發現，給人們噴上含有催產素的噴霧劑，可以增加他們的信任度。該論文報導說，在非人類哺乳動物中，「催產素受體分布在與行為有關的各個大腦區域，包括配對關係、母性關懷、性行為和正常的社交依附。因此，催產素似乎使動物克服了天生避免和別的動物相處，從而促進了接近行為。」我們的動物本能似乎自然地使我們退縮，並把別人視為敵人，除非出現會產生催產素的情況。這種現象是有道理的：可以解釋為什麼主持人和講師在研討會開始時，堅持進行「破冰活動」，以及為什麼「建立融洽關係」是所有諮詢、客戶服務或銷售訓練手冊的第一步。不過，新的研究確實使催產素作為「信任藥物」的故事變得更加複雜。在增加所有與交涉相關的社交行為方面，包括憤怒或嫉妒，催產素似乎發揮了更廣泛的作用。簡而言之，催產素雖然可以增加團體內的信任，但也會促進對團體外的攻擊。

正向心理學領域的研究顯示，生活中只有一種經驗可以長期增加幸福感，在擁有超過基本的生活費後，金錢就不是因素了。而答案也不是健康、婚姻或生兒育女。使人們感到幸福的一件事，是他們社交連結的品質和多寡。普林斯頓大學的丹尼爾·康納曼進行了一項研究，他問女性最喜歡做什麼事。令人驚訝的是，與朋友的交流排在前頭，順序高於與伴侶或孩子在一起。大腦在優質的社交連結和安全關聯感的環境中茁壯發展，幸福感不僅是注入了充分的多巴胺，也帶來很棒的催產素。

孤獨會殺人

擁有許多正面的社交連結不僅可以增加你的幸福感，還可以幫助你工作時表現良好，甚至更長壽。已故的約翰・卡希歐波（John T. Cacioppo），其職涯大部分時間都是擔任芝加哥大學的教授，研究人類社交功能的狀況，以及社交世界對大腦功能的影響。他主導了一項研究，研究對象年齡在五十至六十八歲之間，共兩百二十九位受試者。結果發現，感到孤獨的人與有健康社交聯繫的人，兩種人之間的血壓值差了三十。研究顯示，孤獨感可能會大大增加中風和心臟病的死亡風險。卡希歐波試著理解這些資料，他領悟到孤獨可能比社會普遍了解的更為重要。卡希歐波解釋說：「孤獨會產生威脅反應，就像疼痛、口渴、飢餓或恐懼一樣。」實際上，以正面的方式與他人建立聯繫，感覺到與他人有某種關聯感，是人類的基本需求，類似於吃和喝的需求。對於那些認為「他人即地獄」的人來說，請記住，社交孤立並不是大腦想要的狀態，身旁有朋友可以減少根深柢固的生理威脅反應。加州大學洛杉磯分校的社會神經科學家娜歐蜜．艾森伯格（Naomi Eisenberger）在研究中發現，社交支援增加還能減少對其他威脅做出反應，緩衝潛在的壓力。「我發現，當人們說他們擁有的社交支援程度愈高，他們對拒絕之類的事情就愈不敏感。」艾森伯格解釋說：「他們似乎對壓力的反應較小，甚至產生較少的皮質醇。」由於威脅較少，擁有良好社交支援網路的人在舞台上有更多的資源，例如可以用於思考、計畫和調節情緒。

與朋友相處，不僅可以幫助你思緒更清楚，而且還可以使你「從別人的眼光」，用新的角度來看待情況。重新評估是極為重要的情緒調節工具，但在認知上耗費資源，而朋友則能為此幫上忙。同樣的，身旁有信任的人，也能拓展你的思維、協助你看清自己的想法，進而幫助你產生洞見。當人們把彼此視為朋友，而不是敵人，就更有可能發生這種情形。

擁有朋友可以幫助你改變大腦，因為你可以更經常地大聲說話。有實驗顯示，人們大聲重複自己在學習的東西時，學習速度和把學習內容應用於其他情況的能力都會提高。當你與其他人談論想法，大腦會有更多部位被啟動，不光是思考這個想法的部位，還包括記憶區域、語言區域和運動中心都會被啟動。這個過程稱為擴散激發（spreading activation），使你以後更容易回想起這個想法，因為你留下了更多可尋的連結線索。

關聯感的價值意味深長，還需要更多證據來證明嗎？二〇一二年的研究顯示，讓人們與另一個人或團體建立社交聯繫，即使是最微不足道的社會聯繫，也會增加人們的動力，提高他們的表現。二〇一〇年對超過一百四十八項研究進行的綜合分析顯示，比起社交連結較弱的人，社交連結較穩固者的生存機會多出五〇％。二〇一一年的研究也顯示，認為自己在工作上獲得較高社會支援的人，在任何時期內死亡的可能性確實都小一些。顯然，在生活中擁有優質的社交連結是值得的。

現在，內向的人可能坐立難安了，覺得我在說什麼啊，他們能想像最糟糕的事情，就是要花更多的時間與隨便一個路人相處。的確，有些人社交連結愈多，就愈有活力，而有一些人則認為社交很困難。但這並不意味著內向者的社交連結就很少，他們只是需要不同類型的社交連結。對於內向的人，他們需要的新社交連結和表面關係比較少。然而，如果內向者只有一個讓他感到安全的摯友，擁有更多讓他感到安全的摯友，很可能會讓他從中受益。儘管內向者需要不同類型的社交連結，他們仍然會從增加的關聯感中受益。

對大腦有毒的敵人

最近，我受紐約的朋友邀請，參加了一場派對。我預料在那裡我誰都不認識，所以我晚到，以確保我的朋友會在那裡。然而，我到達時，他不在那裡。從理論上來講，我應該感覺很棒，參加派對的人看起來就像我會喜歡的那類人。那是一個漂亮的閣樓，有好聽的音樂、美食和很多飲料。但是我一個人都不認識，因此我的受威脅等級臻至極點。對我的大腦來說，我走進了充滿敵人的房間。經過漫長五分鐘的努力使自己看起來鎮定，我的朋友來了，我的受威脅等級急劇下降。他向我介紹了幾個人，我注意到他每介紹一位新的人，我的受威脅等級就會下降。一個小時後，我約有六組可以交談的人群，最後那是一個愉快的夜晚。這種情況是個震撼的提醒，可見對敵人的反應會造成多大的影響，哪怕你是被虛妄的敵人包圍。

當你感覺某人是敵人，各種大腦功能都會發生變化，你不會用處理自己經驗的相同大腦區域來與感知到的敵人互動。研究顯示，你把某人視為競爭對手時，你不會對他或她有同理心。更少的同理心等於更少的催產素，這意味著整體上合作愉快的感覺更少。

認為某人是敵人，甚至會使你沒有那麼聰明。凱文・奧克斯納解釋：「想像一下，試著與你過去有過衝突的人做生意。也許你一直被他們吸引你女友的念頭所困擾。然而，把他們視為對手，會改變你的互動方式。你專注於要如何與他們互動，而不是處理眼前的業務。」在這種情況下，你的大腦試圖解決兩個不同的問題：如何應付敵人，以及如何發展業務。但是，正如我們從第一幕所知道的，多工處理很不容易。因為兩個目標都沒有獲得足夠的資源，所以會犯錯誤，然後錯誤會在大腦中產生更多的威脅反應。

一旦你認為某人是敵人，你不僅會錯過體會他的情緒，還得抑制自己考慮他的想法，即使他的想法是正確的。想一想你對某人生氣的時候，從他的角度看事情容易嗎？一旦你確定某人是敵人，你傾向於不顧他的想法，有時候這會損害你的利益。

判定某人為敵人，意味著你建立了失誤的連結、誤解意圖、容易生氣，並撇棄他們的好主意。在艾蜜莉帶領的新團隊中，莉莎於第一次電話會議時認定柯林是敵人；柯林認定莉莎是敵人；柯林和莉莎都認為瓊安是潛在的敵人；然後他們所有人都認為艾蜜莉是敵人。而瓊安可能只想離開那樣的局面。發生這種情況，很可能是因為他們要見新人，所以情緒激動。艾蜜莉的主要錯誤是沒有意識到社交環境有多重要，她不知道在讓新團隊思考一些難題之前，需要消除人們自然會有的「敵人」狀態。

種種情況解釋了「包容」的重要，這個概念在過去十年左右，已在組織中扎根。有許多研究指出，人員若感到被包容，並可以大膽說話，這樣的團隊表現會更好。這背後有可靠的科學依據。簡單地說，人們感到與他人有安全的聯繫、存有良好的關聯感時，他們就會有更清楚的思緒。我們需要至少感覺像朋友的人，而不是敵人，這樣每個人都能盡量把自己的事情做到最好。

讓敵人喜歡你

儘管這種敵人反應看起來像是最好完全避免的可怕怪物，但事實證明，在大多數情況下，扭轉局面很容易。只要你不是在處理強烈的仇人反應，例如幾百年以來的世仇。

握個手、互問名字，以及討論一般的事情，無論是天氣，還是交通狀況，都可以釋放催產素來增加親近感。艾蜜莉沒有創造機會，還沒讓組員在符合人情的層面上交流，就直接開會。若讓他們有幾分鐘的時間「建立聯繫」，情況可能會有所不同。你可以把這些活動看成是共同的經歷。若我們與某人有共同的經歷，我們更可能把他們標記為朋友。有項特殊的研究顯示了這一點，說明了增加「圈內人」（intergroup）的接觸，可以減少對「圈外人」（outgroup）的偏見。

假設我們沒有和對方有過負面的互動，增加接觸可以包括任何類型的經驗，這種方法在把陌生人變成朋友方面，一般而言效果不錯。然而，如果對方已經把我們當成敵人，也許他是另一個團隊的人，而你和他在爭奪預算，那該怎麼辦？在這種情況下，大腦注意到我們與某人有互相競爭的目標，就會把他們標記為敵人。為了抵銷這一點，我們需要找到共同目標。一旦找到共同目標，尤其是策略性質的，例如本週要完成的任務，就能化敵為友。有一句老話，「敵人的敵人是朋友」，可以解釋這一點。大量研究說明了這個想法，特別是來自紐約大學傑・范巴維爾（Jay Van Bavel）實驗室的研究。他的研究顯示，改變人們之間的關聯，意味著擁有共同目標，而不是互相競爭的目標，很快就改變了他們對事件和其他人的解讀。雖然有共同的經驗會產生影響，但共同目標才是關聯感的真正驅動力。在嘗試與別人合作時，要從共同目標開始，之後一切都會變得更容易。

從自然而然的敵人變成朋友並不難，你可能每週會這麼做很多次，只是沒有注意到。與人建立共同目標，只要你記得去做，就會產生很大的影響，而且沒有那麼難。遺憾的是，即使經過多年的正面互動，要從昔日好友變成敵人也很容易。這件事發生在艾蜜莉和她的老同事之間，現在艾蜜莉是老闆，被看成是「敵人」了。會議結束後，艾蜜莉還決定不再信任柯林，耿耿於懷，然而他們多年來一直合作無間。由於避凶的情緒是很強烈的，例如對某人不滿，因此從朋友變成敵人可能是種強烈的經歷。

對於艾蜜莉的團隊來說，他們不會經常見面這點已經夠辛苦了。來自不同文化背景的人們，又不太有機會見面，那要怎樣合作？在這種情況下，可能需要專門挪出其他形式的社交時間，來舒緩自發性的敵人反應。也許可以要求團隊成員透過故事、照片或社交網站，分享個人情況。有一些組織建立了明確的夥伴系統、指導或輔導計畫，這些方式都會增強關聯感。蓋洛普組織的研究顯示，鼓勵茶水間閒聊的公司表現出更高的生產力。而增加社交連結的品質和數量（當然是提高到適當的程度）也有望提高生產力，因為愈來愈多的人發現，首先最重要的是，身邊的敵人更少，再來朋友也更多了。當我們與他人建立正面的關聯感，簡單來說我們會表現得更好。提高工作關聯感的一種好方法是在進行電話會議時，使用視訊。除了建立更多的關聯感之外，視訊還有助於準確地解讀社交線索。此外，透過手勢和其他非語言符號，實際上可以加快會議的速度。例如，在直播會議中問大家，「如果你能清楚聽到我說話，就把手舉起來」，這要比在沒有畫面的情況下，口頭要求一大群人做相同的事要有效得多。

有鑑於此，現在是時候開演艾蜜莉電話會議的第二種情景。讓我們看看，如果她了解社交世界的重要性，情況會多麼不同。

化敵為友，第二種情景

現在是下午兩點，艾蜜莉剛剛在午餐會議上提的永續發展會議已獲准。現在她回到辦公室，拿起電話，按下會議專線的按鈕，及時加入了她的團隊電話會議。她花了一點時間專注，並觀察自己的思緒和內在狀態，以啟動她的導演。

她注意到，與幾個小時前相比，現在要把想法從觀眾席帶到舞台上，所花費的時間更長。她試圖找出一個適合自己心態的詞，結果想出來的詞是**焦躁**。給自己的狀態命名可以使她平靜一些，但她也注意到，仍然有某種她不能完全命名的東西困擾著她。

艾蜜莉知道社交場合有多麼微妙，特別是人們第一次碰頭時。她停下來注意困擾她的問題，這是種停滯。她辨識出深藏在她邊緣系統中的模式。這是個微弱的連結，如果她集中注意力，可以更清晰地顯現出來。她把手機調成靜音，花點時間來專注。在幾秒鐘內，她腦中出現了一個洞見。她意識到這次會議有多麼重要，這是瓊安的第一次會議，也是她當老闆以來的第一次會議。她感覺到，自己沒有做充分的準備來確保電話會議順利進行，而且她的議程表是錯的。她思索著最優先的事項，意識到自己需要在與團隊共同處理困難的事情之前，先與大家建立「團隊」的感覺。她決定打一通比較不正式的電話，不要對會議抱有太大的野心。她把情境想過一遍，啟動了數十億個迴路，她的電話線路有幾秒鐘處於靜音狀態，然後她重新加入了通話。她現在感到更有把握了，而且已經解決了停滯。艾蜜莉的大腦目前處於警覺但平靜的狀態，非常適合注意到微妙的信號。

柯林和莉莎已經在線上了，他們在艾蜜莉加入時，結束了對話。她感到一種令人不舒服的沉默氣氛，要不是她剛才先暫停一會兒，先有了自己的洞見，現在她的反應可能會很糟糕，「你們兩個又在暗地打我的算盤嗎？」她以滑稽的口吻開玩笑，讓大家都笑了。她知道，在他們之間建立連結非常重要，因為大家曾經共事過。

瓊安一會兒就加入通話。艾蜜莉解釋說，電話會議沒有正式的議程，只是讓大家可以互相認識，並談論如何讓虛擬團隊更好地工作。艾蜜莉請大家想一想，如何認識彼此。她想讓大家稍微思考一下自身想法，啟動自己的導演。莉莎插話說，大家最好自我介紹一下，並分享他們曾參與過的比較成功的會議。艾蜜莉剛上線時，莉莎和柯林一直在說，他們在這個不確定的新團隊中感到很焦慮，畢竟有一名未知的團隊成員要加入，也不知道艾蜜莉當老闆會是什麼樣子。種種事情都給莉莎和柯林帶來了威脅感，但是，由於有機會提出想法、做出選擇，莉莎便把自己轉變為趨吉的狀態。瓊安提出了一個點子，請大家互傳自己與家人的照片。莉莎發現瓊安的孩子與她的孩子同年，而且她們兩個人都拿到相同的學位，所以莉莎重新把瓊安歸類為同類人，從現在開始與瓊安的對話更像是對自己說話，用的是暢通的管道。

艾蜜莉最後發言。她說，這是她第一次以這個職等身分來管理人員，並問大家想從她那裡得到什麼。各種想法不斷冒出來，一個想法引發另一個想法，最後出現了幾個主題：大家想要有開放的溝通、信任和尊重，也想做得有樂趣。這群人正在產生共鳴，產生良好濃度的催產素。這次的經驗會被標記為愉快的經驗，他們都期待下一次的通話。

柯林問艾蜜莉新會議是否獲得了批准，她差一點就宣布要替永續發展會議選一位負責人，但是在她比較不受到威脅和較為沉靜的心理狀態下，她注意到，自己擔心此時的談話會出錯。她說，她會和他們單獨談談，了解他們的想法，但柯林跳了出來，說他認為莉莎應該負責一次大型會議，因為上次的會議是他負責的。莉莎問瓊安，也許她們可以一起負責這項活動，也讓瓊安更快進入狀況。兩位年輕女士同意合作，知道這樣可以帶來更多的樂趣，也知道她們以團隊來工作時，會覺得更加聰明。這個決定是當場做出的，他們也安排要開始計畫下一次會議。

在極短的瞬間內，第二種情況與先前一開始的情況就出現了截然不同的發展。正面的變化發生在艾蜜莉注意到她的心智歷程，以及掌握了明確的社交世界用語。隨著她進一步發展出明確的用詞，她更有機會發揮最好的表現。

大腦的特點

- 社交聯繫是主要需求，有時候與食物和水一樣重要。
- 我們透過親身體驗到他人的狀態，來直接了解對方。
- 與他人的安全聯繫對於健康和健全的合作極其重要。
- 我們很快把別人歸類為朋友或敵人。但在沒有正面線索下，會預設對方是敵人。

- 你需要努力創造連結，產生良好的合作結果。

請你試試看

- 每當遇到新朋友，儘早努力建立人際聯繫，以減少威脅反應。
- 透過分享個人經驗，或創造機會讓大家有不限形式的經驗分享，拉攏同事成為「自己人」。
- 與你覺得可能會有衝突的人建立共同目標。在理想情況下，這些目標應該是短期到中期的策略重點。
- 積極鼓勵你周圍的人建立人際關係，以創造更好的合作成果。

第11景

不公平的代價

電話響了，保羅讓電話響的時間比平常更久。這一天很不順利，他的邊緣系統處於高度警戒狀態。他拿起電話，希望對方打錯了，但事與願違，是奈德打來的。

保羅和奈德在同一家諮詢公司工作了幾年，然後才決定各立門戶。他們曾想過要同夥開公司，但後來決定獨自開公司，改成互相合作，由保羅設計軟體策略，奈德提供更詳細的軟體程式。到今天為止，這樣的方式一直運作良好。導火線是保羅寄了封欠缺思慮的電子郵件，說奈德沒有參與這項新工作，這給他們兩人掀起情緒的波瀾，使原本深厚的情誼破裂。有鑑於他們的長期經歷，保羅想把奈德從敵人轉變為朋友，但不確定如何做。

奈德說：「我們需要談談。」

「我對電子郵件的事感到抱歉。」保羅突然插話，希望一個道歉就能化解，「這些年來，你應得的不只是這樣而已。」

奈德回答說：「這就是我想與你談的事情。」

「當然了，但問題是，我已經反覆看過這個專案的成本。雖然這是很大的案子，但是利潤太低了。我的對手是海外的承包商，所以我必須把寫程式的部份外包到國外，才能有足夠的利潤。」

「這些我都懂。」奈德停頓了一會兒，「聽著，我們兩個人的電子郵件都衝動愚蠢，但這不是我打電話的原因。我只是覺得你的做法不公平。這些年來，我已經幫你收拾爛攤子很多次了，而且好幾次不眠不休地工作。如果沒有我的幫助，你可能不會有今天的成績。你為什麼不能想辦法分我一杯羹？這是一個很大的專案，我敢肯定我有辦法幫上忙的。」

保羅無言以對。他知道，在還沒有確認報價之前，就向奈德承諾會有工作是錯的，而且他知道奈德一定會很失望。但是他不能就這樣讓奈德加入，不然會賠錢，這是他不願意考慮的事情。保羅開始覺得，現在是奈德不公平了。保羅邊緣系統（包括他的腦島）的激發感增強了，並伴隨著像是厭惡之類的強烈情緒也活躍起來。難道奈德不知道要拿到這個專案有多難嗎？保羅發現自己愈來愈生氣，他的情緒在通話過程中自動複製了奈德的情緒。他咬著牙勉強說了一句道歉，努力壓制自己的情緒，「對不起，奈德。真的，我無能為力。但是，如果我發現有讓你參與專案的方法，我保證會記得找你的。」

保羅掛斷電話，感覺他與奈德的關係永遠不會回到以前那樣。他無法明確指出，但奈德要求加入，讓他深感不安。他認為，光是奈德提出這個話題，對他來說就不公平。

保羅聽到蜜雪兒打開了客廳的電視，不假思索地從椅子站起來。

「妳功課做完了嗎？」他從房間裡大喊。通常，他不會問這樣的問題，至少不是用這種方式問。但是與奈德通話的刺激趕走了他的導演，這使他更難抑制錯誤的衝動。

「爸爸，我們說好了，我一天只需要做一小時的功課，而且我可以選擇在八點半以前的任何時間來做功課。」

「好吧，妳知道拖得愈晚，會花更久的時間。妳為什麼不現在就開始寫呢？」

「爸爸，我們說好了，你現在不能反悔。而且，喬許也在打混，他在打電動。」

「哦，不會妳也一樣吧。」保羅搖搖頭說。

「幹麼？你今天怎麼這麼囉嗦啊？」

保羅回擊說：「我不是囉嗦，我是妳的父親，我有權利問妳的功課。」

「好吧，就別管我，好嗎？我要忍受你從工作帶回來的壞情緒，這不公平。」

「好，那好。妳只要確定把作業寫完就好。」

保羅的邊緣系統被一件大事所激發，這件事是他在嘗試與他人合作時發生的，只要人們一起工作（或玩樂）時，常常就會發生出乎意料的事情。保羅不知道，**公平**是大腦的主要需求。單單是公平性本身就可以產生強烈的獎勵反應，而不公平則可以帶來持續數天的威脅反應。正如艾蜜莉需要改變大腦，更有效地化敵為友一樣，保羅也需要改變大腦，好記住與合作對象保持公平性。保羅在學會更好地處理公平問題的過程中，他會發現可以用更少的精力，完成更多的工作，並更輕鬆地實現自己的目標。

公平之戰

你可能會發現，一旦你讓前額葉皮質準備好注意到公平問題，公平問題就會四處浮現。首先，政治常常攸關公平問題，涉及情緒衝突，甚至是暴力衝突。在我寫這本書的時候，我在電視上看到肯亞的村民大喊，她願意以死來糾正選舉的不公平操縱現象。在更平凡的情況下，公平引發的情緒也可能很高漲。比方說，計程車司機繞遠路，讓你覺得「被占了便宜」，雖然經濟成本相對不高，但卻會破壞原本美好的一天，這是因為**原則**很重要。想想那些花費巨資在法庭上「糾正錯誤」的人，除了能得到「正義」或「報仇」之外，沒有明顯的經濟收益。我們渴望公平，而有些人花了畢生的積蓄，甚至是自己的生命來爭取。

比金錢更重要的公平

卡內基美隆大學助理教授葛兒娜茲・塔碧尼亞（Golnaz Tabibnia）研究公平，以及人們判斷公平的方式。塔碧尼亞解釋說：「喜歡公平和抵制不公平結果的傾向，深植人心。」塔碧尼亞與馬修・利伯曼合作的一項研究，採用了「最後通牒賽局」（Ultimatum Game）實驗。在最後通牒賽局中，兩個人會得到一筆要共分的錢。甲就如何分配錢提出建議，乙則必須決定是否接受該提議。如果他們不接受建議，那麼兩人都拿不到獎勵。塔碧尼亞解釋說：「人們強烈地厭惡不公平，以至於願意犧牲個人利益，防止他人從不公平的情況得來更好的結果。」

令人驚訝的是，相較於從二十美元獲得五美元，人們從十美元獲得五美元時，他們腦中的獎勵中心發亮得更明顯。塔碧尼亞解釋說：「換句話說，提議公平，要比不公平更能啟動獎勵迴路，即便一毛錢都拿不到。」看來，公平可能比金錢更重要。

塔碧尼亞解釋了這一點在大腦中的作用，「當我們得到所謂的主要獎勵，有一個叫做紋狀體（striatum）的大腦區域就會有反應。紋狀體從中腦接受豐富的多巴胺傳入，並與正向強化和以獎勵為基礎的學習有關。若人們受到公平對待，會啟動此迴路；但是如果經歷不公平，則會啟動他們的前腦島。這很有趣的原因是，在以前的研究中，腦島被認為與厭惡有關，像是聞到噁心的味道。味覺和社交厭惡在大腦的同個部位進行處理，就像社交獎勵和味覺獎勵在腹側紋狀體（ventral striatum）中進行處理一樣。因此，這些社會型強化物[1]作為更主要的強化物時，似乎可能以類似的方式（至少部分）映射到大腦中。」

從直覺上講，人們不會覺得公平跟食物或性同等重要。因此，許多人對公平的重視程度不夠高，結果就像場景中的保羅一樣，在沒有防禦下，受到別人強烈要求公平的反應給攻擊了。這是另一個例子，證明馬斯洛也許是錯的。馬斯洛認為，社會對食物等生存需求的重視，遠遠超過對公平等社會問題的重視。結果，計畫舉辦為期一天的團隊會議的人，可能會注意要確保每個人在午餐時間好好休息，卻完全忘記了人們是否認為這一天的安排公平。愈來愈多研究指出，感受到不公平可能比空腹更難處理。

為什麼人類天生在乎公平？

神經科學家史帝芬・品克（Steven Pinker）有一個理論，說明這種對公平強烈反應的根源，他在著作《心智探奇》（*How the Mind Works*）一書中概述了此理論。品克認為，對公平的反應是因為需要讓交易有效率，所附帶而來的結果。過去人類逐步演化的過程中，無法把食物儲存在冰箱，所以儲存資源的最好方式就是送給別人當「恩惠」。別人的大腦會記得有收過他人的資源，未來有機會就要拿出可以互惠的食物。在狩獵採集時代，當蛋白質來源是斷斷續續的，這種心智交換特別重要：一個人捕到一頭野牛，這對他的家人來說肉太多了。要擅長跟人做交易，你需要具有偵測出「騙子」的能力，即那些承諾但不履行的人。這樣一來，具有強大公平偵測能力的人會有演化上的優勢。

現代人有冰箱和銀行帳戶，你無須以這種原始的方式來信任其他人。然而，你的公平偵測迴路仍然存在，只是現在它們傾向從休閒活動的形式，來獲得更多鍛煉，例如孩子玩的「吹牛」撲克牌遊戲，或現在全世界數百萬大人都在玩的德州撲克牌。這些遊戲提供了機會，可以讓你靈活運用作弊和偵測作弊者的能力。雖然現實生活中的公平可能會帶來威脅或報酬，但在遊戲中發現不公平，對整個家庭來說會很有趣味。

不公平腦科學

讓我們更深入探討與公平有關的威脅和報酬反應，從更常見、更強烈的不公平開始。

---

1 強化物可分為主、次兩類。社會型強化物屬於次強化物，例如：讚美、微笑、關注或擁抱等，滿足個體在人際需求上的言語或行為。

感受到不公平會強烈激發邊緣系統，隨之而來還有各種的挑戰。舉一個例子，由於類化效應（generalizing effect），人們變得更容易產生失誤的連結：如果你認為某人不公平，那麼其他人的行為似乎也不公平。在這個場景中，奈德的公平問題來自於，他認為保羅沒有考慮到他們長期以來的互助經歷。在過度激發的狀態下，保羅用自己的不公平感受來回應，誤以為奈德要他在該專案上賠錢。

人與人之間的許多爭論，尤其是與我們關係密切的人，都牽涉到對不公平的錯誤感受，引發的事件啟動了各方人馬更嚴重的不公平感。這往往是因某人誤解了別人的意圖而起，因為一瞬間有點心盲了，無法去想像別人的感覺。結果可能是強烈的惡性循環，這是由失誤的連結和某人的期望所驅動，然後改變了觀感。

然而，標籤化可能不夠強大，無法控制住要求公平的反應。你可能需要更強大的工具，例如重新評估。重新評估當中有一種重要類型，是站在對方的角度來看問題。但是重新評估需要大量資源，因此在不公平的情況下，很難做到。而且，你把別人標記為敵人時，要看到別人的觀點也很難。為了處理不公平的回應，你可能需要在激發的情緒上來前，迅速處理。

由於不公平帶來沉重的打擊，當你累了，或邊緣系統已經有很強的激發負載量，很容易為了不公平的小事生氣。在這種情況下，你必須格外小心。如果你被年幼的孩子吵醒，很容易會因為伴侶要你幫忙就變得暴躁。如果你今天在辦公室很不順利，很容易會認為你的廠商在騙你，因而不必要地惱怒，即使這可能只是為了幾分錢的事情而已。

與小孩打交道時，公平的問題經常出現。父母希望自己可以說，「你聽我的就好，不要管我做什麼！」但是，小孩即使從很小的時候，就已經會對公平做出行為上的調整。蜜雪兒因受到不公平的對待而感到受傷，並認定保羅對待她和弟弟的方式不同。在青少年的大腦中，小小的情緒打擊會帶來強烈的反應。當青少年進入青春期，前額葉皮質的功能往往會短暫萎縮，這解釋了為什麼十歲的孩子可能比十五歲的孩子擁有更好的情緒控制能力。前額葉功能在十幾歲後期開始恢復，直到二十歲初期才達到成人狀態。（至於為什麼青少年的大腦似乎會退步一段時間，有一種理論是，在過去，那些做不理性事情的青少年，例如生小孩，比那些會自我控制的人，流傳下更多基因。）由於青少年的情緒調節能力差，他們往往非常強烈地感受到源於公平（以及確定性、自主權和關聯感）的威脅和獎勵。也許這解釋了青少年與父母的激烈爭吵，以及他們大量投入社會正義運動的原因。

正義就是獎勵

從好的一面來看，公平是快樂的獎勵，就像豐盛的晚餐或工作中的意外獎勵一樣，可以啟動大腦深處的多巴胺細胞。當你受到公平的對待，血清素這種使你放鬆的神經傳遞質可能會增加，儘管尚無研究直接證明這一點。而像百憂解（Prozac）和樂復得（Zoloft）等抗憂鬱藥，便是透過增加大腦中的血清素濃度來發揮作用。

你從公平性得到的是與他人安全地聯繫在一起的感覺，因此它與關聯感有關。當你覺得某人是公平的，也會有信任增加的感覺。研究顯示，人們接收到公平的提議時，自我評估的信任感與合作感會增加，催產素濃度也會在公平交易中增加。

因此，公平性提升會增加你的多巴胺、血清素和催產素的濃度。這會產生趨吉的情緒狀態，使你對新想法保持開放，更願意與他人建立聯繫，這是與他人合作的絕佳狀態。然而，組織內部的許多結構，特別是大型組織，卻不利於員工感受到公平性。關於薪資、績效和透明度的抱怨太常見了，這當然與公平性有關。在二〇〇九年的大幅裁員中，有一家公司的主管同意減薪一五％，來幫助減緩裁員的情況，並大肆宣揚這比所有員工被要求的五％減薪還多三倍。減薪一五％意味著主管的薪水每年減幾千美元，但這並沒有影響他們的獎金，許多主管拿的獎金高達數千萬美元，你可以想像員工對此有何感想。在另一個事件中，當時美國國際集團（American International Group，AIG）發放的獎金引起軒然大波，該公司在虧損數十億美元後，幾乎瓦解了全球經濟，但竟用政府的救助資金來支付主管的薪水。

公平性研究的一個有趣含義是，真正讓員工愈來愈感受到公平的職場，可能會使人獲得心理上的滿足。二〇一二年一項綜合研究分析顯示，員工對工作中不公平的觀感可能會對身心健康產生負面影響，這或許解釋了為什麼人們在某些職場文化中表現更好。我問一位與我一起坐車的主管，為什麼他在同一家公司待了二十二年。「我不知道。」他回答，「我想是因為他們似乎一直盡力為每個人做正確的事情。」試圖提高參與感的組織最好能體認到，經歷不公平的人可能會像被告知一整天不能吃飯那樣難過。

《哈佛商業評論》發表過有關公司重組的組織研究，發現人們明白決策是公平的時候，裁員的影響就大大降低了。另一方面，感覺自己受到組織不公平對待的人會有抱不完的怨。生活在看似不公平的世界裡，會影響人們的皮質醇濃度、幸福感，甚至影響壽命。難怪這麼多人認為自己的公司沒有為員工、客戶或整個社區做出「公平的事情」，所以不願意留任。

有個地方可以讓你經常體驗增加的公平性，那就是替社會正義組織工作，像是向窮人分發食物，或去服務貧困社區。當你糾正了感知到的錯誤，例如有人挨餓，而兩個街區外就有人在浪費食物，你的公平感就會增加。有些組織讓員工花時間從事社區計畫，正是透過提高公平感，讓員工體驗非正式的獎勵。許多員工發現，這是工作中令他們深感滿意的部分。

還有額外的好處，研究顯示，為他人付出比接受類似價值的禮物，能啟動更大的獎勵反應。因此，分享你的時間、資源或捐錢，可以幫助你不僅感覺到更大的公平性，而且比你自己收到禮物的感覺更好。

陌生人的好心vs背叛的痛

我認為，公平與期望之間可能存在著動態關係，可以解釋生活中某些更為強烈的情緒經驗，這可能是未來有趣的研究領域。如果你希望某人對你公平，而他們確實做到了，你會得到很棒的高濃度良性多巴胺，原因有兩個：第一，因為你的期望得到了滿足。第二，由於公平這件事。意外的公平應該更加令人愉快，這解釋了為什麼「陌生人的好心」如此有意義。

但是，如果你期望某人對你公平，而他們卻不公平，你會得到雙重的負面效果：由於期望沒有被滿足和不公平，導致多巴胺濃度顯著降低。這可以解釋為什麼你信任的人，例如你期望會做正確事情的朋友，對你不公平時，這種激發感會如此強烈。現在，這種激發就像屋漏偏逢連夜雨，給你三重打擊。這種經歷也有一個詞可以形容，那就是奈德感受到的內心經歷：背叛。即使是輕微的背叛感，也可能是非常強烈的體驗。

大腦如何接受不公平？

由此可見，公平是行為的一大驅動力，超出了大多數人的預期。但是，計程車司機經過你不停下來，跑去載更美貌的乘客時，人們並沒有因此在街上崩潰。我們有處理不公平的方法，而大腦如何做到這一點相當有趣。

人們面對的不公平情況，不光是沒有得到正面獎勵而已，情況更為複雜。塔碧尼亞研究了在最後通牒賽局中，有人選擇接受不公平提議的情況。例如，沒錢的研究生可能想接受從五十美元拿到二十美元的提議。她發現，人們要麼是嚥不下被侮辱的這一口氣，所以不接受；要麼是感到被冷落，但還是很想拿走這筆錢。塔碧尼亞解釋說：「在這種情況下，人們接受不公平的提議時，心裡沒有拿到獎勵的感覺。相反的，他們調降了自己的情緒反應。腦島被啟動，但他們會壓過這種反應。實驗到了此時，左右腹外側前額葉皮質的活動增加，但腦島的活動減少。愈有可能接受不公平提議的人，腹外側前額葉皮質就愈活躍，腦島的活動則愈少。似乎你愈能調節自己的情緒，就愈可以接受不公平的提議。」又是那個最重要的右太陽穴了。另一方面，接受不公平需要標籤化和重新評估等工具，而你的舞台需要大量資源才能執行這兩種工具。

蘇黎世大學的神經科學家塔妮亞·辛格（Tania Singer）已深入探索了公平性，專注於公平與同理心之間的關係。她讓受試者與另外兩名實際上是演員的玩家一起玩遊戲。其中一個演員看起來是個混蛋，而另一個是合作者。然後，這兩名演員被電擊（或是至少他們看起來是這樣。自從史丹利·米爾格蘭〔Stanley Milgram〕做的心理學實驗之後，所有的實驗都沒有好玩的地方了）。[2]在辛格的實驗中，好人或壞人都會被電擊。研究顯示，女性受試者會同感到好人和混蛋的痛苦，而男性受試者只會同感到好人的痛苦。因此，壞人被電擊時，男性受試者的獎勵中心會被啟動。克瑟爾解釋說：「懲罰不公平的人是股重要的力量，幫助推展公平的經濟交易。」如果某人沒有受到懲罰，就會造成不公平的感覺。想一想，主管造成了投資人數百萬美元的損失，卻只須繳罰款就可以拍拍屁股走人，但其他人可能因為偷了一個錢包而被關進監獄，想當然會輿論譁然。

人生就是不公平，所以你……

這個世界是不公平的，尤其是商業世界，為了達到目的，不擇手段可能是高報酬的行為。因此，能夠管理你對不公平的反應，會使你比其他人更有優勢。有一種方法是感覺到激發增加時，把自己的情緒狀態貼上標籤。無論是不公平、不確定、缺乏自主權或關聯感，能夠用語言說出自己為什麼有某種感覺，都會減少邊緣系統的激發，並幫助你做出更好的決定。如果把情緒標籤化沒有效，就從不同角度查看情況，試著重新評估。

反過來說，如果你感覺到有該糾正的不公平行為，則可以選擇讓自己感受到不公平。因為決定受到這些情緒的驅使，可能會幫助你克服內在的恐懼，不再害怕去採取行動，糾正錯誤。只要記住，邊緣系統受到強烈激發時，對肢體活動是有益的，但會減少創意思維。例如，讓自己專注於橄欖球賽中對手不公平的想法，可能會幫助你跑得更快。但是，讓自己聚焦在工作中的不公平，可能會促使你在董事會中犯下職業錯誤。

顯然，如果保羅理解公平對大腦的重要性，他今天下午或許會做出不同的決定。讓我們來看看這可能會是怎樣的結果。

不公平的代價，第二種情景

電話響了，奈德說：「我們需要談談。」

「我對電子郵件的事很抱歉。」保羅插話進來，「這些年來，你應該得到的不只是這

2 他在實驗室中進行一系列挑戰人性的「電擊實驗」，旨在測試人類會違背良心、服從權威到何種程度。

樣而已。我知道，你一定認為這種情況不公平，而且我希望你有機會說出你的想法。然後，也許我們可以動腦想想，怎麼互相幫助。比如，萬一這個專案無法合作，那麼其他專案可以怎樣合作。」保羅知道奈德覺得不公平。

「好吧……」奈德因保羅的處理方式而打消了顧慮，他原本預期要吵一架。保羅聽著奈德告訴他，他是多麼不開心，以及這一切有多麼不公平。他感覺到自己對奈德的一些評論不太高興，但他幾次逮住自己，選擇用命名自己情緒的方式，減輕他升溫的情緒。奈德有句話差點讓保羅破功，他得重新評估這種情況，有意識地記得奈德一直在幫助他。保羅必須努力幾分鐘，忍住不替自己說句公道話，這要花費很大的心力，但這是值得的。奈德在談過自己的問題後，感覺好多了，而且沒有讓保羅「陷入」鏡像的情緒反應中。整個事件減少了雙方的刺激，而非增加刺激。奈德現在心情比較好了，分享了他早些時候在想的東西，但是他把保羅當成敵人時，可不想分享。

「聽著，重點是，保羅，你沒有考慮過專案固定程式碼的部分。我在這類事情上有經驗，但這部分工作你給客戶的報價卻過低。何不讓我當你的顧問，為這件專案提供一些諮詢？我不需要收取很多費用，因為我不用寫程式，但是我可以讓設計規格更準確，為你省下大把鈔票。我現在就已經料到能幫你賺幾千美元了。」

保羅回答：「這個點子不錯。也許有你在，可以減輕客戶的疑慮，不會覺得只有我一個小承包商。我們一起合作或許會有更大的影響力。」

他們結束了電話會議，同意在下一次客戶會議之前，替諮詢工作決定一個合理的數字，這樣奈德就可以參與了。他們兩個人掛電話時都鬆了一口氣，但也對彼此的合作感到高興。他們坦然且信任的談話，增加了雙方大腦中的催產素濃度。

保羅聽到蜜雪兒在客廳打開了電視，他想站起來去查看她，不過他想起自己與女兒對家庭作業問題達成了協議。他走進客廳，詢問要不要幫她從冰箱拿點東西，這個舉動讓她大吃一驚。他替她拿了一杯飲料，兩人看了十分鐘的節目，對著一個兒童的情景喜劇哈哈大笑，享受著親情時光。

大腦的特點

- 公平性可以是主要的獎勵。
- 不公平性可以是主要的威脅。
- 把公平與期望聯繫起來，有助於解釋陌生人的好心帶來的喜悅，以及被親近的人背叛的強烈情緒。

- 可以透過標籤化或重新評估，來接受不公平的情況。
- 男人對於不公平的人在遭受痛苦時，不會產生同理心，而女人卻會有同理心。
- 懲罰不公平的人會讓人覺得心滿意足。然而，若不公平的現象沒有被制裁，這件事本身就會產生不公平性。

請你試試看

- 在與人打交道時，要保持公開和透明，記取容易引起不公平的情形。
- 尋找方法來感受周圍公平性上升的情形，也許是透過志工服務、定期捐贈金錢或資源。
- 別讓不公平的事情沒有受到懲罰。
- 注意公平與其他問題的關係，例如確定性、自主權或關聯感，你會從這些問題得到強烈的情緒反應。

第12景
地位之戰

現在是下午四點，電話會議在一個多小時前結束，團隊混亂不堪。艾蜜莉嘗試著做其他事情，但是她的腦海裡充斥著會議中未解決的問題。她想把所有事情整合起來，但是看到的都是停滯的情況。在她的導演啟動之前，她花了幾分鐘來刪除電子郵件和歸檔整理，意識到自己在躲避一通必須要打的電話。

她打給柯林，雖然沉靜的內在聲音告訴她，要先做好心理準備，但憤怒掩蓋了這個警報，她仍然對柯林惹惱莉莎這件事感到生氣。

「我就想是妳打來的。」柯林說。

艾蜜莉覺得直截了當地處理這種情況是不對的，但是有股更強烈的情緒壓制了這種感覺，這股情緒覺得柯林的行為是不公平的。

「你為什麼要那樣做？」她脫口而出。

「做什麼？我只是開個玩笑，她就發飆了。不能怪我，她通常是有幽默感的，我以前還開過更壞的笑話，而且都沒事。」

「但是，你知道這次不一樣。」艾蜜莉回答。

「聽好，不要責備我。這不是我的錯。」柯林回答，「妳為什麼要攻擊我？發飆的人是莉莎耶！我沒做錯任何事。」

「柯林，我以為你站在我這邊。」艾蜜莉說，「我希望由你來主持大型會議，但是你在團隊面前表現得這樣，我怎麼能把工作交給你？別人會認為我在偏袒你。」

「我站在妳這邊，妳說的是什麼話？」他回答，變得氣急敗壞。隨著柯林和艾蜜莉間的火藥味更重，他們理解對方立場的能力也因而下降。

「那你為什麼要表現得這麼混蛋？」艾蜜莉問。

艾蜜莉一說出這些話，就知道會被嚴重地解讀，她的潛意識在她說話時，便預測到了這樣的結果，但要收回這些話為時已晚。然而，她仍然對柯林的強烈反應感到驚訝。

「雖然我們曾經一起共事，但不代表妳可以視我為糞土。妳自己也沒有完美到哪裡去。」柯林回答，聲音低沉而緩慢地表達他的觀點，就像狗露出牙齒在咆哮。

「對不起，對不起，你可知道，今天對我來說也不好過，我在這裡當老闆的頭幾週做得不是很好。」

艾蜜莉並不是真的感到抱歉，像柯林的大腦直覺地善於察言觀色，想騙過他，可難了。柯林沒有像她希望的那樣口氣變為和緩，反而是察覺到她的弱點，繼續攻擊她。「聽好，別對我抱怨妳升官了，是妳自己想升職的。我絕不會讓其他人奪走我在這個團隊中得來不易的地位。我待在這裡的時間最久，所以我應該拿到這次的大型會議。妳知道獎金可能會很高，但不光是這樣。我在這裡忍受了這麼多之後，這是我應得的，而且——」

艾蜜莉打斷了他的話。「當然，沒錯，你一直努力工作，但這並不自動代表你——」

「少在那邊教訓我。」柯林打斷說，「我在這裡的時間比妳久很多。」

艾蜜莉試圖退一步，但是傷害已經造成。經過多年的合作，他們的關係有了穩固的基礎，但就在她擔任新職務的一週之內，兩人關係迅速陷入冰點。她從未想到，管理人員會如此困難。

艾蜜莉和柯林拐彎抹角地又談了十五分鐘後，同意休息一下，過幾天再談。艾蜜莉掛掉電話，盯著電腦螢幕，感覺比打電話之前更迷惘了。她在想自己是不是欠缺什麼洞見，所以無法澄清柯林的問題。

艾蜜莉打給莉莎。

「我知道妳盡力了。」她一開始就說，這次有意識地想表現得更「委婉」。

莉莎嘆了一口氣，然後開始說，「妳知道，我真的不想攻擊柯林。但是他在新人面前攻擊我，我不能放過他。」

艾蜜莉試圖與莉莎講道理，懇求她打電話給柯林修補關係，但莉莎堅決認為，應該由柯林來修補關係才是。

艾蜜莉不知道該怎麼辦。確實，她們都曾經被柯林的笑話給逗笑，但柯林應該更懂得拿捏情況才對。這裡每個人似乎都有錯，但是沒有人願意讓其他人知道自己有錯。

「莉莎，我該怎麼做才能重修舊好？」艾蜜莉問。

「不用擔心，情況會平息下來的，我們會繼續發展業務。我們不一定要是很好的朋友，才能完成工作。」

莉莎只有說對一部分，你不一定要與別人是很好的朋友，才能完成工作。但是，與你認為是敵人的人一起工作會很不舒服。而且，由於彼此之間缺乏共用資訊和處於高度威脅狀態所挾帶的其他附帶結果，這樣工作很容易出錯。艾蜜莉面臨很大的挑戰，她團隊中大多數人都已經認定其他人是敵人。之所以產生對方是敵人的反應，不只是因為她沒有把會議安排好，雖然這也是部分原因。還有，通話過程中也發生了其他的事情，因此產生了強烈的威脅反應。柯林、莉莎和瓊安都意識到他們最重視的東西受到威脅：地位。而在試圖澄清這種情況時，艾蜜莉進一步威脅了柯林的地位。

除了關聯感和公平性之外，地位是社會行為的另一個主要驅動因素，人們會不惜一切代價來保護或提高地位。提高地位比金錢更有價值，地位下降的感覺，就像自己的生命受到威脅，因為地位是另一種人類主要的獎勵或威脅。你的大腦管理地位的方法，與管理其他基本生存需求的迴路，大致相同。

百年的地位追求

威尼斯的總督府是世界上最奢華、最華麗的權力中心之一，今天這棟建築大部分仍處於良好狀態。總督府的中心是一間奇特的廳堂，從地板到天花板都有抽屜，可以存放上千個檔案。這裡保存了幾百年的檔案，雖然珍貴，但與金錢無關，至少不是直接有關，它們列出了城市中每個人的「地位」。如果你是幾百年前的威尼斯人，那麼其中一份檔案會紀錄你是誰的孩子、你父母是誰的孩子，以及你與貴族、商人或其他重要人物的關係。這份檔案隱含地規定你會住在哪裡、你能吃什麼、你的教育程度、人們是否信任你、別人對你的注意程度，甚至你會活多久。時代並沒有太大變化，無論你是流行歌手、頂尖運動員，還是執行長，在今日地位崇高都會帶來類似的好處，會對生活品質產生強烈的影響。我們只是以不同的方式來紀錄罷了，現在這是八卦雜誌的工作。

地位解釋了為什麼人們為了獲得電視名人的新書簽名（這本書他們可能根本不打算去

讀），會在寒風凜冽的早晨排隊數小時。地位解釋了為什麼人們遇到比自己更差的人時感覺很好，這是「幸災樂禍」的概念。大腦研究顯示，人們看到其他人的狀況比自己差時，獎勵迴路會被啟動。地位解釋了為什麼人們喜歡吵贏別人，甚至是毫無意義的爭論。地位解釋了為什麼人們會花錢購名牌服飾店的內衣，而類似的衣服只須少少的錢就能買到。地位至少部分解釋了為什麼如今有上百萬人玩線上遊戲，除了為了分數，與其他人相比可以提高自己的地位之外，並沒有明顯的好處。地位甚至可以解釋，科技公司如何讓上千人免費工作，從事電腦無法完成的事：讓人們在給照片貼標籤等任務上，相互競爭。

地位是相對的，只要你覺得自己「比別人更好」，就會有地位提高的獎勵感，你的大腦會為周圍人的「等級順序」設立複雜的地圖。研究顯示，你在溝通時，會在大腦中創造自己和他人地位的表徵，這會影響你與他人的對話模式。研究明確顯示，我們對自己在社會階梯上的位置，有極其準確的判斷。

等級順序的變化，造成了數百萬個神經元連接方式因而改變。柯林要用新方式把艾蜜莉看成他的上司，這必須改變大量的迴路，而其中某些變化仍在這個場景中發生。如果你曾經處於這樣的感情關係中，其中一方開始比另一方賺更多的錢，你就會感覺到大腦迴路發生大規模的變化，這可能會帶來耐人尋味的挑戰。

組織建立了複雜且定義明確的階級制度，然後試圖用在這個階級制度中，邁向更高層次的承諾，來激勵人們。我知道有一家公司在你還沒從「四十級」升到「五十級」的職位之前，不會讓你把辦公桌面向窗戶。行銷部門用廣告來吸引人們，而他們主要使用兩種手段：恐懼和提高地位的承諾。

儘管企業試圖把地位與汽車的大小，或手錶的價格聯繫起來，但是我們並沒有普世通用的地位量表。當你碰到新朋友，你可能會根據誰更年長、更富有、更強壯、更聰明，或更有趣來衡量自己的相對重要性。或者，如果你生活在某些太平洋島嶼上，則會根據體重來衡量人。無論你認為哪種框架是重要的，一旦你感受到地位上升或下降，都會產生強烈的情緒反應。人們為了提高或保護自己的地位，會做出極端的事情。這種情形出現在個人和團體層面，甚至會發生在國家層面。提高地位的願望驅使人們實現驚人壯舉，像社會上許多偉大的成就和一些最糟糕的無謂破壞，背後的驅動力就是追求地位。

地位下降，跟受傷一樣痛

就像所有主要需求一樣，對地位的威脅反應更強烈也更普遍。光是與你認為地位較高的人說話，例如你的老闆，就會啟動威脅反應。而地位受到威脅，這感覺就像會出現可怕的後果。不過這種反應可能是本能的，包括大量的皮質醇湧入血液和資源衝向邊緣系統，從而抑制了清晰的思維。柯林認為他的地位在電話會議上受到威脅，因為團隊沒有承認他的資歷。而艾蜜莉在這個場景中說的第一句話：「你為什麼要那樣做？」只是讓情況變得更糟，因為這句話暗示對方有錯。想到電話會議，柯林就有準備會感覺到地位受威脅，因此艾蜜莉很容易不小心使情況變得更糟。柯林反應的激烈程度使艾蜜莉感到驚訝，她根本不知道他打從一開始就覺得地位受到威脅。

加州大學洛杉磯分校的頂尖社會神經科學研究員娜歐蜜．艾森伯格想要了解，人們感覺到被他人拒絕時，大腦中發生的事情。她設計了一個實驗，讓受試者玩一款名為「電子球」（Cyberball）的傳球電腦遊戲，並在他們玩遊戲時，使用功能性磁振造影掃描他們的大腦。這個遊戲令人想起學校操場不愉快的情況。「受試者以為正在和另外兩個人玩線上傳球遊戲。」艾森伯格在從實驗室走出來的路上，接受採訪時解釋說，「受試者可以看到代表他們的頭像，以及另外兩個人的頭像。然後，他們三個人之間傳球傳到一半時，受試者就沒有再接到球，而其他兩人開始互相傳球。」每當我對一屋子的人講這個故事，聽眾都會發出「哎喲」的聲音。這種被排除在外、被歸類為「不如」別人的經驗，普遍被認為是痛苦的經歷。

這個實驗對大多數人來說，產生了強烈的情緒。艾森伯格說：「我們發現，人被排除在外時，背側前扣帶迴皮質會產生活動，這個神經區域涉及了痛苦的心痛部分，或者有時人們稱之為痛苦的『受難部分』。那些感覺到被否定最深的人在這個神經區域的活動程度最高。」被排斥和拒絕在生理上是痛苦的，感覺到不如別人會啟動與身體疼痛相同的大腦區域。艾森伯格的研究顯示，在這個社交心痛實驗中，亮起了五個與生理疼痛相關的不同大腦區域。社交心痛和身體疼痛一樣痛苦，因為兩者在大腦中似乎是同義詞。想想有人對你說：「我能給你一些意見嗎？」這時你心裡一驚，類似於晚上獨自行走時，感覺有人要走過來從後面攻擊你。也許沒有那麼強烈，但這是同樣的恐懼反應。關於大腦的這項發現，解釋了為何柯林的反應相當於狗在露牙咆哮：他的大腦認為有人要打他。

由於地位下降感受的強度，許多人盡力避免危及自己地位的情況。這種厭惡包括遠離任何他們沒有信心的活動。然而，因為大腦與新奇事物的關係，這意味著避免各種新奇事物。但這或許會對生活品質產生相當大的影響，也就是格羅斯提到不利於你的情境選擇。

正因地位導致的威脅反應如此強烈，在這些情況下要重新評估可能很難，除非你在情緒起來的頭幾秒鐘，很早就察覺到有威脅反應（即標籤化和重新評估）。

柯林在這個場景中對地位問題的反應是戰鬥，他馬上就攻擊了艾蜜莉的身分，隨口說出，「妳自己也沒有完美到哪裡去。」他還抨擊艾蜜莉的可信度，指出她比他年輕。如果人們不主動採取另一種觀點（也就是重新評估），例如有興趣了解年輕一代的情況，那麼主管比你年輕，可能會自動產生地位威脅。

柯林不僅戰鬥，而且還有逃跑反應。雖然他沒有實際做出逃跑的行為，但在思緒上卻逃跑了：他逃避思考。如果他停下來思考一下這種情況，他可能會意識到，有些幽默的話可以當面說，但不適合在電話上講。

覺得地位下降而來的威脅反應可以持續多年。人們努力避免「出錯」，從避免在文件上犯下低級錯誤，到避免對重要策略的判斷錯誤。想一想大公司合併失敗的情況，以及那些決定避免承擔任何責任的主管。人們不喜歡犯錯，因為做錯事會降低自己的地位，這種感覺很危險，讓人不安。

一旦你確定自己是對的、另一個人一定是錯的，便意味著你不去聽對方在說什麼，對方也把你當成威脅，這樣惡性循環就出現了。莉莎堅信柯林必須修補問題，她覺得自己是「對的」。毫無疑問，柯林也有同樣的感覺。對人而言，「自己是對的」往往比任何事情都重要，不僅會以金錢為代價，還會以關係、健康，有時候甚至以生命為代價。

地位威脅有時候不僅是自動發生，還有另一種麻煩，那就是很容易發生，即使在很輕微的情況下，也產生了強大的威脅。假設你正與同事開會，而在你們的合作關係中，他第一次對你要求追蹤這項專案。你可能會把他的要求，解釋為對你地位的威脅。他不信任你嗎？他在檢查你的工作嗎？你的威脅反應可能會讓你說出對職涯有害的言論。請記住，邊緣系統一旦被激發，就會產生失誤的連結，並悲觀地思考。實際上，光是和老闆說話就會引起威脅。如果你是主管，只不過問下屬今天過得怎麼樣，可能就會給對方帶來很多超乎想像的情緒壓力。

在工作和生活中，許多爭論和衝突都是圍繞著地位問題打轉。你愈是能在地位威脅發生時，即時地將它們貼上標籤，就愈容易在現場重新評估，做出更適當的反應。針對地位問題，導演可以發揮很大的作用。不過，試著幫助他人釐清發生的事情時，用詞要小心，在會議上說，「那只是你的地位威脅在作怪」，並不是一個好主意。

啟動「好運連連」的神經科學

我最近採訪了一位曾經是倫敦皇家芭蕾舞團的國際芭蕾舞者，她告訴我，即使她隸屬世界一流的舞團，但身為眾多舞者的一員，她還是經常感到無聊和洩氣。然而，她轉到家鄉一個規模較小、較不為人知的舞團後，一切都改變了，現在她是首席女獨舞。她解釋說：「我終於是舞團中薪水最高的舞者，我是站在舞蹈室前面的人。當你站在舞蹈室的最前面，根本不會感到無聊。焦點在你身上，空間都是你的，你覺得自己處於頂峰。」

對靈長類動物群落的研究顯示，地位較高的猴子，不僅日常的皮質醇濃度能降低，而且更健康、壽命更長，可不是只有猴子是這樣。麥可．馬穆（Michael Marmot）在著作

《地位決定你的健康》（*The Status Syndrome*）中說明了，即使對照教育和收入因素，地位仍是人類壽命的重要決定因素。地位高不只是會讓人感覺良好，也帶來更大的獎勵。

不僅在你獲得較高的地位時，地位會讓你覺得有價值，在任何時候，哪怕是覺得自己的地位有一點點地提高，都會讓你覺得有價值。研究顯示，用語氣平淡的錄音對孩子說「好棒」，就能啟動他們的獎勵迴路，其效果不亞於一筆意外之財。即使提高一點點的地位，舉例來說，在牌局中擊敗某人，也會感覺很好。我們天生就會從幾乎一點點的地位增長，感受到獎勵。根據兩個重複出現的主題，世界上許多偉大的敘事作品（以及一些不那麼偉大的電視影集）的核心內容都是關於地位，這些故事要不是牽涉到平凡的人在做不平凡的事情（讓你希望有一天可以擁有更高的地位），就是不平凡的人在做平凡的事情（讓你希望，即使你可能是平凡的，但你基本上與地位高的人一樣）。甚至給你增加**希望**，你的地位有一天**可能**會上升，這似乎也能帶來獎勵。

地位提升是世界上最棒的感受之一。這時，多巴胺和血清素濃度升高（該物質與感到更快樂有關），而皮質醇濃度降低，象徵壓力降低。睪固酮濃度也會隨之上升，睪固酮可以幫助人們集中注意力，使他們感到強壯和自信，甚至可以提升性慾。

有了更多的多巴胺和其他「快樂的」神經化學物質，地位的提高會增加大腦中每小時產生的新連結數量。這意味著，與低地位的感覺相比，地位高的感覺可以幫助你處理更多資訊，包括更多的細微想法，而且花費的精力更少。隨著正面情緒的增加讓威脅反應減少，你的前額葉皮質就有足夠的資源，來幫助你進行多層次思考。這意味著，有了地位高的感覺，你就有更多的機會在你想要的時候，啟動你的導演。

地位較高的人更能按照自己的意願行事，他們擁有更多的控制權、更多的支援，以及更多的關注。處於地位高的狀態可以幫助你建立大腦所期望建立的連結，使你處於良性循環，朝向更正面的神經化學反應。這很可能就是「好運連連」的神經化學反應。

善用擊敗自己的快感

大腦在潛意識中似乎設法維持高人一等的地位。你可以找到使自己變得更聰明、更有趣、更健康、更富有、更正義、更有條理、更健美或更強壯的方法，來提升自己的地位，或者在幾乎隨意一件事上擊敗他人，關鍵是要找到一個你覺得自己「優於」他人的「利基」。

如果你錄下大多數組織每週制式的團隊會議，你可能會驚訝地發現，大部分會議內容是為了提高個人的地位，或者降低其他人的地位。這種普遍的爭吵，相當於企業版的手足競爭，在很大程度上是無意識發生的，浪費了全世界數十億人的認知資源。

持續的地位之爭還有其他壞處。儘管競爭可以使人們集中注意力，但在地位戰爭中總會有人失敗。這是一個零和遊戲，如果每個人都在爭取更高的地位，他們很可能會感到彼此較量，把其他人視為威脅。因此，爭奪地位可能會影響關聯感，這意味著人們無法好好合作。顯然，減少職場中的地位威脅大有幫助。

艾蜜莉在與柯林的通話中嘗試了一種可能的策略。當她發現柯林受到威脅，她試圖放下身段說：「你可知道，今天對我來說也不好過，我在這裡當老闆的頭幾週做得不是很好。」許多人會不知道為什麼，直覺地進行這種「降低自己地位」的舉動。如果你想與某人進行的對話可能會讓對方有威脅感，可以試著把自己的表現說得差一些，幫助對方安心。但艾蜜莉用這招來面對柯林，並不奏效，雖然這個方法有時候可能會有所幫助。在別人心目中，你被拉下高台，可能會降低他感到威脅的程度。

另一個管理地位的策略是幫助別人覺得自己的地位提高了，給別人正面的回饋，指出他們做得好的地方，使別人有地位提高的感覺，尤其在公開場合要這麼做。問題是，除非你有強大的導演，否則由於感覺到地位的相對變化，給別人正面的回饋可能會讓你覺得是一種威脅。這也許可以解釋，儘管員工普遍要求獲得更多正面的回饋，但與提出優點的做法相比，雇主的管理方式似乎偏好更安全的「欠缺模式」（deficit model），即指出人員的缺點、問題和績效落差。

這兩種策略——降低自己的地位、提高別人的地位，只能幫助其他人提高他們的地位，但實際上可能威脅到你的地位。因此，在這個問題上，你可以從哪裡激發自信、提高智力、提高業績，但又不傷害兒童、動物、同事或你自己呢？

到目前為止，我只找到一個好的（非藥物）答案，就是「與自己比賽」。為什麼改善你的高爾夫差點、提升你IG上的按讚次數，或提高你在電玩遊戲《魔獸世界》中的地位，感覺如此之好？在很大程度上，這是因為你提高了自己跟別人比較時的地位，而且是跟你熟悉的人比，那個人是以前的你。「當你感受到有他人存在，你的自我意識也會同時出現，這兩件事是一體兩面。」馬可．亞科波尼解釋說。由於考慮自己和其他人時，使用的是相同的迴路，因此你可以讓自己成為另一個人，善用「擊敗另一個人」的快感，又不會在過程中傷害到任何人。

想想艾蜜莉和她的新團隊，艾蜜莉以前地位和他們相等，現在成為他們的老闆，這一點已經讓他們感到不舒服了。如果艾蜜莉又打地位牌，試圖表現得比團隊成員更優越，那情況將很糟糕。但是，如果她努力提高自己的地位，專注於自己的技能，又不試圖把她的同伴給比下去，那麼她可能就不會給人那麼大的威脅。與自己比賽讓你有機會感到自己的地位不斷提高，又不會威脅到其他人。而且，如果你與他人分享自己的進步（和挑戰），也會增加彼此之間的關聯感。我有種預感，很多成功的人已經解決了這類問題，並經常與自己較勁。

要與自己競賽，你必須了解自己。這需要一位強大的導演，而當你專注於自己成長的過程，也可以建立更強大的導演。這是一個重要的觀點：與自己競賽，或許能提高自己的能力，捕捉到大腦運作中的活動。你可以練習在一些事情上做得更快，例如標籤化和重新評估、解讀別人的狀態，或在有必要時，培養安靜的心態。隨著你在這方面的技巧提高，你可以提升自己的地位，且不會危及其他人的地位。如果你與他人分享自己注意到的東西，還可以增加關聯感，甚至能增強你的導演。當然，你可以做出更棒的決策，在壓力下表現得更好，並與他人更合作無間。

SCARF模型：人際連結的科學

到目前為止，你可能注意到，最近幾個場景中討論的許多主要獎勵和威脅都有共同的特點，並且以多種方式互相牽連。例如，在倒楣的電話會議上，柯林經歷的不只是地位威脅，他還感受到不確定性、自主權下降和不公平的感覺。

編寫本書的數年來，我注意到一個令人驚訝的模式。我看到人類大腦會把五個領域的社會經驗，視同為攸關生存的問題。這些領域形成一個模型，我稱為ＳＣＡＲＦ®模型，代表地位（Status）、確定性（Certainty）、自主權（Autonomy）、關聯感（Relatedness）

和公平性（Fairness）。這個模型描述了對大腦重要的主要人際獎勵或威脅，了解這五個要素可以增強你的導演。同時，也替原本可能是無意識的體驗發展出專用術語，這樣你就可以即時捕捉到這些體驗。甚至更棒的是，透過更好的預測，提前避免強烈的威脅。

就像柯林在與艾蜜莉的通話中所面臨的挑戰一樣，生活中一些最強烈的情感反應涉及到SCARF元素的融合。想像一下，你的地位被公開、不公平地攻擊，而且攻擊方式是你不理解，也無能為力的。經歷過此類事件（例如，在工作中受到不公平對待，或被你認為是朋友的人在媒體上誣衊攻擊）的人發現，這些事件的痛苦可能需要數年才能恢復。二〇〇八年一項關於社交痛苦的研究發現，社交痛苦會在你重新想到時再次出現，身體痛苦則不會。至少從理論上講，讓某人手臂上出現瘀青作為懲罰，可能會比在公開場合抨擊他們的想法更「仁慈」。（當然，我的意思絕不是寬容肢體暴力，這裡只不過提出一個觀點。）

從好的方面來說，如果你找到同時增加SCARF各要素的方法，無論是在你自己身上，還是在別人身上，那麼你會擁有一個強大的工具，不僅可以讓你感覺很棒，還能改善自身表現。想一想，當你與某人互動，他能讓你注意到自己的優點（提高你的地位）、他對你的期望很明確（增加確定性）、讓你做決定（增加自主權）、與你在符合人情的層面上建立聯繫（增加關聯感），以及公平地對待你，你是什麼感覺。你會感到更平靜、更快樂、更有自信、更親密，且更聰明。你可以處理世上更豐富的資訊流，感覺就像世界變得更加廣闊。由於這種體驗非常好，因此你想花時間與對方在一起，並盡一切可能幫助他們。

雖然SCARF的所有要素都很重要，但在這個場景中，主要是地位的緣故使艾蜜莉的計畫陷入混亂。讓我們來看看，如果當初她了解人類保護自己地位感的強烈需求，事情會有多大的不同。

地位之戰，第二種情景

現在是下午四點，電話會議在一個多小時前結束，團隊混亂不堪。艾蜜莉嘗試做其他事情，但是她的腦海裡充斥著電話會議中未解決的問題。她想從這種情況中理出頭緒，就像大腦一直喜歡做的那樣，但她看到的都是停滯。在她的導演啟動之前，她花了幾分鐘刪除電子郵件和歸檔整理，意識到自己在躲避一通必須要打的電話。

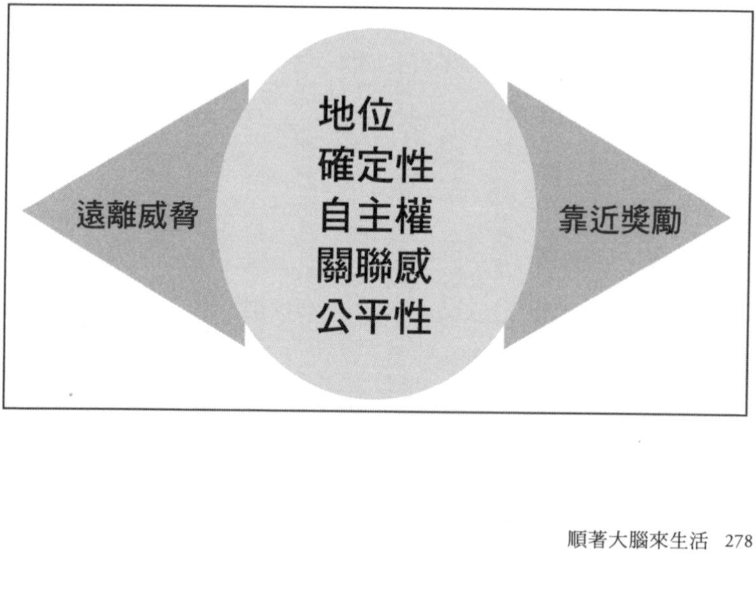

她打給柯林，但她心裡有個安靜的聲音，是相隔遙遠的連結，告訴她要等等，並做好準備，不過這個信號瞬間即逝。她對柯林惹惱莉莎這件事感到生氣，她的導演再次啟動，告訴她要停下來思考，至少在沒有挖掘出這個安靜的聲音之前，不要急於跳進這種情況。她被激怒了，知道自己需要一些幫助來平衡狀態，否則她會犯錯。她停下來，不打電話給柯林了，轉而打保羅公司的電話，找他幫忙。她告訴他，今天下午遇到很多困難。這時為情況貼上標籤有一點幫助，她要求他說說小孩的情況，改變她的注意力，這樣她也許可以進入正面的心態。

保羅描述了他與蜜雪兒的親子時間，艾蜜莉想像著她的催產素開始發揮作用，她的皮質醇濃度下降了。雖然是否有可能感覺到神經傳遞質的增加，這部分還沒有人研究，但這也不是重點：專注於期望你的平靜感增加，能讓你更平靜，這就是期望的力量。在談論孩子的事不過幾分鐘後，艾蜜莉就處於更加平靜和快樂的狀態。她有了一個洞見。她意識到，柯林的地位受到威脅，並且他和莉莎都困於要為這場活動「誰適任」而戰。她制定了一個計畫，跟保羅說謝謝，然後打電話給柯林。

「我就想是妳打來的。」柯林說。

「柯林，我犯了可怕的錯誤。我沒有把電話會議處理好，結果讓你必須在同事前忍受被貶低的感覺，那一定很糟糕，我很抱歉。這是我上任的頭兩個星期，但我還沒有上手。」

柯林大吃一驚，他準備好要戰鬥了，而這根本不是他對這通話的期望。他嘆了幾口氣，試圖改變自己的狀態。他還沒有說出個人感受，但是聽到艾蜜莉的那番話，減輕了他的焦慮。他現在知道，為什麼那通電話會議讓他如此憤怒了。

艾蜜莉感覺到，還需要說一些話才能把柯林從緊張的感覺拉回來，所以繼續說，「柯林，是我的錯，是我沒有把電話會議安排妥當。我應該先規畫好，讓大家先認識，而不是像那樣把焦點集中在你身上，讓你難堪。」

現在柯林要苛責艾蜜莉，就有失公允了。她已經承認自己做錯，讓自己的地位下降，並提高柯林的地位。儘管這對艾蜜莉來說似乎「不公平」，但因為她選擇了這個方式，她對自己的地位感是沒有問題的，一切在她的控制之中。她的工作是建立團隊，讓別人有最好的表現，而不是擔心自己的感受。

「是啊，我想我得原諒妳。」柯林用開玩笑的口氣說。隨著緊張氣氛的消退，他們都放鬆了，發出小小的嘆息聲。

柯林一直擔心電話會議後，會食下預期的惡果。但如今，這種負面期望創造的強大避凶狀態，已經被意外的獎勵所取代，也就是他的地位重新上升。這種互動帶來了良性的多巴胺、催產素和血清素的湧現，艾蜜莉和柯林現在感到彼此聯繫，並在電話上談論團隊和他們即將進行的專案。

在談論另一個專案時，柯林同意打電話給莉莎，向她道歉。他意識到自己的言論並不恰當，即使他平時的玩笑話在面對面的場合無傷大雅。等到他不再抵擋對自己身分的威脅後，要明白這一點並不難。

三十分鐘後，莉莎打電話給艾蜜莉。莉莎和柯林修補好關係，並計畫其他的活動。艾蜜莉高興的是，她了解在這種棘手的社交環境中，大腦對於管理地位感的強烈需求。事情原本會有很不同的發展，但是現在該回家與家人相處了。

大腦的特點

- 在工作和人生經歷中，地位是重要的行為驅動力。
- 地位提升的感覺，即使只是很小的程度，也會啟動你的獎勵迴路。
- 地位下降的感覺會啟動你的威脅迴路。
- 光是與老闆或地位較高的人講話，通常就會啟動地位威脅。
- 人們很注重保護和建立自己的地位，至少在組織中，人們對地位的在意程度可能超過SCARF模型中的其他元素。

- 沒有固定的地位等級，幾乎有無限的方法能讓人感覺比別人好。
- 每個人都試圖比別人地位更高時，關聯感就會下降。
- 由於人感知自己時，使用的迴路等同於感知他人的迴路，所以可以透過與自己競賽，來欺騙你的大腦，獲得地位獎勵。
- 與自己競賽可提高你的地位，又不會威脅到他人。
- 地位是五大社交領域之一，它們都是主要的獎勵或威脅，而SCARF模型就是由地位、確定性、自主權、關聯感和公平性所構成的。

請你試試看

- 要注意人們的地位是否受到威脅。
- 透過分享自己的本性或錯誤，降低自己的地位，從而減少對他人的地位威脅。
- 透過給人們正面的回饋來減少對他人的地位威脅。
- 找到與自己競賽的方法，並重視任何漸進的改進。事實上，一點點改善的感覺，就可以產生令人愉快和有益的獎勵。
- 與自己競賽，以增進對大腦的理解，是提高表現的有效方法。

第四幕

促進改變

若希望更有效地推動改變，
第一步可能是要練習更聰明地了解自己的內心世界。
而要做到這一點有個好方法，
就是了解更多有關自己大腦的資訊。

改變很難，促進他人改變更是難上加難。研究顯示，與以往的認知相比，我們對他人能產生較大的影響，但主導權卻較小。在最後一幕中，故事發生了一點轉折，不再只著眼於了解自己的大腦，而是如何運用你所學去改變他人，首先是一對一的改變，然後是在團體中帶來改變。

大腦會根據外在因素不斷變化，但也可以透過轉移人們的注意力來改變大腦。因此，把其他人的焦點從威脅狀態，轉移到你希望他們注意的東西上，是創造真正變化的主要挑戰。

在第四幕中，保羅了解到為什麼讓另一個人去做自己想做的事會如此艱難，並發現了更快、更輕鬆的方法來提高別人的表現。後來，艾蜜莉和保羅回到家，發現改變團體互動方式的困難，並學習新的方法，在涵蓋領域更廣泛的文化中創造改變。

第13景 荒腔走板的溝通

現在是下午四點半，保羅收到艾瑞克的電子郵件，這位是與他合作進行學校專案的承包商。艾瑞克寫信說，專案的進度落後，校長很不高興。保羅寫了一封電子郵件，然後決定改打電話給他，因為他想起今天稍早的時候，從奈德身上學到的經驗。

艾瑞克一接起電話，就產生了防禦心。這只是他與保羅的第二個專案，他想要有好的表現。他解釋說，這個專案超出了預算，比截止日期晚了四個星期仍未完成，可是這全都是因為客戶不斷提出惱人的變更。艾瑞克夾在地位受到威脅和不確定保羅可能說些什麼話的情況，他的邊緣系統處於高強度的運作狀態。

保羅也不是處於最好的狀態，他在一個有數百名家長的社群中，聲譽面臨危險，這對他的地位產生了強烈的威脅。想到要面對校長，深藏在保羅邊緣系統的記憶、幾十年前闖禍要去見校長的情景再次浮現。保羅有股衝動，想要在電話上劈頭就對艾瑞克大嚷大叫，但他知道憤怒只會使事情變得更糟。

「那麼，為什麼會出錯？問題出在哪裡？」保羅問道，試圖抑制自己的情緒。

「聽好，這不是我的錯。」艾瑞克回答，「客戶一直在中途更改設計規格，每次他們這樣做，我們都要做更多的工作。如果他們不知道自己想要什麼，我也無能為力。」

「艾瑞克，這樣吧……」保羅停頓一下，思考如何用最好的方式給艾瑞克一些回饋，他記得一本書裡講到「三明治回饋法」（feedback sandwich），嘗試從正面的事情開始，稍微軟化這些回饋，「艾瑞克，你在我們合作的第一個專案上做得很棒，但是這次的專案有點混亂。我相信你會再次把工作做好，但是這裡確實有個問題……」

艾瑞克打斷了他的話，「你是說，這是我的錯嗎？你知道客戶更改了設計規格。事情發生的時候，你也在場。」他因為憤怒而拉高音量。儘管保羅說了幾句肯定的話，但艾瑞克的邊緣系統已準備好要戰鬥。除了地位威脅之外，艾瑞克還覺得保羅不公平。

保羅感覺自己的怒火漸漸升高。如果當初他想清楚了，他可能不會給艾瑞克意見，而現在情況變得更糟了。這是談話中的轉捩點：如果保羅現在讓自己情緒激動，就會爆發一場冗長的爭論，這是他們合作的幾個月以來第三次口角。他停頓了一會兒，讓他的導演觀察現場，尋找其他途徑。經過一番努力，保羅設法重新評估，重點在於艾瑞克還是個新顧問，容易犯許多人會犯的錯誤。假以時日，他依然會是好的合作夥伴。這種重新評估有助於平息保羅的怒火。同樣的，艾瑞克的鏡像神經元接收到情緒變化，他現在也感覺更冷靜了。

保羅思考了他可以採取的不同方法，提供直接回饋是行不通的。他決定嘗試提供更多的幫助，與艾瑞克一起研究問題的原因。

「聽著。」保羅放慢語速，使艾瑞克平靜下來，「我不是來找你麻煩的，我相信你已經盡力了。」

「我很感激，謝謝。」艾瑞克從緊張的狀態再恢復一點。

保羅繼續說道：「讓我們從邏輯上來討論，並把事情分割，一步一步來。你認為為什麼會出錯？」

艾瑞克解釋了過去幾週的事件細節，最後衝突的最高點是今天學校校長打來的憤怒電話。他們花了超過四十五分鐘，從各個角度討論這個專案，感覺就像在泥濘中跋涉，但是保羅想不出其他辦法來找問題的根源。最終，重複檢討問題四次之後，他們決定同意，這次是「正常的」問題，只不過是發生在新客戶身上。雖然這個「解決方案」算是種重新評估，有助於把問題擺到一邊，但並沒有提出該如何回應校長。保羅不耐煩了，決定提出解決方案。他建議艾瑞克回電給校長，再討論一遍原來的設計規格。艾瑞克拒絕了這個辦法，並開始另一場爭論。二十分鐘後，艾瑞克同意自己再好好思考這個問題。

保羅認為他知道答案是什麼：與客戶簽訂新合約。如果他能說服艾瑞克相信他的觀點就好了。這次的談話到現在已耗時一個多小時，而原本應該只須十分鐘。保羅在想，與別人合作是否值得付出這樣的痛苦和精力。

簡而言之，這個複雜的情況是：保羅和艾瑞克正在進行的學校軟體專案已經走偏，保羅想幫助艾瑞克解決問題，但艾瑞克陷入停滯，保羅則因自己遭受威脅而生氣。接著，保羅嘗試了一個教科書寫的回饋技巧。這是個錯誤策略，特別是對於已經感到威脅的人來說。然後，保羅嘗試更「理性」的方法，試圖解決問題。這兩個人發現自己迷失在細節裡，繞著圈子打轉。保羅提出了解決方案，艾瑞克想都沒想就拒絕了。

保羅放棄提供回饋之後，改採合乎邏輯的方法，來幫助他人解決問題。他試圖了解艾瑞克問題的根源，然後提出建議，我稱之為幫助人們的**預設**方法。保羅沒有意識到，這種預設方法對於解決人類問題效率不彰，甚至會有令人不樂見的副作用。雖然保羅擅長替軟體除錯，但他需要改變自己的大腦，才更能提高其他人的表現。

回饋牌砒霜三明治

提供他人回饋通常是人們促進改變的第一個策略。然而，令人驚訝的是，提供回饋很少是創造真正改變的正確方法。儘管有許多提高回饋成效的「技巧」，但人們卻忽略了這種方法的基本實況：在大多數情況下，回饋對人們構成了強大的威脅。比如，「讓我告訴你別人是怎麼說你的」這句話，是讓某人極度焦慮的最快、最簡單也最實在的方式。

保羅第一次試著幫助艾瑞克時，用「禮貌」的方式提供回饋：他說了好話，然後攻擊艾瑞克的地位，然後又說了好話。在我看來，這就像「砒霜三明治」：上下層的麵包可能使這頓飯看起來更可口，但仍然會害死你。

過去十年來，全世界的組織都以年度「績效考核」的形式，強制要求回饋。邁可・莫里森（Mike Morrison）在擔任洛杉磯豐田大學（Toyota University）院長時曾評論說，年度績效考核「基本上只不過是每年把績效拉低六天：有三天人員要來替考績做準備，另外三天要從考績中恢復過來。」績效考核培訓手冊告訴管理人員要給予「建設性考績回饋」。「建設性考績回饋」的問題在於，就像狼在田野上嗅著食物一樣，即使是細微的地位威脅，也會被我們根深柢固的社交大腦無意識地接收到，不管措辭多好聽。儘管你想把它變成「建設性的」，回饋仍會造成極大的衝擊。其結果是，大多數回饋對話都圍繞著人們要為自己辯護。一定有更好的方法來促進他人改變。

問題背後的問題

回饋無效時，保羅的「更好方法」是深入尋找問題的原因，他想變得理性。這種解決問題的推論方法適用於生活的許多領域，例如找出汽車為何過熱，或軟體故障的原因。但汽車和軟體是線性的系統，而工作問題，就像一般企業和民眾，往往是複雜和不斷變化的。

想像一下，你在一個新城市裡，必須在下午兩點之前趕到機場，才能飛到其他地方參加客戶會議。你計畫搭乘計程車去機場，但不確定何時要離開飯店。在這種情況，你的舞台上同時有三個想法：「下午兩點到機場」、「離開這座城市」和「坐計程車」。從某方面來說，你在這三個想法之間製造了缺口，然後看看出現什麼資訊來填補缺口。假設你得到的答案是「下午一點離開」，你已經使用演繹推理來解決外部問題，這對線性的情況是非常有用的人類預設方法。到目前為止，一切都很好。

現在是下午一點，你試著要叫計程車，這時開始下雨。十分鐘後，還是沒有計程車。

你開始擔心會錯過航班，但現在要去搭公車或地鐵都太晚了。你氣自己，並在舞台上提出三個新問題：你怎麼沒想到要查一下天氣？你怎麼沒想到問別人去機場的事？你怎麼做事這麼沒有條理？你填補這些問題之間的缺口，以找到完成這個迴路的資訊。這樣做的時候，你的內側前額葉皮質會啟動，因為你回頭掃視海馬迴中的記憶。以這種方式把注意力向內集中，使你回憶起最近幾個壓力情況，把相關的壓力重新帶回腦海中。你問自己的問題改變了你的系統狀態。你判定，問題出在你最近承受的壓力比較大。在外界看來，你好像在做白日夢。有一輛計程車在幾公尺外的地方停下來，另一個人直接從商店出來，跳上車，身上幾乎沒有淋到一滴雨。你向司機大叫，另一輛空車的計程車掉頭就走，避免接到你這位在雨中對汽車大叫的瘋子。在你激動的狀態下，你打電話給客戶取消會議，抱怨這個城市的交通害你錯過航班，客戶可沒對你留下好印象。

在這個故事中，對自己採取推論式的解決方法，會產生非己所願的後果。想起問題……嗯，就會把問題帶入腦海。除非你謹慎地頂多把情緒標記成等級升高，不會老是在想這些情緒，否則把它們帶入腦海會增加邊緣系統的激發，使問題更難解決。「我感覺以十分來算，我的焦慮程度有八分」與「這場雨把我逼瘋了，我很狼狽，今天什麼都不順利。」這兩種說法的結果截然不同。畢竟，解決困難的問題牽涉到擺脫停滯。正如我們在第六景所學到的，這需要安靜、整體上是正面和開放的心態。而迷失在大量的過去經歷和細節中，完全不會使你的大腦安靜下來。

在計程車的故事中，雖然你確實建立了連結，但這些連結並沒有幫助你到達機場。而保羅和艾瑞克深入研究專案的細節時，也發生類似的事情。他們解決了問題，但這並沒有幫助他們實現真正的目標。這是解決問題的陷阱之一：解決任何問題都會釋放出一點多巴胺，使你想要更進一步突破問題。關鍵是要確保你解決正確的問題，這意味著**最有幫助**的問題，而不光是**最受到關注**的問題。

當你順著一條線索，深入到問題的根源，雖然一開始這條線索可能看似很重要，但你常常得到的結論是，「要做的工作太多」、「資金不足」或「沒有時間」。保羅和艾瑞克陷入了這樣的死胡同，認為問題只是「新客戶」的問題，只是有時候新客戶「碰巧」會遇到的問題。然而，這類型的答案很少有幫助，更糟糕的是，由於產生了惡性循環，這樣的答案使你疲憊不堪。而你建立的負面連結愈多，你的多巴胺就愈少，用於解決下一個問題的資源就愈少，導致你建立的負面連結愈多，不斷循環下去。在這種低能量的狀態下，所有事情看起來都很困難。你沒有採取行動的動力，因為你更會趨避風險。最後，你想要做的只是小睡一會兒。這裡需要的是一位強大的導演，以便在惡性循環主導情況之前，儘早逮住錯誤的思路。

如果以問題為焦點會如此徒勞無用，為什麼人們還經常這樣做？一個答案是，以問題為焦點的方法看起來「更安全」。請記住，大腦討厭不確定性。過去有很多確定性，未來則很少。回顧過去可能會讓你想小睡一下，但是在不確定的情況下找到答案，可能就像潛入深層而未知的海洋。

還有另一個原因，解釋人們為何如此普遍專注於問題。當你問自己或另一個人，要填補問題缺口的資訊從哪裡來？答案是，來自大腦中代表過去記憶的數十億條迴路。如果你不看過去，可以從哪裡找到要連接的迴路？大腦很少有關於未來的迴路。從概念上講，電脈衝更可能沿著現有路徑傳播，因為這比沿著尚不存在的路徑傳播相比，前者所需的能量更少。

啟動右腦，尋找解方

讓我們回到要去機場的假想挑戰。一旦開始下雨，另一條路徑可能會解決另一個不同的問題，也許是這樣的：「下雨了，沒有計程車。哪裡可以叫到計程車？」這個問題會使你注意外在世界，而不是內心世界。專注於外在世界，你會發現很多計程車都載了人，並察覺自己離地鐵站很近，計程車可能會在那裡讓人下車。你看到遠處有一輛計程車開向地鐵站，你是第一個走下人行道，朝著這輛車走過去的人。這是因為與「計程車開向地鐵」

有關的神經元，在預期中看到此事件而亮了起來，使你成為第一個注意到微妙信號的人。即使這些信號只是微小的變化，像是九十公尺外的計程車在雨中轉換車道，所以你注意到視線範圍的光線模式有所改變。

兩種計程車場景之間的差異在於一個關鍵的決定：專注於期望的結果（叫到計程車），而不是聚焦於過去。換言之，把注意力轉移到目標，而不是問題。

決定專注於結果，而不是問題，會以幾種方式影響大腦的功能。首先，專注於結果時，你會預示大腦來感知與結果相關的資訊（找到計程車），而不是注意與問題相關的資訊（無法到達機場），你不能同時尋找解決方案和問題。這就像試圖一次記住兩個很大的數字，並企圖同時把它們相加和相乘。你的演員一次只能演出一個場景，而且，如果需要的是解決方案，那麼預示你的大腦注意到與該解決方案相關的資訊會更有用。

尋找解決方案時，你會在周圍環境中廣泛地掃視線索，這會啟動更多的右腦區域，而不是鑽研那些啟動左腦的資訊。而且，啟動右腦有助於獲得洞見，這通常是解決複雜問題的方式。

專注於問題時，更有可能引發與問題相關的情緒，這會在大腦中產生更大的噪音，進而抑制洞見。另一方面，專注於解決方案會產生趨吉的狀態，因為你渴望某些東西。你正在尋找，而不是迴避，這會增加多巴胺濃度，對於洞見很有用。而且，如果你期望找到解決方案，這些正面的期望有助於釋放更多的多巴胺。

透過這些方式，專注於解決方案可以大大增加獲得洞見的可能性，甚至使你感到更快樂。但是，大腦並不會自然傾向於專注解決方案。解決方案通常未經測試，因此是不確定的，需要努力減輕不確定性帶來的威脅。為了專注於解決方案，有時候你需要啟動導演，不許把注意力轉移到問題上，然後輕輕地把你的大腦推向它不願意去的方向。因此，沒有強大導演的人（或者那些受到威脅反應，會把導演推開的人），自然會傾向更關注問題。

數百萬小時的白費心力

專注於解決方案還有另一個更微妙的挑戰。由於解決問題可能會讓人筋疲力盡，所以想節省精力，直接尋求解決方案，也是順理成章的。然而，這種策略的問題在於，人們試圖幫助他人解決問題時，往往最終只是一味地向他人提供一套解決方案。

保羅就是這樣，他直接提出解決校長問題的可能方案，然後艾瑞克不假思索地拒絕了。這裡問題的根源在於，是誰提出了解決方案。因為保羅的建議使他看起來更聰明，而艾瑞克則不那麼聰明。這會影響他們的相對地位，艾瑞克很可能會反對。保羅的回答愈好，艾瑞克抵抗的可能性就愈大，人真是奇怪。（當然，有些情況例外，例如你找不到密碼，或要找很基礎的資訊時，這時要你開口向人問，可能都顯得自己頭腦不夠好了，所以也無法再反駁別人說什麼。）此外，保羅的建議也威脅著艾瑞克的自主權，因為採納一條特定的路徑不再是艾瑞克的選擇了。

如果艾瑞克自己想出解決方案，那麼他的地位、自主感，甚至是確定性都會提高。他還可以從腦海形成新洞見的能量中，獲得很棒的活力。自己「啊哈，原來如此」的體驗，比別人說「啊不然勒」的體驗更令人振奮。此外，洞見帶來的正面活力，可能也有助於艾瑞克應付不同做事方法所隱含的不確定性。

儘管提供建議的效率不彰，人們還是急於提出解決方案，因為等待別人提出想法很費勁。首先，你必須抑制自己解決問題的欲望，這需要抑制，是耗費能量的過程。那種感覺就像盯著別人試圖想出填字謎題的線索，但你知道答案是什麼，這真的有點痛苦！你還必須抑制你的激發，因為你不確定對方會提出什麼解決方案，你現在可能會因為別人的選擇而缺乏自主權，以及如果對方想出一個你沒有的好主意，你的地位或許會受到威脅。

這很荒謬，因為幫助他人解決問題，看起來很費勁，但是全世界聰明的商業領袖花了數百萬小時，努力思考別人的問題，然而這些領袖思考得愈努力，別人就愈感到威脅，並忽視領袖提出的建議。一定會有更好的方法才對。

意見回饋再進化

以這個場景而言，更好方法的線索在於艾瑞克結束時的回應：他想結束通話，然後思考問題。艾瑞克不打算採取行動，除非他有符合自身想法的點子。在他目前過度激發的狀態下，他迅速拒絕了外在的想法。因為艾瑞克陷入停滯，保羅需要幫助他找到解決問題的洞見。如果保羅不能提出直接的建議，何不乾脆給艾瑞克一些可以思考的線索，也許能把很好的建議，用問問題的方式，給拋出來？

我們在第六景中提過史德蘭・歐爾森博士，他是芝加哥研究停滯的科學家。在一項研究中，歐爾森設計讓受試者陷入停滯的情況，然後要他們嘗試兩種技巧：第一是給予他們**不該**去想的東西的線索，以及給予他們**應該**去想的東西的線索。「這些策略的效果根本無關緊要。」歐爾森解釋說，他發現，一旦某人陷入停滯，告訴對方不要想什麼，往往只有五%的時候有幫助。而提供人們應該思考的線索，往往只有八%的時候有幫助。歐爾森表示，人類用來幫助彼此解決問題最常見的策略，包含：該做什麼或不該做什麼的建議，只是略有成效罷了。人們使用的另一種策略是深入研究問題，絕大多數的時候，這兩種方法構成了幫助其他人擺脫困境的預設方法。顯然，人類對幫助他人的直覺回應，成效一點也不高，需要重新想辦法。

保羅在這裡可以做些什麼？正如你在第六景中所學到的，當大腦處於特定狀態，就會有洞見。一旦人們全面而廣泛的思考，而不是專注於細節，就會產生洞見。洞見需要大腦保持安靜，也就是說，整體腦電波活動較不活躍時，有助於人們注意到微妙的內在信號。由於人們陷入停滯時，往往已經很焦慮，而焦慮通常會使人們的視野變得狹窄，大腦更加嘈雜，因此，減少人們的焦慮，並增加他們的正面情緒非常重要。換句話說，要把他們從避凶，轉向趨吉的狀態。而要做到這一點有個好方法，就是使用ＳＣＡＲＦ模型的元素。

你可以透過鼓勵對方，幫助他提高**地位感**；或者使隱含的問題更明確，例如澄清你的目標，來提高他的**確定感**；或者確保一個人做出決定和提出想法，而不只是聽從你的建議，來增加對方的**自主權**。

另一個有用的步驟，是幫助人們把問題簡化成盡可能少的文字，以減輕前額葉皮質的負擔，從而降低前額葉皮質整體的啟動情況。有時候，把問題簡化為簡短的句子，這件事本身就足以帶來洞見。

一旦其他人處於正確的心態，你也提出了陳述簡單的問題，那麼根據歐爾森的研究，你的工作就是幫助人們以安靜的方式進行反思。你希望人們向內觀看，但不必太拘泥於問題的細節。這是種微妙的技巧，但是一旦這種情況你看過幾次，很快就會搞懂。你的目標是促成一醒來時所擁有的心理狀態，這時你很容易把遙遠的想法給聯繫起來，而且會有微妙的想法浮現。

這時提出的問題，應該要人們從更高的層次上，把注意力集中在自己的心智歷程。正如馬克・畢曼在《神經領導力期刊》（*Neuroleadership Journal*）第一期中所說，你可以用「讓人更注意微妙連結的事情」，來增加洞見的機率。你希望人們專注於自己的微妙連結，而做到這一點的簡單方法，就是問關於微妙連結的事。

保羅原本可以問艾瑞克這樣的問題，例如：

- 如果你停下來，更深入地思考，你認為你知道需要做什麼來解決這個問題嗎？
- 在內心深處，你對解決方案有什麼隱約的預感？
- 你離解決方案有多近？
- 哪條通往解決方案的途徑是最好的？

我在上一本著作《沉靜領導六步法》中，提出了這種方法的更多例子和背景，不過原理很簡單：幫助他人注意自己思緒中微妙、高層次的連結，會使洞見更容易發生。雖然你不能控制洞見，但你可以對洞見發揮的影響力超出人們的認知。而你所做的是在別人身上促進ARIA模型（覺察、反思、洞見和行動），我在第六景中介紹過這個模型，這是突破停滯的方法。

這個技巧的一大優勢是，它隱含地說：「你有好點子，讓我們探索你的好點子是什麼，而不是去考慮我的點子。」進而提高了人們的地位。當你要求人們注意他們微妙的內在想法，你也在啟動他們的導演，這有助於減輕對方的整體激發感。

這些問題產生了一個全新可以跟循的線索，你不再去找以另一個人**問題**根源為形式的缺口，而是對方在尋找自己**思維過程中**的缺口。現在不是**你**在尋找問題，而是**他**在尋找自己思維過程中的缺口。你希望人們在進一步思考後，去發現說不通的假設或決定。

這種方法與通常發生在職場的情況大不相同。回饋的品質不良是各地員工最大的抱怨之一，這是新上任經理經常遭遇的不幸循環。首先，他們會提供很多回饋，認為同仁會對此感激。接著，他們發現同仁很容易受到回饋的威脅，並注意到爭論冗長和浪費時間，所以很快學會不給回饋，甚至避免回饋。然後，在某個時間點，他們出於績效考核或老闆的命令，被迫要提供回饋。因此，他們接下來的做法是含糊其詞，根本別講太多，避免威脅到別人。有一項研究顯示，回饋沒有任何作用，或往往幫倒忙。大腦研究不只解釋了這種循環發生的原因，而且還說明可能效果更好的新方法。

對於保羅來說，要採取新方法，他就必須啟動他的導演，以抑制注意力跑到問題上面，或避免直接提出解決方案。如果你不練習抑制自己解決他人問題的欲望，也就是你的預設方法，那麼很容易在人們保護自己地位的驅使下，浪費時間進行不必要的討論。如果你的目標是幫助他人提高效率，有時候為了能有最快的進展，就必須自己踩剎車。

用陌生人的眼光看自己

讓其他人找到自己的解決方案，這種想法不光是與管理專案有關。人們在各種情況下，試圖保護自己的地位，因而浪費了龐大的資源。「根據我的經驗，大學裡每五十個人中就有一名優秀的作家。」利伯曼解釋說，「我跟同學申明，我不對學生寫的論文草稿來評分。我評分的依據是，他們有沒有成功地評論自己的文章。我建立了一套激勵機制，讓他們能夠成功攻擊自己的文章。他們這方面做得愈好，他們在課堂上的表現就愈好。」

審視自己的作品時，有一種誘因讓你相信自己作品是好的，因為你不想在別人面前看起來不好。例如，艾瑞克堅信，他在學校專案上沒有做錯任何事情，特別是保羅認為他可能做錯事情的時候。艾瑞克本著保護自己地位的想法，來審視自己的思維，他所看到的，是所有他做對的事情，他的大腦只準備好注意到他做對了什麼。

利伯曼在傳統的激勵結構上，耍了一點心機。他根據學生先前自我評論納入文章的程度，以及他們的改進程度，來對學生的作品評分。他把人們的地位感與他們可以改變的程度連結起來。如此一來，他們的地位與提出批評的那一方有關（也就是他們自己），而不是受到別人的批評。這就像受虐狂一樣，你對毆打自己感覺良好（我這裡是在比喻）。利伯曼解釋了這所產生的極大影響，「我的學生說：『我用完全不同的眼光來看我的論文，我終於可以把自己的論文，當作別人的論文來讀了。你會看到所有錯誤在你面前一覽無遺。』」在讀別人的文章時，所有的錯誤是那麼清楚。但從自己的文章中，通常很難看到自身錯誤。這可能也解釋了，為什麼在寫作和校對當中留出空檔，寫作這件事會變得更容易：你忘記了這些字是你寫的，因此可以用陌生人的眼光，看出你草率的句子，因為陌生人不會盤算著要保護品質糟糕的文章。

利伯曼已證明，從理論上來講，人們有能力提供自己回饋，尤其是在地位不受威脅的情況下。而且，如果善用地位，甚至更有辦法做到。但是，地位本身並不是改變過程中的有效因素。相反的，利伯曼讓人們啟動自己的導演，把地位當成是這樣做的獎勵。

你愈能幫助人們找到自己的洞見，就愈容易幫助他人提高工作效率，即使有人在重要專案上的表現失常。幫助別人獲得洞見，意味著放棄「建設性考績回饋」，取而代之的是「促進正面的改變」。與其考慮別人的問題，並給予回饋或提出建議，其實如果你考慮別人的思維方式，並幫助別人更好地思考他們自己的想法，那麼在許多情況下，可以更快地促進改變。但是，放棄預設的解決問題方法，必須與大腦想要的方式背道而馳，這需要強大的導演。為了最有效地使他人獲得洞見，你的目標是啟動他人的導演。

考慮到上述事情，現在的問題是，如果保羅理解，並運用了本章中的所有觀點，他會採取什麼不同的做法，結果又會如何。讓我們來看看吧。

荒腔走板的溝通，第二種情景

現在是下午四點半，保羅收到艾瑞克的電子郵件，學校專案已經失控了。保羅寫了一封電子郵件，然後決定改打電話給艾瑞克。艾瑞克一開口，防禦心就很重，因為他的地位受到威脅。由於事關重大，保羅的直接反應是生氣，儘管他設法壓制這種反應。

保羅問：「那麼，為什麼會出錯？問題出在哪裡？」就在他說這句話的時候，他記得他注意到類似情況下有種模式：專注於解決方案，往往比聚焦於問題，更能帶來好的結果。他把問題轉了個方向，「你知道嗎，不用擔心問題出在哪裡，那沒有什麼用，我相信你已經盡力了。讓我們來想想，我們倆能做什麼來挽救局面。我不會為難你的，讓我們一起處理這件事，好嗎？」

艾瑞克嘆了一口氣，原本以為要為自己辯護，但保羅的正面態度讓他解除心防。然而，他仍然過度激發，無法清晰地思考。他說：「我不知道該怎麼辦，我能想到的，就是客戶提出的所有變更。」艾瑞克看到的問題，已經深深地促發他的心理，抑制了其他思考方式。

保羅認為他以前見過這種情況，並直接提出解決方案。

「為什麼不回去請客戶重新修正合約？在這種情況下，我會這樣做。」保羅說。

「我不能這麼做。」艾瑞克回答。

「為什麼不能？」

「你不明白。這是一個大專案，跟我接洽的人真的很生氣。」

艾瑞克又在為自己辯護。保羅停下來，思考了一下，意識到自己不小心建立了連結，而不是幫助艾瑞克建立連結。他需要退後一步，幫助艾瑞克來思考。

「我可以問你幾個問題，看看我是否可以幫助你解決問題嗎？」保羅說。

「當然可以。」艾瑞克回答。要求別人的許可，讓他們擴展自己的思緒，可以使對方提高地位感和自主權，從而產生良好的正面感受。

保羅猶豫了一下，抑制了他的注意力原本要飄去的幾個方向，他本來想提出建議，或專注於這個問題。然後，他突然想通某事，接著開始說。

「用一句話告訴我，你在這裡的目標是什麼。」

艾瑞克思考了一會兒，啟動了獲得洞見最合適的迴路，然後他明白到什麼東西似的。在電話的另一端，艾瑞克的眼神開始發亮，因為形成了新的連結。

「我認為，這次的主要挑戰，是要知道怎樣讓校長再次滿意。」

「到目前為止，你嘗試了多少種不同的策略，來解決這個問題？」

艾瑞克被這個問題問倒了，他陷入思考。想了一會兒後，他回答：「嗯，我還沒有真正嘗試過什麼策略，但是我有幾個想法，可能三或四個。我猜想，這些想法似乎方向都差不多。」艾瑞克邊觀察自己的思維過程，眼睛也跟著往上看。他正在探究自己的思緒，不是鑽研專案的細節，而是研究停滯之間的連結，他的右腦開始活躍起來。

「你認為還有哪些方向值得嘗試？」保羅問。

「我不知道，我猜校長真的很生氣，因為沒有達到他的期望。我們現在無能為力，除了……」在那一刻，艾瑞克有了重要的洞見，他以完全不同的方式看待事物，這種洞見釋放出的能量，使他產生正面的心理狀態，就像他腦海中的風暴在消散一樣。

「也許我需要回到設計規格上，設計出新的期望規格。」他繼續說，「或許，除了這個答案之外，沒有其他答案了。有可能我們對合約不夠謹慎。」他發出一聲嘆息。擁有這種洞見，意味著自己可能是「錯的」。然而，人們感到強烈的威脅時，很難承認這一點。有了這份洞見，艾瑞克已經決定要做什麼，保羅也可以放鬆，尤其他花不到十分鐘，就完成了苦差事。艾瑞克回去做他該做的事情，專案現在應該重回正軌了，保羅也不必像過去那樣爭論事情。此刻，保羅有了額外的時間，和鏡像模仿艾瑞克所獲得的正面心態，他發現自己正在思考明天的計畫，以及如何把自己的一天安排到最好。很快的，他聽到車庫門打開了，該是家人團聚的時候了。

總而言之，試圖改變別人的想法，是世界上最困難的任務之一。雖然輕鬆的解決之道是給人們回饋，但人們有了以前沒有的視角後，真正的改變才會發生。而要幫助某人看到新奇事物，最好的方法是讓對方的心思安靜下來，以利他產生洞見。有了洞見，就可以改變大腦；改變大腦，就可以改變整個世界。

大腦的特點

- 提供回饋通常會產生強烈的威脅反應，這無助於人們提高成效。
- 以解決「問題」為導向的做法，可能不是最有效的治本之道。
- 提供建議通常會浪費大量時間。

- 讓人們獲得自己的洞見，是使人們快速回到正軌的方法。

請你試試看

- 請制止自己去提供回饋、解決問題，或提供解決方案。
- 讓人們專注於微妙的內在想法，來幫助他們思考自身思緒，但不要涉及太多細節。
- 想辦法體現出人們給自己回饋的價值。獎勵他們啟動自己的導演。

第14景
決定性的轉變

現在是晚上六點，艾蜜莉快速地走向前門，她的電子信箱收件夾塞滿了晚餐後要做的工作。她記得幾年前走向這扇門的時候，聽到的是小孩搖搖晃晃的腳步聲來迎接她。她努力要打開門，有那麼一瞬間，她感覺到當年同樣的正向神經化學物質在腦中快速流動。

艾蜜莉走進屋子，蜜雪兒在沙發上戴著耳機，閉著眼睛，以每分鐘一百三十次的頻率晃動著頭腦。對成年人的大腦來說，聆聽穿插著輕微變化、重複規律的噪聲略微愉悅。然而，對於容易因微小神經化學變化而興奮的青少年大腦，這樣的規律可以讓人完全沉醉。

「嗨，媽媽。」喬許看著電視，頭也沒抬地說。

艾蜜莉的多巴胺濃度隨著現實情況而崩潰，她無意識的期望落空。

「請你們做點有用的事，好嗎？」她大聲喊道，突然關掉了電視。在空腹的情況下，她無法抑制自己愈來愈強烈的激發感。喬許大叫，但看到媽媽臉上的表情後，他決定保持安靜。蜜雪兒完全沒察覺艾蜜莉的存在，直到她感覺到耳機被扯下來，並看到憤怒的媽媽面對著她鼻子只有幾公分之遠。突如其來的變化所帶來的衝擊讓人難以承受。在不到一秒鐘內，蜜雪兒的大腦操縱了她的聲帶，使吐氣時發出的聲音變成了最適合這種突然激發的字眼。[1]蜜雪兒在根本不知道自己說了這種話之前，就喊出了這個家以前從未聽過的粗話。

艾蜜莉不滿意家人彼此之間的溝通方式，已經有一段時間了，但是她之前一直壓制著這種想法，直到現在，蜜雪兒的髒話是最後一根稻草。今晚，艾蜜莉準備好直接解決這種情況，並改變家人的溝通方式。

一個小時後，在大家分開一段時間冷靜過後，晚餐擺上了餐桌，是外送到府的中式料理。

「我想今晚開個家庭會議。」艾蜜莉宣布，壓抑了一個小時的情緒已經累積起來，孩子感覺到不妙。

「媽媽，不要，去年我們就開過一次。」喬許抱怨道，試圖表現得逗趣。喬許在談論感情時，會有強烈的威脅反應。最近，他和朋友看了一些恐怖電影，這就像古代集體儀式的現代版本，古代成年男子會練習情緒調節，來替狩獵做準備。喬許現在看的是他一年前

1 這裡是指英文吐氣子音F開頭的髒字。

不敢看的電影場景，但他仍然無法面對與真實人類的情感對話。他閉口不言，試圖壓抑自己的情緒，因為表達出來顯得沒有男子氣概，而重新評估也感覺不「真實」。喬許情願像他的父親一樣，不外露自己的情緒。

艾蜜莉知道這並不容易，因此嘗試提出堅定的理由，她開始說：「我和你爸爸談過了，我們想做些改變。現在該是時候考慮一下我們之間的相處方式了，這個家似乎沒有交流，我想設定一個我們可以共同努力的目標。」

「喔，媽媽……」兩個孩子幾乎異口同聲地說。

「我希望我們更像一個家庭，多談談每個人的情況，少吵架。你們願意把這個當作目標嗎？我保證，如果我們能夠和睦相處，更像一個家庭，那麼今年我們會去過一個很棒的假期。」

「好啊，媽媽，這很好。」喬許說。

「好啦，隨妳便。」蜜雪兒幾乎沒有抬起頭。

艾蜜莉覺得說出來感覺好多了，這個想法已經圍繞心頭好幾個月，是她工作佇列中的一個事項，占用她的舞台空間，打斷了其他想法。

十分鐘後，自從艾蜜莉大吐苦水以來，蜜雪兒和喬許幾乎沒有說過一句話，他們吃完最後一口的晚飯，就馬上離開餐桌，回到自己的房間與朋友聯繫。他們從樓梯上面大喊

「再見」，甚至沒有對晚餐表示感謝。毫無疑問的，媽媽很煩這個主題將在他們晚上發出的訊息和貼文中出現。

艾蜜莉有預感，這次討論不會成為改變孩子的最後一次談話，但她仍然感到驚訝，他們沒有把談話放在心上。這是她第三次試著使家裡的情況變得不同，但似乎沒有什麼效果。她想知道，是否有可能讓孩子做出任何改變。她試圖想像有什麼獎勵措施能對他們起作用。或者，如果他們不改變，她可能需要考慮某種懲罰。

保羅和艾蜜莉在清理房子的一個半小時裡，討論了很久。他們沒有得到任何解決方案，只是徒增疲憊感。唯一正面的事情是，他們把所有東西物歸原位，從中獲得了些許獎勵感。這是因為確定性微妙地提高，釋放出一點多巴胺。艾蜜莉關掉了廚房的燈，向孩子們大喊晚安，走去書房繼續趕工，保羅則在看電影。

現在是午夜了，艾蜜莉查看孩子們的情況，在浴室梳洗一番，然後倒在床上，試圖不吵醒保羅，他們辛苦的一天終於結束了。

正如我們在上一個場景中學到，促進他人改變並不容易。那麼，同時要促進幾個人，甚至更多人改變呢？即使你有強烈的欲望，有時候卻似乎難以做到。

艾蜜莉和保羅不知道的是，他們創造改變的模式需要更新。他們試圖哄騙孩子的舉動，可能在他們還是小小孩時會有效，但是現在需要更複雜的技巧。艾蜜莉和保羅想在改變周遭人的互動方式上，做得更好。他們需要改變自己的頭腦，以更有效地創造改變，不只是在一個人身上創造改變，而是在一群不同的人身上創造改變。他們需要學習如何改變文化。

用鐵鎚來修理手錶：粗劣的改變技巧

要改變自己的行為很難。研究發現，在接受心臟手術的人當中，只有九分之一的人能夠改變自己的生活方式，讓自己變得更加健康。而且，這些人還有最重要的「動機」是可能會死。改變別人的行為則更加困難，而要改變一群人的行為……嗯，有時候幾乎是不可能的。儘管這個場景的重點是家裡的情況，但其中的概念和其他的情況也全盤相關，包括所有類型的工作情況。

艾蜜莉和保羅的問題，部分原因出在他們使用相當粗糙的工具來改變行為，即所謂「軟硬兼施」的方法，就像試圖用鐵鎚來修理手錶一樣。在這種情況下，如果孩子們能好好溝通，艾蜜莉會帶他們去度假。雖然這樣沒有打破什麼規矩，但也沒帶來什麼改變。

軟硬兼施的方法借鑑了一九三〇年代出現的行為主義，這個領域建立在巴夫洛夫著名的「制約反應」概念之上：狗把鈴鐺聲和食物聯繫起來，很快就學會了只聽到鈴聲就流口水。許多行為主義者的技巧對動物很有效，並且仍然受到廣泛使用，例如訓練警犬。

行為評量法當然也適用於幼兒，只是使用不同類型的獎勵和懲罰。對孩子有一種令人驚訝的有效懲罰是「罰站」，即要孩子站在角落旁。從這本書的見解中，也許你會明白為什麼這很有效：因為孩子經歷了地位和關聯感的下降。

行為主義者把他們的觀察結果籠統含括到每個人，從那時起，這種方法已成為思考整個社會動機的主流方式。問題是，軟硬兼施的方法不適用於成年人。因為成年人可以辨識出有人提供好處，是為了想改變他們，這樣他們會把對方視為威脅。或者，成年人意識到即將受到懲罰，可能會先發制人，發起攻擊，使懲罰者的地位受到攻擊。現在你有了一場針鋒相對的口水戰，但沒有改變任何行為。

然而，如果行為主義的效果不好，為什麼這種模式仍然存在？其中一個原因，是這個模式簡單容易，吸引人使用。（此外，行為主義還有一名開山始祖後來跑去當廣告界的主管了。）[2]只須記住兩個概念，行為主義就顯得不可抗拒地「可靠」了。

2 這邊指的是心理學家約翰．華生（John Waston），其提倡一切行為都是獎賞和懲罰的結果。之後，華生轉向了廣告業，並在廣告中應用心理學。

讓大腦改變的注意力老頭

我們正處於改變一個新理論框架的開端，借鑑的是大腦科學的知識。這個框架的核心思想是，讓大腦改變的是**注意力**。換言之，創造改變的不是軟硬兼施的方法，而是這種方法不時能做到的事：以正確的方式吸引人們的注意力。注意力到底如何改變大腦，仍是大家爭論的話題。但是，大腦科學某些方面大多沒有爭議，我把焦點放在介紹這些事情上。

在靜止狀態下，大腦是嘈雜和混亂的，就像管弦樂團在熱身準備，聲音刺耳。而密切注意某事時，就像把管弦樂團集合起來演奏一首樂曲。現在，許多神經科學家認為，注意力會同步化（synchrony），即大腦協調一致，並以一個整體來工作。同步化是個專業術語，意味著不同的神經元在同一時間以相似的方式放電。

管弦樂團一起演奏是很好的注意力比喻，因為在這兩種情況下，都有單獨的單位與其他單位同步做事情。而密切注意某事時，大腦中的不同地圖會開始一起工作，相互模仿，從而形成整體的模式。麻省理工學院的羅伯特．戴西蒙教授研究神經的同步化情形，他認為，注意到刺激幾乎會動用大腦的所有區域。英屬哥倫比亞大學（University of British Columbia）的勞倫斯．沃德（Lawrence Ward）和其他四位科學家在二〇〇六年的研究發現，神經的同步化情形在大腦功能模組的整合中，扮演著重要作用，甚至發現神經的同步化情形受到大腦嘈雜程度的影響。這與第二幕的所有情況相關，神經元活動過多時，無法集中注意力，例如由於感受到威脅而引起的過度激發。

因此，在密切注意時，許多大腦區域會連接成較大的迴路，以完成特定的任務。隨著它們形成更大的迴路，大腦經常出現 γ 腦電波，這是腦電波活動中頻率最快的一種。某些學界認為這是「結合」的頻率，因為它與連接不同的大腦區域相關。（這與洞見發生時的腦波相同。）

如果不同的迴路同步放電，就會引發海伯法則（Hebb's Law），表示「同步放電的神經元會連結在一起。」綜上所述，你就會得到一個解釋，即密切注意某個想法、活動或經驗，有助於在大腦中創造記得住、連結在一起，有時候甚至永遠連在一起的網路。

注意力是改變大腦的有效因素，這種觀念得到了「神經可塑性」（neuroplasticity）的大量研究支持，這是關於大腦變化情況的研究。一九七〇年代末期的研究人員最初試圖了解，為什麼大腦在事故或疾病後似乎會發生變化。在當時，這違背了既有的大腦理論，所以是個有爭議的研究領域。幾十年來，這個想法在科學界變得愈來愈被人們接受，並且出現了更深入的研究。自那時以後，對中風患者的研究顯示，重新使用手臂需要把注意力密切集中在康復活動上，不只是光做動作就好，而對猴子的研究也有類似的發現。

精神病研究學家傑佛瑞．史瓦茲博士進行的研究顯示，改變注意的方式不僅可以在幾個月內、甚至在幾週內，就能改變大腦的迴路，明顯到足以在大腦掃描中顯示出來。傑佛瑞在我們見面時，一次又一次地對我說：「是注意力在發揮作用。」史瓦茲與著名量子物理學家亨利．斯塔普（Henry P. Stapp）和神經科學家馬力歐．柏勒加德（Mario Beauregard）合作，在〈神經科學與心理學中的量子物理學〉（Quantum Physics in Neuroscience and Psychology）論文中，逐步解釋，一起放電的細胞會連結在一起的物理學情形。史瓦茲解釋說：「在物質世界中，單單是觀察的行為就會產生差異。」

諾曼．多吉教授（Norman Doidge）撰寫了暢銷書《改變是大腦的天性》（*The Brain That Changes Itself*），他認為神經可塑性可以在更短的時間內發生。二〇〇八年在澳洲雪梨舉行的神經領導力峰會（NeuroLeadership Summit）上，多吉解釋了給人戴上眼罩後，幾分鐘內這個人的聽覺皮質的變化情形，而會發生變化是因為聽覺皮質這時被迫要注意。如果夠用心，把精神集中在刺激上，似乎注意力可以迅速改變大腦。只是注意力往往不容易轉移到一個地方，並停留在那裡。例如，學習新語言是相對容易的，只是你必須停止注意你目前的語言，來創造新迴路。這就是為什麼搬到法國是學習說法語最快的方法，因為你的注意力被迫整天都在說法語。

大腦是易變的。實際上，它一直以令人咋舌的程度在變化，而且會根據周圍的光線、天氣、你吃的東西、你交談的對象、你的坐姿，甚至是你的穿著而改變。大腦的黏稠性就像卡士達醬變化無窮，它的構造更像是森林而不是電腦，它總是生氣勃勃在沙沙作響，不斷變化。研究顯示，你現在抬起手指的神經元，甚至可能與兩週前用的神經元不一樣。大腦樂於變化，就好像隨遇而安的自由球員，而注意力才是暴躁的老頭子。

要改變大腦並不難，你只需要付出足夠的努力，以新的方式集中注意力。就像做出人生選擇時，例如，你年輕時選擇學習鋼琴，你的大腦會發生大規模的變化。你有讓注意力集中的體制，比如要通過音樂考試，讓你的朋友刮目相看。但是，正如多吉和其他人所指出的，你的大腦也可以用更微妙的方式改變，而且所花費的時間更短，甚至是在轉瞬間就可以改變。

史瓦茲認為，改變注意力，就是在促進「自主的神經可塑性」，等於在重新調整自己的大腦。導演不僅有益於身體健康，而且對於提高工作效率也很重要，它還是長期塑造大腦的關鍵因素。

綜上所述，無論是在家裡，還是在職場，要改變文化，只要用新的方式，讓其他人的注意力集中得夠久就行了。這一點完全正確，但也非常困難。就像艾蜜莉要求孩子改變自己的行為時，他們注意到了，但不是注意到她的改善溝通目標，而是頭腦中響起的警報信號。當你感覺到有人試圖改變你，往往會產生自動的威脅反應，這與不確定性、地位和自主權有關。正如邱吉爾曾經說過：「我熱愛學習，但我討厭被教。」如果因為別人而改變，通常被視為威脅，那就能引申出以下的觀點：真正的改變發生時，可能是因為這個人選擇改變自己的大腦。自主的神經可塑性，即由導演監督和調整個人的表現，可能是改變的真正核心。

那麼，你如何大規模地「促進自主的神經可塑性」？這種變化似乎包含三個關鍵部分。首先，你需要創造一個安全的環境，把威脅反應降至最小。其次，你需要以恰當的方式，幫助其他人集中注意力，創造正確的新連結。最後，要使任何新迴路保持活力，你必須讓人們不斷地回來注意他們的新迴路。

安全感第一

在人們的心思可以放鬆之前，要他們把注意力集中在你的目標上，會是場硬戰。而在大腦中建立安全感的有效方法，是為大腦提供獎勵，以抵銷威脅。因此，你需要找到大腦想要的東西。

艾蜜莉的方法是答應帶孩子度假，希望他們對此有足夠的興趣，因而願意注意她的真正目標，也就是改善家裡溝通。一般來說，外在獎勵是人們首先試圖抓住的解決方案，因為有形的概念比微妙的想法更容易保留在舞台上。但是，像是假期或金錢之類的外在獎勵用途有限。你不能一味地提供這些東西來激勵人們，因為如果人們期望這種獎勵，獎勵往往會變得不那麼有價值，除非獎勵每次愈來愈大，但這樣是不可能持續下去的。

雖然你的大腦沒有感覺（裡面還是黑壓壓的一片靜謐），但大腦確實有自己的目標。正如你從前面兩個場景可以知道，大腦理想中喜歡感覺到地位、確定性、自主權、關聯感和公平性的提高。在前述的〈追求目標的神經科學〉論文中，馬修・利伯曼和艾略特・柏克曼寫道，人們評估外在目標（例如升遷）的方式，是根據其與大腦內在目標（像是對確定性或自主感的需求）的一致程度，兩位學者把這個過程稱為同化。但是，為什麼要採取額外的步驟？為什麼不節省時間（也許還有金錢），給大腦它正好想要的東西？

艾蜜莉希望吸引孩子把心力放在改善家裡的溝通方式，並透過獎勵，減少這種變化的威脅。然而，與其答應帶他們去度假，她本來可以提高他們的**地位**作為獎勵，也許是把他們當作大人或更有能力的人，例如讓他們晚睡熬夜，或看某些電視節目。在職場上，你可以透過公開表揚人們，來提高他們的地位。而且，正面的公開認可所產生的正面回報，可以在人們心裡迴盪多年。

為了增加**確定性**，艾蜜莉可以描述她所提議的家庭會議內容，來減輕對未知事物的恐懼。在職場上，對大局有更充分的了解會增加確定性，你可以讓某人獲得更多資訊，來獎勵他。比方說，有一些創新的公司允許所有員工，想要時隨時可以獲得完整的財務資訊。一旦人們擁有資訊，或能輕鬆取得資訊後，他們會對自己的世界感到更加確定，這使他們的心思更放鬆，因此能夠把難題解決地更好。

為了增強**自主感**，艾蜜莉可以讓孩子有機會自己做出更多的決定（即使是微小的決定），例如晚餐吃什麼，或者什麼時候、在哪裡寫作業。在職場上，增強自主感的方法可以是，使人們工作更靈活，或者在家中工作，或是減少需要報告的數量。

為了增加**關聯感**，艾蜜莉能增加孩子與朋友聯繫的時間、安排派對，或增加可以和朋友打電話的時間。在職場上，這方面的例子是讓人們參加更多的會議或社交團體，讓他們有更多機會與同仁建立聯繫。

為了提高**公平性**，艾蜜莉可以與孩子們進行「公平交易」，像是減輕他們保持房間整潔的壓力，以換得更多的親子時光。在職場上，一些組織允許員工參加「社區日」，讓他們把時間奉獻給自己選擇的慈善機構。我在想，對需要幫助者伸出援手會讓你感覺良好，是不是因為減少了不公平的感受。

舉凡ＳＣＡＲＦ模型的任何要素，都可以幫助艾蜜莉減輕喬許和蜜雪兒的威脅感，並創造獎勵感，使他們更容易以新的方式來集中注意力。但是，使用ＳＣＡＲＦ的元素不僅僅是提供有形的獎勵。你也可以在日常對話中發揮ＳＣＡＲＦ模型的力量，靠的是留意你對想法的措辭。如果你想讓某人去做特定的任務，你可能要說：「你願意做這件事嗎？」而不是「我想讓你做這件事。」這種簡單的變化就考量到了自主感。

有時候你可能會使用整個ＳＣＡＲＦ模型，特別是存在高度潛在威脅的情況下。想像一下，你在與你管理的團隊談話，希望他們注意一些困難的事情。為了維護地位，你可以說：「你們都做得很好，我不是要在這裡攻擊你們，而是要找到使我們變得更好的方法。」為了維護確定性，你可以說：「我只想聊十五分鐘，但並沒有在尋找特定的結果，只是想聽聽你們的想法。」為了維護自主權，你可以說：「如果現在聚焦在這個問題上，你們覺得可以嗎？」為了維護關聯感，你可能會在符合人情的層面上分享自己的事情。為了維護公平性，你可能要小心翼翼地指出，你已經與團隊的其他人進行了相同的對話。在你把這些都說出來後，人們腦中的警鈴會安靜下來，這就增加了你的機會，把對方的注意力放到你想要的方向上。

商業和組織領導者在與他人溝通時，大部分時間都可以從應用ＳＣＡＲＦ模型受益。（請記住，光是與地位較高的人講話，往往就會啟動威脅。）許多偉大的領導者憑直覺就明白，需要努力給他人營造安全感。這樣一來，偉大的領導者往往是謙遜的領導者，從而減少了地位威脅；偉大的領導者提出明確的期望，並談論很多關於未來的事情，這有助於提高確定性；偉大的領導者讓其他人負責和做決定，從而增加了他人的自主權；偉大的領導者通常具有很強的影響力，這要歸功於與他人進行真心和真實的交流，以建立關聯感；偉大的領導者信守諾言，謹慎小心，讓人覺得他們待人公平。

另一方面，成效不彰的領導者往往喜歡指揮別人，因而攻擊到他人的地位，讓人們感到更不安全；他們的目標和期望不明確，這會影響確定性；他們事事都要管，影響了自主權，並且沒有從人情的層面與同仁聯繫，因此大家幾乎沒有關聯感，而且這種領導者常常不了解公平的重要性。

建立安全感是文化轉變的第一步，無論這種文化涉及到家裡的兩個人，還是職場的兩萬人。SCARF模型描述了心理安全概念的神經科學基礎，這種觀念近年來已在組織中展開。這意味著人們覺得受到挑戰，但又有足夠的安全感，可以發揮他們的最佳表現，暢所欲言，並做出貢獻。有鑑於任何改變往往會帶來威脅感，改變文化需要在每個角落盡可能創造趨吉的狀態。人們要麼是注意你，要麼是注意到自己的恐懼。而舞台不夠大，不能同時容納兩種情況。

集中注意力的三大技巧

一旦你得到人們的注意力，接下來你需要幫助他們，用正確的方式集中注意力。注意力容易分散是有好處的，那就是：把人們的注意力從其他的想法中轉移出來，讓他們專注於其他新奇事物並不難。

人們常用的策略是講故事。一個好的故事會在大腦中形成複雜的地圖，因為人們的心智舞台上有不同的角色和事件。故事有「重點」，核心是特定的概念，是說故事的人希望其他人也可以理解的。重點通常是故事中令人驚訝的連結，比如有個角色學到了某件意想不到的事情。這樣一來，故事可以視為「洞見傳遞工具」，為人們改變大腦地圖的機制。

儘管有時候某些故事可能有用，但很容易會選錯故事，或以錯誤的方式講述故事，或如果講得太頻繁，故事聽起來就千篇一律。此外，有人嘗試改變他人時，很多人會心知肚明，所以故事說出來後，可能會使他們再次感到不安，一開始的用心良苦就前功盡棄了。我知道這點，因為有人開始告訴我一個故事時，我經常一邊在心裡想：「直接說重點吧！」或者「不要再試圖說服我什麼了。」

集中注意力的一個有效和更直接的方法，是乾脆向人們提出正確的問題，給他們要填補的缺口。只要不花太多力氣，大腦是很樂意填補任何缺口的。假設你是一家店的經理，你想改變團隊的文化，讓員工更加注意客戶的需求。你的目標是向團隊提出問題，要求他們建立最合適的新連結。因此，上一個場景提到促進他人改變的洞見也適用於此：提出的問題應該是關於解決方案，而不是困境。在團體環境中，真的很容易太著重在困境上，而對解決方案的注意力不夠。

回到零售商店的情況，經理可以問團隊的有用問題包括：

- 在過去，你做過哪一件事讓顧客感到滿意？
- 你做過什麼不同的事，使客戶感到高興？
- 要怎樣才能讓你更經常地做這件事？

比起冗長地討論客服所面臨的挑戰，這三個簡單的問題或許更能改變團隊的行為。這些問題並不意味著具體的答案，但能幫助人們得出自己的洞見。如果人們能夠以小組形式討論問題，則可以增加洞見，減少地位威脅，並增強關聯感。要求人們回答這樣的問題，問題裡就隱含著尊重，暗示你知道人們會有好的答案。這是地位的獎勵，而不是「我們出了什麼問題？」這種可能威脅地位的問題。最重要的是，以解決方案為中心的問題，著眼於你想要的確切改變上，在這種情況下，就是改進客戶服務，可以使人們建立新的連結，來增加客戶服務，而不是著重於他們可以注意的數百萬個其他細節。在注重解決方案的療法和肯定式探尋（appreciative inquiry）等領域，人們為類似的想法加入了進一步的細節。我並不是說這些是全新的洞見，但是我發現，能從理論上解釋**為何**需要以這種方式集中注意力，對事情是有幫助的。

總之，一旦團體中的整體受威脅程度下降，就把人們的注意力集中在你希望他們投入的方向上。請記住，大腦是混亂的，很容易分心，因此要盡可能清晰明確。

促進大規模自主的神經可塑性的第三種方法，是建立目標。設定目標時，你也開展了良性（或惡性）循環的可能性。而在尋找目標時，更有可能感知到與目標相關的資訊，這使你感到樂觀，因為你覺得目標即將實現，也讓你更加注意目標，並感知到更多資訊，不斷循環。如果目標涉及正面獎勵，則對獎勵的期望會強烈影響人們的神經化學反應。這樣一來，假設你希望人們專注於某個改變，你可能會找到方法，盡可能長時間地讓人們保持對主要獎勵的期待，因為這會振奮他們的心情，改善其思維。

設定正確的目標讓人可以注意到一些小成就，還能因此提高地位。而正確的目標也可以讓目標更清晰，增強確定性。如果人們可以針對實現目標的方式表達意見，便能提高自主權。設定正確的目標就像不斷在送禮物：在朝著目標前進的過程中，你能不斷獲得正面的好處。

儘管從理論上講這很棒，遺憾的是，人們在設定目標時，往往沒有實現這股正面的氣勢。績效改善專家吉姆．巴若（Jim Barrell）與舊金山四九人隊和亞特蘭大勇士隊的球員合作，研究表現最佳者設定目標的方式。「有趨吉和避凶兩種目標。」巴若解釋說，「而你建立的目標，對表現有相當大的影響。趨吉的目標讓你視覺化，並圍繞你要去的地方建立連結，你正在創造新的連結。有趣的是，趨吉的目標讓你在起步時，就感覺很不錯，從早期就有好處。避凶的目標則讓你想像哪裡出了問題，這就重新點燃了相關的情緒。」麻煩的地方在於，因為問題比解決方案更容易出現在腦海中，所以人們總是在設定避凶的目標，而不是趨吉的目標。此外，問題比未知的解決方案更確定，因此大腦自然會轉向確定的東西。由於這些原因以及其他種種因素，人們很少設定趨吉的目標，而且設定這些目標可能需要他人的幫助，例如導師或教練。像艾蜜莉試圖與家人設定的就是避凶的目標：「不要吵架。」然而，設定避凶目標，你最終可能會注意到負面的情緒，而非建立新的連結。此外，多數人的新年新希望如減肥、戒菸、戒酒等，也都屬於避凶的目標。

設定目標還有另一個挑戰：每個人的差異非常驚人。儘管大腦的處理**過程**相似，例如，威脅會減少前額葉皮質的資源，但被認為是威脅的東西，即想法的**內容**，有很強的個人成分。因此，你為別人設定目標時，不僅會降低對方的自主權，而且容易認為別人也和你一樣。（畢竟，如果不這樣想，就會在你的舞台上占用很多空間，並產生不確定性。）這裡的啟示是：如果你打算為別人設定目標，也許為他們設立一個框架，讓他們自己設定目標。

澆出大腦的健康新迴路

在改變文化的過程中，一旦你減少了威脅，並促進正確的新連結，第三部分是要確保人們定期回頭注意他們的新迴路。如果你想讓特定的新地圖留在原地，定期重新啟動該地圖是很重要的。注意力會改變大腦，但是大腦注意到的事情很多，所以真正的改變需要重複執行。

傑佛瑞・史瓦茲提出的「注意力密度」（attention density）一詞，替往後有關重複注意的研究，提供了科學框架。這種密度可以用注意力的頻率、持續時間和強度等變數來衡量。這看起來像是衡量你回憶一個想法的頻率、每次回想的時間，以及專注的程度。若你答應別人做某事，這件事會更頻繁地出現在你的腦海中，而且頻率更高。因為如果你不做，你就會受到地位威脅。結果是與你的承諾有關的迴路得到更多的注意力密度，所以你更有可能記住這項任務。如果你寫下一個任務，那麼你對它的注意遠比談論任務時多，因為你靠著增加注意力的強度，再次增加了注意力密度。

上述議題要在實驗室中研究仍然很棘手，因為注意力是很難衡量的概念。但是，在學習音樂的領域中出現了一些很好的研究，顯露出重複的重要性，而關於「排練」對記憶編碼的影響，相關研究也指出了重複的重要性。我對注意力密度有一個比喻，可以把大腦想像成一個花園，那裡一直陽光普照，偶爾會自然地下雨。如果你想種漂亮的番茄，可以先種下幼苗，每天都需要仔細澆水。一旦植物變得耐寒，要維持它們生長，就應該改成定期澆水。但多久澆一次合適呢？如果你每年澆一次水，一切的成果可能前功盡棄；三個月澆一次也不會有什麼作用；一個月一次，也許會有幫助；每週一次確實對某些植物有影響；但每週澆水兩次似乎會有持續、明顯的影響。看來，栽種植物的最佳技巧是水耕農場的做法，也就是每天用少量的水澆灌幾次。我的主張是，在大腦中創造健康的新迴路跟澆水並沒有什麼不同。你需要經常注意，但不需要一次全神貫注，最好是定期少量的關注。

那麼，你如何讓其他人經常注意到對你來說很重要的事情？最好的方法之一，是讓他們合作。請記住，大腦愛好交際，所以如果你能在社交世界中，把你渴望的變化加進來，那麼你的方向就是正確的。例如，創造人們能定期談論專案的制度和流程，可以簡單到每週提出一個點子就好，讓人們分享自己的想法。如此一來，想法和大腦迴路在對話中都會活躍起來。此外，利用社交互動的力量還有其他好處，如果是社交性質的資訊，相關的記憶網路會被啟動，它比沒有社交元素的記憶更牢固。

上述資訊都顯示，不僅自己需要有一位強大的導演，而且還需要更懂得留意別人的注意力往哪裡去。要改變文化，首先要留意每個人的注意力，然後想出如何用新的方式集中他們的注意力。或者，更好的是，想辦法讓其他人啟動自己的導演，用新的方式集中他們的注意力，從而重新調整他們的大腦。學習改變文化的方式，意味著學習如何促進自主的神經可塑性。人們愈能重新集中自己的注意力，大家就愈能同步工作，在同一時間對同一個想法產生共鳴，就像一個管弦樂團，或單一的大腦一樣。也許，這就是我們在世界上創造變化時，所發生的情況。

引領改變的大腦

改變是困難的，在替世界創造正面的改變方面，我們迫切需要做得更好。遺憾的是，許多擔任領導職務的人有高度發達的智力，但社交能力卻很差。神經科學也開始探索這種現象，馬修．利伯曼在他的實驗室接受採訪時解釋說：「參與工作記憶、一般認知問題解決、目標設定和計畫的大腦網路，往往位於大腦的側面或外側。然而，另一個涉及自我意識、社會認知和同理心的大腦網路，多位在大腦中線或中間部位。我們知道這兩個網路是負相關的：一個網路活躍時，另一個網路往往會停用，這的確意味著社交能力和非社交能力之間，存在某種負相關的關係。」在了解到你所注意的網路是不斷增長的網路時，一切就說得通了。如果你花了很多時間在認知任務上，你產生同理心的能力就會降低，這只是因為沒有頻繁用到同理心的迴路。大多數領導者強調要專注於目標，並不斷進行概念上的工作，將使這種情況惡化。有新的研究顯示，將人放在掌權的位置，即使是少量的權力，例如負責一些團隊決策，也會改變大腦處理資訊的方式。特別是，賦予人們權力，往往會使他們更強調把人當作概念、工具來使用，而不像是具有自己想法和情感的實際人類。人擁有權力時，就愈不把人當人。這有一個好處，那就是你創造改變的能力，不會糾結於人們的感受，但也會使領導者被自己行為的影響所蒙蔽。領導者對他人的影響，通常與領導者原本的想法大不相同。把這兩個因素放在一起，加上高度認知負荷的挑戰，使人們難以思考複雜的問題。所以你可以解釋，為什麼許多領導者擅長於推動結果，但是他們的人際關係技巧常常差強人意。糟糕的人際關係技巧，意味著對自己以及他人的驅動因素不夠了解。

利伯曼解釋說，自知能力差可能會付出代價：「研究顯示，如果你給人們看一些句子並說：『假如我們在半小時後，給你看這個句子，但沒有最後一個字，你能記住當時的字是什麼嗎？』而從對方內側前額葉皮質活躍的程度，可以預測他們現在所說的話，對上後來發生的事情是否正確。」由此可見，過於聰明的領導者可能會誤判自己的能力。而且，因為了解自己的迴路與了解他人的迴路非常相似，他們很有可能錯估他人。領導者若希望更有效地推動改變，第一步可能是要練習更聰明地了解自己的內心世界。而要做到這一點有個好方法，就是了解更多有關自己大腦的資訊。

現在來把所有想法整合在一起，探討一下如果艾蜜莉和保羅了解變化的真正驅動因素，這個晚上可能有何不同。

決定性的轉變，第二種情景

艾蜜莉走向家門，她的公事包裝滿晚餐後要做的工作。她有一部分希望與孩子交流，但看到孩子對她到家視若無睹，沉溺在自己的世界中，她注意到自己的失望。這時要發火很容易，但她知道，如果她這樣做，孩子的反應會很糟糕。她意識到，生氣但壓抑自己的情緒也行不通，孩子仍然會感覺到威脅。艾蜜莉決定，她確實想和家人談談他們的情況，但要等到晚餐時再說，因為屆時額外的葡萄糖可能會提高她成功的機會。

今天真是過得不順利，艾蜜莉需要「一點東西」，來提高她的多巴胺濃度，讓她撐到晚餐。她決定不喝葡萄酒，因為那只會降低她在晚餐時管理自己情緒的能力，所以她改成打電話給她媽媽。她媽媽對這通出乎意料的電話感到高興，艾蜜莉也鏡像模仿到了媽媽的一些熱情。經過半小時的閒聊，話題不外就是天氣和孩子，艾蜜莉感覺好多了。

保羅喊道，晚餐已經上桌了，一家人從房子不同的角落聚集過來。在大家開始吃飯的十分鐘後，艾蜜莉展開了她的計畫。

「我想今晚開個家庭會議，你們都同意嗎？」她問道。

「哦不，拜託，媽媽，別又來了。去年我們就開過一次。」喬許抱怨說。

「媽媽，沒有什麼好談的，一切都很好。」蜜雪兒說，她的一隻耳朵還塞著耳機。

「好吧，讓我告訴你們我要討論什麼，然後你們可以告訴我，願不願意談。」艾蜜莉希望孩子感到更確定，並覺得自己有選擇的餘地。

艾蜜莉計畫以提供獎勵的方式，發起討論，她認為這足以使孩子敞開心扉。但就在她要說這些話時，她的導演啟動了，感覺到這種策略可能行不通。她需要讓孩子參與這場對話，需要讓他們建立連結，而不光是抵制他們媽媽的想法。

「我想談談我們一家人的溝通方式，但是我想用不同的方式來討論，聽聽你們希望有什麼不同。」

「我同意。」喬許說。

「然後呢？」蜜雪兒是年紀較大的青少年，口氣說得有些譏諷。

「妳願意告訴我，妳希望家裡的情況有什麼不同嗎？」艾蜜莉問。

「這個嘛……」蜜雪兒停頓了一下，「妳對我和喬許一視同仁，這樣真的很遜耶！因為我年紀比他大很多，也比他成熟得多，我應該得到不同的待遇。」

在家裡，公平可能是一個大問題。艾蜜莉希望這次能改變對話方式，把重點放在自己的「更多交流」目標上。她必須停頓片刻，有意識地拋開自己的期望，讓事情順其自然。她為她現在感覺到的不確定性貼上標籤，並決定接受任何發生的事情。

保羅趁艾蜜莉留下的空檔插話進來，「那你呢，喬許？你希望有什麼不同？」

「我想自己去逛商場，我所有的朋友現在都這樣做。」最近，喬許感覺自己在朋友中的地位下降了，這對青少年來說，是種痛苦的感覺，但他的父母不知道這是問題。

保羅和艾蜜莉同意孩子的要求，但有一些規定，然後艾蜜莉要求公平地交換條件，「如果我們做到這些事情，你們倆會在我剛回到家的時候，關掉你們正在使用的電子產品嗎，十分鐘就好？我以前很喜歡在一天結束時見到你們，看到你們跑到前門來迎接我。經過一天的辛苦工作，這會讓我感覺好很多。我不要求你們見到我的時候真的很興奮，但是我們可以交流個十分鐘嗎？我們可以把這十分鐘當成一起吃點心的時間。」

「好的。我同意。」喬許說，因為這與另一項主要獎勵——食物的連結已經引起他的注意。

「而且，蜜雪兒，如果妳想的話，妳可以告訴我，妳和朋友的情況。最近我都沒有耐心聽妳的這些事情，我很抱歉。」

蜜雪兒很高興知道她可以與媽媽談論這些事，儘管艾蜜莉每天都被社交更新的洪流所淹沒。

孩子現在處於正面的狀態，期望獲得對他們各自都非常重要的獎勵。現在是提出棘手問題的好時機，艾蜜莉問他們，是否願意努力對彼此更友善，在需要時更願意道歉，並給對方更多的幫助。最終，她希望不只有十分鐘的交流時間，她想改變與家人相處的感覺，也就是改變家裡的文化。孩子同意會少做一些事情，並承諾對彼此和對父母更客氣。邁出小的步伐是最好的前進方法，艾蜜莉感到這一次，也就是第三次嘗試進行這種對話，會看到一些變化的。

吃甜點時，艾蜜莉想起她需要提醒大家，以確保這項新計畫能奏效。她拿出筆和紙，寫下計畫，這樣對大家就更清楚了：在媽媽的工作日結束時，與她相處十分鐘，並且家人之間要更客氣。保羅插話說，如果他在家的話，他也想參加他們的「每日十分鐘」活動。

艾蜜莉問孩子，希望怎樣的提醒方式。喬許想做一些貼紙，貼到他想要的地方，保羅願意用電腦幫忙製作貼紙。蜜雪兒想在手機上編輯鎖定畫面，這樣她解鎖螢幕時，提示就會出現。雖然蜜雪兒認為自己這樣很賊，因為她的手機沒有設自動鎖定，但她並不知道，即使螢幕恆亮，每次她使用手機時，這個提醒還是會在她的大腦中啟動。

蜜雪兒和喬許大約在同一時間吃完了最後一口飯，正準備要跑回他們的房間，但是他們卻停下來問，是否可以幫忙收拾東西。蜜雪兒和喬許在趨吉狀態時，更容易與本能連結起來，例如對公平的需求。艾蜜莉露出微笑，他們同意一同收拾東西，然後一家人一起看電影。艾蜜莉在清晰的思維狀態下，很容易預測到，如果她明早神清氣爽地來處理今晚計畫要做的工作，她會做得更好。

他們一起看一部逗趣的電影。由於幽默帶來多巴胺的激增，再加上在共同的歡樂時光中，獲得了大量催產素，使每個人都放鬆下來，並為他們帶來美妙的經驗。這是美好的一天，儘管他們之間存在分歧，但這個家庭已經密不可分，感覺像個整體。

兩個小時後，艾蜜莉和保羅關掉電視，讓愛睏的孩子上床睡覺。他們小聲地說，小孩睡著時有多可愛，這更讓艾蜜莉和保羅注意到他們愛孩子的感覺。今晚的經歷使艾蜜莉和保羅感到溫馨和情感交流，他們看了看樓下，想了一會兒要不要再打掃一下房子，但幾乎一致的，他們做出了不同以往的選擇。他們把剩下的燈關掉，走到他們的臥室，悄悄地把身後的門給關上。接下來在他們的大腦中會發生什麼事……這個嘛，又是另一個不同的故事了。

大腦的特點

- 雖然要人類改變看似很難，但大腦經常發生變化。
- 集中注意力會改變大腦。
- 注意力很容易轉移到威脅上。
- 一旦你把注意力從威脅轉移開來，你就可以針對正確的問題，建立新的連結。
- 要創造長期變化，需要經常注意新迴路、予以強化，尤其是在新迴路形成之時。

請你試試看

- 若想促進改變，請練習觀察人們的情緒狀態。
- 人們處於強烈的避凶狀態時，不要試圖影響他們。
- 使用ＳＣＡＲＦ模型的元素，讓人們轉移到趨吉的狀態。
- 練習提出著重解決方案的問題，使人們的注意力直接集中在你要實現的特定迴路上。
- 發想出辦法，讓人們反覆注意新的迴路。

結語

建立適合自己生活方式的導演

你在每一個場景結束時，看到的艾蜜莉和保羅（姑且叫他們艾蜜莉二和保羅二）的工作效率，要比一開始的艾蜜莉一和保羅一好得多。但是艾蜜莉二和保羅二不光是在管理電子郵件，或主持會議方面做得更好，他們的壓力也較小，有更多的樂趣，與孩子的關係更好，甚至看起來性生活也更美滿。這樣的人往往更健康，為社區做出更多貢獻，甚至壽命更長。

這兩組人物之間有一個很大的區別：艾蜜莉二和保羅二比艾蜜莉一和保羅一更了解自己的大腦，他們用更豐富的語言來表達注意力表面下微妙的內在信號。這種更豐富的語言讓他們在每個時刻都有更多的選擇，可以選擇要採取的心智途徑。艾蜜莉二和保羅二之所以使用這種語言，是因為他們有很強大的導演，而有了這種語言，更造就出他們強大的導演。他們的導演能從自己的心智歷程中抽離出來，予以觀察。更重要的是，他們的導演還可以在匆忙中，對大腦中的資訊流做出及時的些微調整。

艾蜜莉二和保羅二的導演對大腦功能的改變很微小，用當今的大腦掃描技術幾乎看不出來。但是，這就是本書的重要見解：在百分之一秒內發生的細微大腦功能變化，有時候可以給人們的生活帶來巨大的轉變。這種改變始於大腦中能量流動方式的細微轉變，也許是減少一塊區域的啟動，增加另一塊區域的啟動，然後迅速發展成對相同刺激完全不同的行為反應。

幾千年來，哲學家一直說「了解自己」是健康和成功生活的關鍵。也許從大腦的新研究中，浮現的是思考「自我覺察」的新方法。只有在這種情況下，「自我意識」才稱得上是大腦的功能。在探索大腦時，首先發現的是，它看起來很像一台機器。你的大部分心智活動是自動的，由無法控制的力量所驅動，通常是預定目標，例如維持地位或保持確定性。領悟到我們是這麼自動地被驅動行事，可能會嚇到某些人，但是如果故事就此結束，那麼你會錯過身為人類的關鍵層面。雖然你的大腦是一台機器，但它也**不光是**一台機器。不過，要讓大腦不只是機器，唯一方法是深入理解大腦類似機器的本質。一旦你開始了解大腦類似機器的本質，你就在建立自己的導演。這使你在更多情況下說：「那只是我的大腦」，從此有更多的行為選擇。事實上，你改造自己、改變別人，甚至扭轉世界的能力，可能歸結於你對大腦的了解程度，以及你有意識地干擾原本是自動過程的能力。

為了幫助你辨別出，你現在可能擁有更多選擇的地方，讓我們總結一下本書關於大腦的見解。在第一幕中，你發現除了重複型的心智任務之外，要能夠計畫、組織、確定優先次序、創造或做幾乎所有事情，都需要使用大腦一塊較小、脆弱，且耗費能量的區域，即前額葉皮質。你發現背後的生物學基礎，解釋了為什麼很難處於巔峰狀態，以及大腦有多麼容易分心。你還了解到，有時候問題就出在前額葉皮質，而且如果你想更有創意，就需要有能力關閉它。第一幕探討的是，在有意識的心智歷程下，學習如何避開心智歷程的局限。

在中場休息時，你學到導演、跨出自身經驗，以及觀察自己心智功能的重要性，這源於當下敞開心胸地集中注意力的能力。很明顯，能以這種方式注意到自己的心智歷程，對你停止及脫離不假思索反應的能力有很大的影響。換句話說，你發現能夠注意到自己的思維過程，是了解和改變大腦的核心。

在第二幕中，你探索了大腦的構造，是如何把危險最小化，並把獎勵最大化。這是由大腦的邊緣區域所驅動的趨吉和避凶的情緒系統。你看到了趨吉狀態往往能讓工作更有成效，也發現有多麼容易且迅速就能引發避凶狀態，而且反應強烈。你也了解到，記住過去的威脅情況、不確定性和缺乏自主感，如何降低思維能力。你還發現了兩種技巧：標籤化和重新評估，可以幫助你從過度激發的邊緣系統中奪回控制權。你也學到期望對感受的極大影響。換句話說，在第二幕中，你發現大腦為了生存下去，有時候會帶來意想不到的後果。這些結果可能包括降低你的心智表現，甚至縮短壽命。

在第三幕中，你必須從大腦的角度來看待社交世界，發現諸如關聯感、公平性和地位等社交領域，可以產生趨吉或避凶的反應，其強度和使用的迴路與攸關生死的獎勵或威脅相同。你會看到，人類行為在很大程度上，是在無意識的情況下，由渴望要最小化社會危險和最大化社會獎勵所驅動的。

在第四幕中，你發現為什麼改變他人如此困難，因為我們天生傾向注意問題，並提出建議。為了幫助他人得到解決方案的洞見，你探索了新的互動方式。你研究與改變文化有關的所有事項，並探討改變的真正驅動力，是人們改變自己的大腦。你發現怎樣透過創造更高的安全感，對大腦產生深刻的影響，然後產生新的連結，再幫助新的迴路在腦中紮根，讓文化得以轉變。

貫穿本書的主題是導演的重要性。擁有強大的導演可以讓你注意到每一刻正在發生的事情，因此不會不自覺地就採取行動。有了一名好的導演，你就有能力做出選擇，而這些選擇會改變你的大腦，從而影響神經、心理和肢體行為。久而久之，你的選擇也會以更深層的方式，改變你的大腦。我希望你閱讀本書後，發現一些創新的方法，來建立適合自己生活方式的導演。請記住，建立導演的練習可以很簡單，例如在吃飯前集中片刻的注意力。關鍵是要反覆練習。

隨著你的導演變得更強大，你會更容易決定什麼要放在你的舞台上，什麼不要放在舞台上；什麼時候要密切注意某件事情；什麼時候要退後一步，允許大腦建立鬆散的連結；如何以正確的順序把決定放到你的舞台上，並迅速讓它們撤出舞台；如何讓自己的頭腦安靜下來，聆聽大腦從兩百萬個環境線索中，隨時可能挖掘到的更微妙信號，而不只是你有意識地感知到的四十種信號。上述情況都在你的日常經驗中等待著你，希望你透過本書，能對大腦的功能有足夠的領悟，從而使你的導演在未來幾年中，明白要集中注意力在哪些事上。

在任何環境下，尤其是一起工作的團隊，了解大腦可能是提高績效的最好方法之一。在你開始認識本書概述的模式後，我鼓勵你與他人討論這些想法，並分享你的洞見。你對這些概念愈是注意，它們就愈會占據你的大腦。因此，在最需要它們時，就愈容易記住這些想法。而且，如果你和周圍人的大腦中，都存有本書的觀點，那麼在你們需要時，這些觀點就更垂手可得。一旦這些理解大腦的知識很容易記取，生活會更容易，也更容易過著像艾蜜莉二和保羅二那樣的生活：儘管受到挑戰，但能夠利用大腦來應付這些挑戰；儘管工作緊繃，但能夠成長，並獲得成就，無論你是為社會培養有價值的新成員、打造創新事業，還是只是在辦公室熬過艱難的一天。

最後我要送給你一段基於大腦情況而寫的祝福詞：願你保持低濃度的皮質醇、高濃度的多巴胺、催產素豐富、血清素累積到很棒的高水準，而且這項觀察大腦運作的能力也使你著迷，直到你的最後一口氣。祝你旅途順利。

大衛・洛克

在雪梨和洛杉磯之間，太平洋上空的某處

參考資料

根據我多年來聽到的內容，我相信這本書能替許多人打開一扇門，讓他們擁有令人振奮的新思維。如果你是這種情況，我鼓勵你鑽研本書，發覺更多的靈感，並找到方法，持續關注這些見解。

我定期在一些網站上發表文章，包括「Your Brain at Work」部落格，網址是 www.neuroleadership.com/your-brain-at-work/。在這個部落格上，你還會發現有許多科學家和創作者在上面發表文章，他們是我創辦的組織的成員。我還在「今日心理學」（Psychology Today）網站上發表文章，網址為 www.psychologytoday.com/us/contributors/david-rock，並經常為《哈佛商業評論》、石英財經網（Quartz）等網站撰寫文章。

你可能還想了解神經領導力領域的事情，而我們每年度都會舉辦神經領導力峰會，並發表《神經領導力期刊》，其中包含與大腦有關的職場文章，重點放在領導和管理他人。

如果你想更正規地研究這些觀點，我們還有其他教育計畫的網址連結，包括線上的認證課程，請造訪 www.NeuroLeadership.com。

我之前寫過兩本書，你可能會有興趣。我的前一本書與琳達．佩奇博士（Dr. Linda Page）合著，叫做《順著大腦當教練》（*Coaching with the Brain in Mind*），這是一本關於大腦和相關領域如學習理論和系統理論的教科書，適合那些想要更深入了解創造變化的理論的人。在此之前的更早著作是《沉靜領導六步法》，探討了利用對話，來發掘他人洞見的科學和藝術。對於想運用大腦洞見成為更好的領導者、經理、導師、教練、老師或父母的人來說，這是一本很棒的書。

如果你有興趣進一步建立自己的領導力或教練技巧，可以找看看全世界各地的大腦培訓課程。有關更多資訊，請造訪 www.NeuroLeadership.com。

要了解更多我幫助開發的學校資訊，請見 www.theblueschool.org。

有關我所有研究的資訊，請造訪我的部落格，網址為 www.DavidRock.net。

致謝

我最要感謝的是我的妻子麗莎・洛克，長期以來，她忍受我這個丈夫經常出差，回來時會談論的話題只有大腦。非常感謝我的女兒茵提雅和翠妮蒂，不幸的是，她們必須練習大量的情緒調節，才能讓我這個老爸能獨處來好好寫作。

感謝傑佛瑞・史瓦茲，他本來打算與我合作一起寫這本書，但中途決定朝新的方向發展，我非常感謝你的引導和建議。另外，自主的神經可塑性和注意力密度這兩個專業術語是傑佛瑞提出的。同時還要感謝馬修・利伯曼、凱文・奧克斯納、艾維恩・戈登和唐一源多年來提供的非正式指導和科學指引。

感謝義大利商學院 CIMBA 主任艾爾・林格勒布（Al Ringleb），他合作策畫了第一期的《神經領導力期刊》和峰會活動，實現了這一切。還要感謝《戰略與經營》（*strategy + business*）雜誌前主編阿特・克萊納（Art Kleiner）給我持續的指導和信任。非常感謝幫助我編輯的凱倫—珍・艾爾（Karen-Jane Eyre）和協助整理本書參考書目的瑞秋・謝普（Rachel Sheppard）。還要感謝哈潑商業（Harper Business）所有同仁的支持，包括執行長布萊恩・莫瑞（Brian Murray），感謝他早在二〇〇五年看到了我身上的光芒。

非常感謝上千名神經科學家耐心地探索大腦的結構和功能，沒有他們，這本書不可能完成。最後要熱烈、大大地感謝我專屬的大腦導演，若沒有它，我甚至連這本書的第一頁都寫不出來。

詞彙表

問題與決定

演員：比喻來到舞台上，或你選擇帶到舞台上的資訊，即你所注意的東西。

α腦波：一種較慢的頻率，連接到大腦不是很活躍的特定區域。

ARIA／洞見的四個面向：這個模型描述大腦在出現洞察之前、期間和之後的時刻，這個縮寫代表覺察（Awareness）、反思（Reflection）、洞見（Insight）和行動（Action）。

觀眾：比喻大腦中的資訊，例如記憶和例行事務。

基底核：大腦深處的一塊大區域。基底核（不止一個）控制最微小自覺注意力層面的活動，例如走路或駕車，或任何習慣性行為。

瓶頸：決定還沒有做出，導致其他決策也無法制定的情況。

預設網路：大約位在大腦中前部區域的腦部網路，包括內側前額葉皮質。人在不做其他事情，以及考慮自己和其他人時，它就會啟動。這與中場休息中提到的「敘事」迴路類似。

多巴胺：有兩大神經傳遞質跟穩定前額葉皮質迴路有關，其中一種是多巴胺，另一種是去甲腎上腺素。多巴胺與對某事物感興趣有關，它對學習很重要，而在好奇心等趨吉情緒中會出現大量的多巴胺。

嵌入：比喻在基底核中創造迴路，可以不假思索地驅動行為，或在腦海裡產生長期記憶。

γ腦波：最快的大腦頻率。腦電波活動在大腦中以每秒四十次的速度振盪時，就會產生γ腦波。這個頻率與意識有關，在覺知、產生洞見，以及正念冥想期間，它就會啟動。

停滯：無法解決問題，或陷入很少的解決方案時，會發生停滯。在打破停滯之前，可能需要抑制當前的解決方案。

抑制：不讓資訊進入舞台，不注意某些東西的過程。

洞見：發生在解決停滯，並以意想不到的方式解決問題之際。洞見釋放能量，並改變大腦。

地圖：類似於迴路或網路。透過突觸的連結，讓大量神經元形成更大的排列形式。

去甲腎上腺素：穩定前額葉皮質迴路的兩大重要神經傳遞質之一，可以把它想成是「大腦的腎上腺素」。去甲腎上腺素對於保持警覺和密切注意非常重要。這種神經傳遞質常見於避凶的情緒，如焦慮症。要想出好點子，需要有合理濃度的去甲腎上腺素，但是濃度太高，迴路就不能很好地結合在一起。

前額葉皮質：大腦外層的一部分，在前額後面，涉及多種類型的執行功能、計畫和協調大腦的其餘區域。

工作佇列：陷入瓶頸後，就會形成工作佇列，像是決策陷入困境，停滯不前。

短期記憶：資訊短暫進入你的意識中，但不會久留。

舞台：對工作記憶的比喻。（我用這個比喻，是因為這樣比較容易想成是工作記憶。）

腹外側前額葉皮質：前額葉皮質的一個區域，位在左右太陽穴下方，對於所有類型的剎車功能都非常重要，包括停止肢體動作，以及抑制情緒或思想。

工作記憶：可以讓你隨時保留意識內容的記憶。前額葉皮質對於工作記憶運作良好非常重要，但是工作記憶非常消耗能量，容量小，容易不堪負荷。

中場休息

直接經驗網路：注意力直接集中在傳入的資訊，例如來自外部或內在感官時，該網路就會啟動。

導演：本書用於描述正念的詞語。

ＭＡＡＳ量表（正念覺察注意量表）：神經科學家目前所使用的主要檢測，用於測量日常的正念。由柯克．布朗開發，ＭＡＡＳ英文全名為Mindful Attention Awareness Scale。

正念：心不在焉的相反。包括在當下以開放和接受的方式，留意你正在感受到的任何經歷。

敘事迴路：把注意力轉移到計畫、目標設定，以及思考未來或過去、自己或其他人時，會啟動的網路。這類似於本書討論的預設網路。

社會、認知和情感神經科學：神經科學的分支，探索人們社交互動的情況，而不是單獨研究個別的大腦。

在壓力下保持冷靜

身體調適負荷：一系列的壓力指標，包括血液中的皮質醇和腎上腺素濃度，以及免疫系統活動和血壓。

杏仁核：一塊小的大腦區域，是邊緣系統的一部分，根據情緒或動機反應的強度而啟動。

前扣帶迴皮質：這部分的大腦具有許多功能，包括偵測大腦本身的錯誤，以及轉移注意力。

避凶狀態：最小化危險，最大化獎勵的最高指導原則。危險狀態在這裡稱為「避凶」狀態（有時稱為「迴避」狀態），涉及例如不確定性、焦慮和恐懼之類的情緒。它比趨吉狀態更容易啟動，而且是更強烈的經驗。它對肢體活動是有用的狀態，但是強度增加時，會減少前額葉皮質的啟動。

皮質醇：用來測量體內壓力程度的荷爾蒙。皮質醇啟動身體功能，以協助生存，包括血液凝結和減少消化。皮質醇濃度隨著避凶狀態的增強而提高。

海馬迴：這個大腦區域是記憶功能的中心，尤其是較長期的陳述性（可回想起的）記憶。

標籤化：給情緒狀態加上象徵性詞語的過程。這能抑制邊緣系統的活動，並啟動前額葉皮質。

邊緣系統：大腦的中心區域，對於體驗情緒、記憶和動機很重要。包括杏仁核、腦島、海馬迴和眼眶額葉皮質。

重新評估：改變你對事件的解釋，這個過程也會削弱邊緣系統的活動。

抑制：管理情緒的常用方法，包括試圖不去感覺，或不向他人顯示你的感受，不過往往會適得其反，影響記憶力，並使其他人感到不舒服。

趨吉狀態：對某事感到好奇、開放和興致勃勃。這對於學習、洞見、創造力和改變很重要，但此狀態通常沒有避凶狀態那麼激烈，也較不易察覺。而創造趨吉狀態可以取代避凶狀態。

合作：從我到我們

自主權：擁有控制權或選擇權。不斷增加的自主權是令人愉快的獎勵，沒有自主權的感覺則會使微小的壓力難以承受。而在處境中找到選擇，會增加對自主權的感知。

確定性：預測未來的能力。愈來愈升高的不確定性是種威脅，而增加確定性是種獎勵（有一些小小的例外會同時有威脅，又有獎勵）。

公平性：人與人之間行事合乎道德和合宜的狀態。

鏡像神經元：大腦中的神經元透過讓我們和他人有相同的感覺，直接體驗他人的意圖、動機和情緒。

關聯感：與你周圍的人安全地建立關聯，這涉及感應旁人是朋友，還是敵人。在沒有證明之前，旁人通常都算是敵人。

SCARF模型：這個模型總結了五個驅動人類行為的社會領域，每個領域隨時都可能是獎勵或威脅，這五個領域分別為地位、確定性、自主權、關聯感和公平性。

地位：人在社群中，所處的社會順位，就像拿自我評價與他人相比。地位抬高是種獎勵，地位下降則是強烈的威脅。

促進改變

注意力密度：對特定大腦迴路的注意力品質和多寡，進行討論和衡量的方法。

神經同步化：密切注意某物時，許多大腦區域形成更大的迴路，並以類似的方式放電。

神經可塑性：對大腦變化的研究，包括瞬間和長期的變化。

以問題為焦點：人們嘗試尋找解決方案的自動行為模式，有時候稱為「欠缺模式」。畢竟，注意問題似乎更容易，因為問題更確定，意味著它的威脅較小。這個方法適用於線性的實體系統，但不適用於人員和組織之類的複雜系統，這時該做法會失靈。

自主的神經可塑性：這個觀點認為，人們重新調整自己的大腦時，往往會促使大腦產生真正的變化。

注釋

本書的主要觀點是從幾百個研究中得出的，這裡我列出與書中每個論點最相關的關鍵研究，而不是列出本書用到的每篇論文。有些論文可以在網上免費查看，但也有不少論文需要付費才能看。

第1景　資訊排山倒海而來

更多關於羅伊・鮑邁斯特對前額葉皮質能量限制的研究，參閱：

Masicampo, E. J., and R. F. Baumeister. "Toward a physiology of dual-process reasoning and judgment: Lemonade, willpower, and effortful rule-based analysis." *Psychological Science* 19 (2008): 255–60.

Vohs, K. D., R. F. Baumeister, B. J. Schmeichel, J. M. Twenge, N. M. Nelson, and D. M. Tice. "Making choices impairs subsequent self-control: A limited resource account of decision-making, self-regulation, and active initiative." *Journal of Personality and Social Psychology* 94 (2008): 883–98.

關於不同類型記憶的更多資料，參閱一九六八年理查・艾金生（Richard Atkinson）和理查・謝扶潤（Richard Shiffrin）提出的艾金生—謝扶潤模式（Atkinson-Shiffrin model），參閱：

Atkinson, R. C., and R. M. Shiffrin. "Human memory: A proposed system and its control processes." In K. W.

Spence and J. T. Spence, eds. *The psychology of learning and motivation* Vol. 2, New York: Academic Press, 1968, pp. 89– 195.

關於讓資訊上台的費力程度不同，這個觀念來自於心理學的認知偏見研究，並與做抉擇所需的努力連結起來。例如，一九七三年心理學家特沃斯基（Amos Tversky）和康納曼探索了「可得性捷思法」（availability heuristic）的概念，即人們傾向思考最容易想到的事物，而這往往是最近期的想法，參閱：

Tversky, A., and D. Kahneman. “Availability: A heuristic for judging frequency and probability.” *Cognitive Psychology* 5 (1973): 207–32.

我們在情感預測方面的能力很差，這與很難去思考細微因素有關。我們錯估了會讓我們在未來感到快樂的事物，因為描繪未來要花費大量的努力和精力，參閱丹尼爾．吉爾伯特的著作 *Stumbling on Happiness*, New York: HarperCollins, 2006。

關於大腦天生是如何根據人際互動來思考，更多資料參閱：

Geary, David C. *The Origin of Mind: Evolution of Brain, Cognition, and General Intelligence*. Washington, D.C.: American Psychological Association, 2004.

第2景　令人頭大的專案

關於工作記憶的容量，更多資料參閱：

Miller, G. A. “The magical number seven, plus or minus two: Some limits on our capacity for processing information.” *Psychological Review* 63 (1956): 81–97.

研究顯示，最好的工作記憶情況是可以一次記四個項目，相關研究包括：

Cowan, N. "The magical number 4 in short-term memory: A reconsideration of mental storage capacity." *Behavioral and Brain Sciences* 24 (2001): 87–185.

Gobet, F., and G. Clarkson. "Chunks in expert memory: Evidence for the magical number four . . . or is it two?" *Memory* 12, no. 6 (2004): 732–47.

Shiffrin, R. M., and R. M. Nosofsky. "Seven plus or minus two: A commentary on capacity limitations." *Psychological Review* 101, no. 2 (1994): 357–61.

關於工作記憶的時間問題，更多資料參閱：

Baddeley, A. D., N. Thomson, and M. Buchanan. "Word length and the structure of short-term memory." *Journal of Verbal Learning and Verbal Behavior* 14 (1975): 575–89.

Schweickert, R., and B. Boruff. "Short-term memory capacity: Magic number or magic spell?" *Journal of Experimental Psychology: Learning, Memory, and Cognition* 12 (1986): 419–25.

關於隔音室研究的背景，更多資料參閱：

McElree, B. "Working memory and focal attention." *Journal of Experimental Psychology: Learning, Memory, and Cognition* 27, no. 3 (2001): 817–35.

更多有關認知複雜性和決策的資訊可以在關係複雜性這個領域找到，參閱：

Halford, G., N. Cowan, and G. Andrews. "Separating cognitive capacity from knowledge: A new hypothesis." *Trends in Cognitive Sciences* 11, no. 6 (2007): 236–42.

Halford, G. S., R. Baker, J. McCredden, and J. D. Bain. "How many variables can humans process?"

Psychological Science 16, no. 1 (2005): 70–76.

關於羅伯特・戴西蒙對神經競爭的研究，更多資料參閱：

Desimone, R. "Visual attention mediated by biased competition in extrastriate visual cortex." *Philosophical Transactions of the Royal Society of London (Biological Sciences)* 353 (1998): 1245–55.

Desimone, R., and J. Duncan. "Neural mechanisms of selective visual attention." *Annual Review of Neuroscience* 18 (1995): 193–222.

第3景　分身乏術

關於羅伯特・戴西蒙的注意力研究，更多資料參閱：

Desimone, R. "Visual attention mediated by biased competition in extrastriate visual cortex." *Philosophical Transactions of the Royal Society of London (Biological Sciences)* 353, (1998): 1245–55.

Desimone, R., and J. Duncan. "Neural mechanisms of selective visual attention." *Annual Review of Neuroscience* 18 (1995): 193–222.

哈羅德・帕斯勒有許多論文討論一心多用、瓶頸和工作佇列，其中一些例子包括：

Ferreira, V. S., and H. Pashler. "Central Bottleneck Influences on the Processing Stages of Word Production." *Journal of Experimental Psychology: Learning, Memory, and Cognition* 28, no. 6 (2002): 1187–99.

Pashler, H. "Attentional limitations in doing two tasks at the same time." Current *Directions in Psychological Science* 1 (1992): 44–50.

Pashler, H., J. C. Johnston, and E. Ruthruff. "Attention and performance." *Annual Review of Psychology* 52

(2001): 629–51.

關於健康、壓力和地位密不可分的情況，參閱以下有關身體調適負荷的資訊：

Allostatic Load Working Group: Research Network on Socioeconomic Status and Health (1999). Allostatic Load and Allostasis. 取自 http://www.macses.ucsf.edu/Research/Allostatic/notebook/allostatic.html（擷取日期為二〇〇九年四月十日）。

倫敦大學對一心多用和智商降低的研究，由倫敦國王學院（King's College London）的心理學家格倫．威爾遜博士（Dr. Glenn Wilson）提出。這項研究由惠普公司贊助，並沒有作為論文正式發表。由於一些媒體分享的資訊有誤，因此關於這篇論文有些爭議。

關於密切注意資訊，以形成長期記憶的重要性，更多資料參閱：

Ezzyat, Y, and L. Davachi. "The influence of event perception on long-term memory formation." 在二〇〇八年四月於加州舊金山舉行的第十五屆認知神經科學學會年會上發表。

基底核是重要的大腦區域，甚至還有國際基底核學會（International Basal Ganglia Society，網址：http://www.ibags.info/.），而安．格雷比爾（Ann M. Graybiel）是該領域的重要研究人員，她的實驗室研究重點是影響運動、情緒和動機的前腦區域，包含基底核和連接基底核與大腦皮質的神經通路。

關於傑拉德．愛德蒙（Gerald Edelman）對神經達爾文主義（Neural Darwinism）的研究，更多資料參閱他的著作 *Bright Air, Brilliant Fire*, New York: Basic Books, 1993。

關於重複性任務導致大腦的長期強化作用或「嵌入」的情況，更多資料參閱：

Bodner, M., Y. Zhou, G. L. Shaw, and J. M. Fuster. "Symmetric temporal patterns in cortical spike trains during performance of a short-term memory task." *Neurological Research* 19 (1997): 509–14.

關於使用鍵盤和不自覺的注意模式，更多資料參閱：

Rauch, S. L., C. R. Savage, H. D. Brown, T. Curran, N. M. Alpert, A. Kendrick, A. J. Fischman, and S. M. Kosslyn. "A PET Investigation of Implicit and Explicit Sequence Learning." *Human Brain Mapping* 3 (1995): 271–86.

第4景　拒絕分心

紐約研究公司 Basex 做了一項辦公室分心的研究，該研究報告共二十六頁，標題為「資訊超載：我們遇到了敵人，而敵人就是我們」（Information Overload: We Have Met the Enemy and He Is Us），研究了公司可以用來應付資訊超載的策略，其中包括十個能立即減輕負擔的技巧。這份研究僅可從 www.basex.com 網站上付費取得。

關於注意力變化和微軟努力為了減少分心而得到的資料，由克萊夫・湯普森（Clive Thompson）發表在二〇〇五年十月十六日的《紐約時報》雜誌上，文章標題為「迎戰生活駭客」（Meet the Life Hackers）。

關於即使智慧手機是關的，但仍放在房間裡，一樣會影響人類智商的情形，更多資料參閱：

Meyer, Robinson. "Your Smartphone Reduces Your Brainpower, Even If It's Just Sitting There." *The Atlantic*, August 2, 2017. 取自 https://www.theatlantic.com/technology/archive/2017/08/a-sitting-phone-gathers-brain-dross/535476/。

關於環境神經活動的資料參閱：

Hedden, T., and J. D. Gabrieli. "The ebb and flow of attention in the human brain." *Nature Neuroscience* 9

(2006): 863–65.

關於思覺失調症降低人們抑制與任務無關信號的能力，更多的資料參閱艾米・安斯坦對前額葉皮質的研究，包括：

Arnsten, A.F.T. “Catecholamine and second messenger influences on prefrontal cortical networks of ‘representational knowledge’: A rational bridge between genetics and the symptoms of mental illness.” *Cerebral Cortex* 18 (2007): i6-i15.

Vijayraghavan, S., M. Wang, S. G. Birnbaum, G. V. Williams, and A.F.T. Arnsten. “Inverted-U dopamine D1 receptor actions on prefrontal neurons engaged in working memory.” *Nature Neuroscience* 10 (2007): 376–84.

關於人們不去思考任務的能力，更多資料參閱：

Wegner, D. M., D. J. Schneider, S. Carter III, and T. L. White. “Paradoxical effects of thought suppression.” *Journal of Personality and Social Psychology* 53, no. 1 (1987): 5–13.

關於注意力下降和內側前額葉皮質的啟動，更多資料參閱：

Mason, M. F., M. I. Norton, J. D. Van Horn, D. M. Wegner, S. T. Grafton, and C. N. Macrae. “Wandering minds: The default network and stimulus-independent thought.” *Science* 315 (2007): 393–95.

關於「壞事比好事影響更深遠」的見解，來自兩個地方，首先來自強納森・海德特的*The Happiness Hypothesis*, New York: Basic Books, 2005，以及以下提到的論文：

Baumeister, R. F., E. Bratslavsky, C. Finkenauer, and K. D. Vohs. “Bad is stronger than good.” *Review of General Psychology* 5, no. 4 (2001): 323–70.

關於眼眶額葉皮質偵測期望的變化和新奇感增加的情況，更多資料參閱：

Leung, H., P. Skudlarski, J. C. Gatenby, B. S. Peterson, and J. C. Gore. "An event-related functional MRI study of the Stroop color word interference task." *Cerebral Cortex* 10, no. 6 (2000): 552–60.

MacLeod, C. "Half a century of research on the Stroop effect: An integrative review." *Psychological Bulletin* 109 (1991): 163–203.

Petrides, M. "The orbitofrontal cortex: Novelty, deviation from expectation, and memory." *Annals of the New York Academy of Sciences* 1121 (2007): 33–53.

關於右腹外側前額葉皮質的更多資訊，可參閱：

Lieberman, M. D., N. I. Eisenberger, M. J. Crockett, S. M. Tom, J. H. Pfeifer, & B. M. Way. "Putting feelings into words: Affect labeling disrupts amygdala activity in response to affective stimuli." *Psychological Science* 18, no. 5 (2007): 421–28.

關於多巴胺和激發，更多資訊參閱：

Schultz, W. "The reward signal of midbrain dopamine neurons." *News in Physiological Sciences* 14, no. 6 (1999): 249–55.

———. "Reward signaling by dopamine neurons." *Neuroscientist* 7, no. 4 (2001): 293–302.

Waelti, P., A. Dickinson, and W. Schultz. "Dopamine responses comply with basic assumptions of formal learning theory." *Nature* 412 (2001): 43–48.

關於鮑邁斯特的自制力研究，參閱：

Gailliot, M. T., R. F. Baumeister, C. N. DeWall, J. K. Maner, E. A. Plant, D. M. Tice, L. E. Brewer, and B. J. Schmeichel. "Self-control relies on glucose as a limited energy source: Willpower is more than a metaphor." *Journal of*

Personality and Social Psychology 92, no. 2 (2007): 325–36.

關於強納森・海德特的研究，更多資料參閱：

Haidt, J. *The Happiness Hypothesis: Finding Modern Truth in Ancient Wisdom.* New York: Basic Books, 2005.。

關於班傑明・利貝特的更多資料參閱：

Libet, B., E. W. Wright, B. Feinstein, and D. Pearl. "Subjective referral of the timing for a conscious sensory experience: A functional role for the somatosensory specific projection system in man." *Brain* 102, no. 1 (1979): 193–224.

「自由否決意志」的想法由傑佛瑞・史瓦茲在他的著作 *The Mind and the Brain*（New York: Harper Perennial, 2003）中提出。

關於外顯和內隱意識的更多資料，參閱馬修・利伯曼對於直覺的研究：

Lieberman, M. D. "Intuition: A social cognitive neuroscience approach." *Psychological Bulletin* 126 (2000): 109–37.

另外，可參閱第三景提過的使用鍵盤和不自覺的注意模式研究：

Rauch, S. L., C. R. Savage, H. D. Brown, T. Curran, N. M. Alpert, A. Kendrick, A. J. Fischman, and S. M. Kosslyn. "A PET investigation of implicit and explicit sequence learning." *Human Brain Mapping* 3 (1995): 271–86.

第5景　創造巔峰心流

耶基斯—多德森定律（Yerkes-Dodson Law）定義了激發與表現之間的關係。最初是耶基斯和多德森在一九〇八年發表的一篇論文中，觀察到兩者間的關係。

Yerkes, R. M., and J. D. Dodson. "The relation of strength of stimulus to rapidity of habit-formation." *Journal of Comparative Neurology and Psychology* 18 (1908): 459–82

關於壓力影響表現的情形，更多資料參閱：

Arnsten, A.F.T. "The biology of being frazzled." *Science* 280 (1998): 1711–12.

Mather, M., K. J. Mitchell, C. L. Raye, D. L. Novak, E. J. Greene, and M. K. Johnson. "Emotional arousal can impair feature binding in working memory." *Journal of Cognitive Neuroscience* 18 (2006): 614–25.

Vijayraghavan, S., M. Wang, S. G. Birnbaum, G. V. Williams, and A.F.T. Arnsten. "Inverted-U dopamine D1 receptor actions on prefrontal neurons engaged in working memory." *Nature Neuroscience* 10 (2007): 376–84.

關於多巴胺和去甲腎上腺素濃度，以及良好的前額葉皮質功能，更多資料參閱：

Birnbaum, S. G., P. X. Yuan, M. Wang, S. Vijayraghavan, A. K. Bloom, D. J. Davis, K. T. Gobeske, J. D. Sweatt, H. K. Manji, and A.F.T. Arnsten (2004). "Protein kinase C overactivity impairs prefrontal cortical regulation of working memory." *Science* 306, no. 5697 (2004): 882–84.

Vijayraghavan, S., M. Wang, S. G. Birnbaum, G. V. Williams, and A.F.T. Arnsten. "Inverted-U dopamine D1 receptor actions on prefrontal neurons engaged in working memory." *Nature Neuroscience* 10 (2007): 376–84.

關於恐懼與認知之間的關聯，更多資料參閱：

Phelps, E. A. "Emotion and cognition: Insights from Studies of the Human Amygdala." *Annual Review of Psychology* 57 (2006): 27–53.

關於透過視覺化想像增加肌肉量的研究，更多資料參閱：

Yue, G., and K. J. Cole. "Strength increases from the motor program: Comparison of training with maximal voluntary and imagined muscle contracts.” *Journal of Neurophysiology* 67 (1992): 1114–23

關於視覺化想像過程的影響，更多資料參閱：

Robertson, Ian. *Opening the Mind’s Eye: How Images and Language Teach Us How to See*. New York: St. Martin’s Press, 2003.

關於多巴胺和愛的更多資料，參閱：

Aron A., H. Fisher, D. J. Mashek, G. Strong, H. Li, and L. L. Brown. “Reward, motivation, and emotion systems associated with early-stage intense romantic love.” *Journal of Neurophysiology* 94 (2005): 327–37.

Fisher, H. *Why We Love: The Nature and Chemistry of Romantic Love*. New York: Henry Holt and Company, 2004.

關於激發的情況因人而異，更多資料參閱：

Coghill, R. C., J. G. McHaffie, Y. Yen. “Neural correlates of inter-individual differences in the subjective experience of pain.” *Proceedings of the National Academy of Sciences*, 100 (2003): 8538–42.

Shansky, R. M., C. Glavis-Bloom, D. Lerman, P. McRae, C. Benson, K. Miller, L. Cosand, T. L. Horvath, and A.F.T. Arnsten. “Estrogen mediates sex differences in stress-induced prefrontal cortex dysfunction.” *Molecular Psychiatry* 9 (2004): 531–38.

關於三種類型的快樂，更多資料參閱：*Authentic Happiness*, by Martin Seligman, New York: Free Press, 2005。

第6景　創造力的祕密

更多關於促發的資訊，參閱：

Jacoby, L. L. (1983). "Perceptual Enhancement: Persistent Effects of an Experience." *Journal of Experimental Psychology: Learning, Memory, and Cognition* 9, no. 1 (1983): 21–38.

停滯理論由史德蘭・歐爾森提出，參閱：

Knoblich, G., S. Ohlsson, H. Haider, and D. Rhenius. (1999). "Constraint relaxation and chunk decomposition in insight problem solving." *Journal of Experimental Psychology: Learning, Memory, and Cognition* 25, no. 6 (1999): 1534–55

關於理查・佛羅里達的更多研究，參閱他的著作：

Florida, R., *The Rise of the Creative Class*. New York: Basic Books, 2002.

關於新奇感，更多資料參閱：

Petrides, M. "The orbitofrontal cortex: Novelty, deviation from expectation, and memory. *Annals of the New York Academy of Sciences* 1121 (2007): 33–53.

馬克・畢曼博士有幾篇出色的論文，關於他研究的概述，參閱：

Bowden, E. M., M. Beeman, J. Fleck, and J. Kounios. "New approaches to demystifying insight." *Trends in Cognitive Sciences* 9 (2005) :322–28.

關於焦慮和正面情緒影響洞見的情況，更多資料參閱：

Subramaniam, K., J. Kounios, E. M. Bowden, T. B. Parrish, and M. Beeman. "Positive mood and anxiety modulate anterior cingulate activity and cognitive preparation for insight." *Journal of Cognitive Neuroscience*, in press.

關於洞見所需的大腦頻率，更多資料參閱：

Kounios, J., J. I. Fleck, D. L. Green, L. Payne, J. L. Stevenson, E. M. Bowden, and M. Beeman. "The origins of insight in resting-state brain activity." *Neuropsychologia* 46 (2008): 281–91.

Kounios, J., J. L. Frymiare, E. M. Bowden, J. I. Fleck, K. Subramaniam, T. B. Parrish, and M. Beeman. "The prepared mind: Neural activity prior to problem presentation predicts solution by sudden insight." *Psychological Science* 17 (2006): 882–90.

關於右腦和洞見，更多資料參閱：

Bowden, E. M., and M. Beeman. "Aha! Insight experience correlates with solution activation in the right hemisphere." *Psychonomic Bulletin and Review* 10 (2003): 730–37.

關於喬納森・斯庫勒的「啊不然勒」經驗，這個概念最初發表在《實驗心理學期刊》（*Journal of Experimental Psychology*）上：

Dougal, S., and J. W. Schooler. "Discovery misattribution: When solving is confused with remembering." *Journal of Experimental Psychology* 136, no. 4 (2007): 577–92

我在著作 *Quiet Leadership*（New York: Collins, 2006.）中概述了ARIA模型，它首先出現在以下的學術期刊中：

Rock. D., "A brain based approach to coaching," *The International Journal of Coaching in Organizations* 4, no. 2 (2006): 32–43.

關於喬納森・斯庫勒對於語言干擾洞見方面的研究，更多資料參閱：

Schooler, J. W., S. Ohlsson, and K. Brooks. "Thoughts beyond words: When language overshadows insight."

Journal of Experimental Psychology 122, no. 2 (1993): 166–83.

關於七五%的人得出解決問題的洞見的資訊，是對過去三年來，在數十個研討會上蒐集歸納的資料。其中，最高的數字是一〇〇%，最低的數字為五〇%左右。大多數時候，觀察的群體中，有七五%或更多的人能得出洞見。

關於正念對幸福和表現的影響，更多資料參閱：

Hassed, C. "Mindfulness, wellbeing, and performance." *NeuroLeadership Journal* 1 (2008): 53–60.

中場休息　與心智導演見面

你可以在這篇論文中進一步探索情節緩衝器（episodic buffer）的概念：

Baddeley, A. "The episodic buffer in working memory." *Trends in Cognitive Sciences* 4, no. 11 (2000): 417–23.

關於前額葉皮質管理大腦的方式，更多資料參閱：

Miller, E. K., and J. D. Cohen. "An integrative theory of prefrontal cortex function." *Annual Review of Neuroscience* 24 (2001): 167–202.

關於社會認知神經科學的入門知識，說明該領域的早期構想，參閱：

Ochsner, K. N., and M. D. Lieberman. "The emergence of social cognitive neuroscience." *American Psychologist* 56 (2001): 717–34.

關於正念定義的摘要可在以下文獻中找到：

Bishop, S. R., M. Lau, S. Shapiro, L. Carlson, N. D. Anderson, J. Carmody, Z. V. Segal, S. Abbey, M. Speca, D. Velting, and G. Devins. "Mindfulness: A proposed operational definition." *Clinical Psychology: Science and*

Practice 11, no. 3 (2004): 230–41.

關於柯克・布朗的「正念覺察注意量表」，以及正念如何使人們連接到更微妙的內在信號，更多資料參閱：

Brown, K. W., and R. M. Ryan. "The benefits of being present: Mindfulness and its role in psychological well-being." *Journal of Personality and Social Psychology* 84, no. 4 (2003): 822–48.

喬・卡巴金對正念幫助皮膚病康復的研究，更多資料參閱：

Kabat-Zinn, J., E. Wheeler, T. Light, A. Skillings, M. J. Scharf, T. G. Cropley, D. Hosmer, and J. D. Bernhard. (1998). "Influence of a mindfulness meditation-based stress reduction intervention on rates of skin clearing in patients with moderate to severe psoriasis undergoing phototherapy (UVB) and photochemotherapy (PUVA)." *Psychosomatic Medicine* 60, no. 5 (1998): 625–32.

關於正念和免疫功能，更多資料參閱：

Davidson, R. J., J. Kabat-Zinn, J. Schumacher, M. Rosenkranz, D. Muller, S. F. Santorelli, F. Urbanowski, A. Harrington, K. Bonus, and J. F. Sheridan. "Alterations in brain and immune function produced by mindfulness meditation." *Psychosomatic Medicine* 65, no. 4 (2003): 564–70.

關於馬克・威廉斯的研究，以及更多正念和憂鬱的資訊，可以在以下這本書中找到：

Williams, M., J. D. Teasdale, Z. V. Segal, and J. Kabat-Zinn. *The Mindful Way Through Depression: Freeing Yourself from Chronic Unhappiness*. NewYork: The Guilford Press, 2007.

關於正念和憂鬱的好論文：

Teasdale, J. D., M. Pope, and Z. V. Segal. "Metacognitive Awareness and Prevention of Relapse in Depression:

Empirical Evidence." *Journal of Consulting and Clinical Psychology* 70, no. 2 (2002): 275–87.

關於唐一源比較正念訓練與放鬆訓練的研究，更多資料參閱：

Tang, Y. Y., and M. I. Posner. "The neuroscience of mindfulness." *NeuroLeadership Journal* 1 (2008): 33–37.

Tang Y. Y., Y. Ma, J. Wang, Y. Fan, S. Feng, Q. Lu, Q. Yu, D. Sui, M. K. Rothbart, M. Fan, and M. I. Posner. "Short-term meditation training improves attention and self-regulation." *Proceedings of the National Academy of Sciences* 104, no. 43 (2007): 17152–56.

關於正念和γ波活動的研究包括：

Kaiser, Jochen, and W. Lutzenberger. "Human gamma-band activity: A window to cognitive processing." *NeuroReport* 16, no. 3 (2005): 207–11.

Lutz, A., L. L. Greischar, N. B. Rawlings, M. Ricard, and R. J. Davidson. "Long-term meditators self-induce high-amplitude gamma synchrony during mental practice." *Proceedings of the National Academy of Sciences* 101, no. 46 (2004): 16369–73.

關於正念和認知控制，更多資料參閱：

Brefczynski-Lewis, J. A., A. Lutz, H. S. Schaefer, D. B. Levinson, and R. J. Davidson. "Neural correlates of attentional expertise in long-term meditation practitioners." *Proceedings of the National Academy of Sciences* 104, no. 27 (2003): 11483–88.

Creswell, J. D., B. M. Way, N. I. Eisenberger, and M. D. Lieberman. (2007). "Neural correlates of dispositional mindfulness during affect labeling." *Psychosomatic Medicine* 69 (2007): 560–65.

Kaiser, Jochen, and W. Lutzenberger. "Human gamma-band activity: A window to cognitive processing."

NeuroReport 16, no. 3 (2005): 207–11.

Posner, M. I., M. K. Rothbart, B. E. Sheese, and Y. Y. Tang. "The anterior cingulate gyrus and the mechanism of self-regulation." *Cognitive, Affective and Behavioral Neuroscience* 7, no. 4 (2007): 391–95.

關於伴侶之間正念的研究可以參考以下資訊：

Barnes, S., K. W. Brown, E. Krusemark, K. W. Campbell, and R. D. Rogge. "The role of mindfulness in romantic relationship satisfaction and responses to relationship stress." *Journal of Marital and Family Therapy* 33, no. 4 (2007): 482–500.

關於諾曼・法布在論文中探索的兩種體驗狀態，更多資料參閱：

Farb, N.A.S., Z. V. Segal, H. Mayberg, J. Bean, D. McKeon, Z. Fatima, and A. K. Anderson. "Attending to the present: Mindfulness meditation reveals distinct neural modes of self-reference." *Social Cognitive Affective Neuroscience* 2 (2007): 313–22.

丹尼爾・席格對法布的論文進行了很好的討論：

Siegel, D. J. "Mindfulness training and neural integration: differentiation of distinct streams of awareness and the cultivation of well-being." *Social Cognitive Affective Neuroscience* 2, no. 4 (2007): 259–63.

http://www.pubmedcentral.nih.gov/articlerender.fcgi?artid=2566758—FN1

關於內側前額葉皮質和了解自己，更多資料參閱：

Amodio, D. M., and C. D. Frith. "Meeting of minds: the medial frontal cortex and social cognition." *Nature Reviews Neuroscience* 7 (2004): 268–77.

Gusnard, D.A., E. Akbudak, G. L. Shulman, and M. E. Raichle. "Medial prefrontal cortex and self-referential mental activity: Relation to a default mode of brain function." *Proceeding of the National Academy of Sciences* 98 (2001): 4259–64.

Macrae, C. N., J. M. Moran, T. F. Heatherton, J. F. Banfield, and W. M. Kelley. "Medial prefrontal activity predicts memory for self." *Cerebral Cortex* 14 (2004): 647–54.

更多關於內感受的資訊，參閱：

Craig A. D. "How do you feel? Interoception: the sense of the physiological condition of the body." *National Review of Neuroscience* 3 (2002): 655–66.

關於正念及其對健康影響的所有研究，以下論文概述得很好：

Brown, K. W., and R. M. Ryan. "Mindfulness: Theoretical foundations and evidence for its salutary effects." *Psychological Inquiry* 18, no. 4 (2007): 211–37.

此外參閱：

Davidson, R. J., J. Kabat-Zinn, J. Schumacher, M. Rosenkranz, D. Muller, S. F. Santorelli, F. Urbanowski, A. Harrington, K. Bonus, and J. F. Sheridan. "Alterations in brain and immune function produced by mindfulness meditation." *Psychosomatic Medicine* 65, no. 4 (2003): 564–70.

關於約翰・蒂斯岱的研究，更多資料參閱：

Teasdale, J. D. (1999). "Metacognition, mindfulness, and the modification of mood disorders." *Clinical Psychology and Psychotherapy* 6 (1999): 146–55.

關於丹尼爾・席格和正念，更多資料參閱他的著作：

Siegel, D. J. *The Mindful Brain: Reflection and Attunement in the Cultivation of Well-being*. New York:

W. W. Norton and Company, 2007.

注意力密度一詞是傑佛瑞・史瓦茲博士在以下論文中提出的：

Schwartz, J. M., H. P. Stapp, and M. Beauregard. "Quantum physics in neuroscience and psychology: A neurophysical model of mind-brain interaction." *Philosophical Transactions of the Royal Society*, 2005. doi: 10.1098 / rsub200401598, 2005; http://rstb.royalsocietypublishing.org/content/360/1458/1309.abstract

關於正念可以長期改變大腦，相關研究包括：

Lazar, S. W., C. E. Kerr, R. H. Wasserman, J. R. Gray, D. N. Greve, M. T. Treadway, M. McGarvey, B. T. Quinn, J. A. Dusek, H. Benson, S. L. Rauch, C. I. Moore, B. Fischl. "Meditation experience is associated with increased cortical thickness." *Neuroreport* 16, no. 17 (2005): 1893–97.

Schwartz, J. M. "A role for volition and attention in the generation of new brain circuitry: Toward a neurobiology of mental force. *Journal of Consciousness Studies* 6, no. 8–9 (1999): 115–42.

第7景　情緒調節大作戰

關於邊緣系統結構，更多資料參閱：

LeDoux, J. *The Emotional Brain: The Mysterious Underpinnings of Emotional Life*. New York: Simon and Schuster, 1998.

關於艾維恩・戈登研究大腦最小化威脅和最大化獎勵的運作方式，更多資料參閱他的綜合神經科學理論：

Gordon, E., ed. *Integrative Neuroscience: Bringing Together Biological, Psychological and Clinical*

Models of the Human Brain. Singapore: Harwood Academic Publishers, 2000.

Gordon, E. and L. Williams et al. "An 'integrative neuroscience' platform: applications to profiles of negativity and positivity bias." *Journal of Integrative Neuroscience* 7, no. 3 (2008): 345–66.

關於接近／迴避（趨吉／避凶）系統的更多資訊，有一本編輯過的完整研究，參閱：

Elliot, A., ed. *Handbook of Approach and Avoidance Motivation*. London: Psychology Press, 2008.

這本書中入門的論文有助於你了解趨吉和避凶系統的更多背景資料，參閱：

Elliot, A., "Approach and Avoidance Motivation." *Handbook of Approach and Avoidance Motivation*. London: Psychology Press, 2008.

關於我們把刺激自動分類為獎勵或威脅的方式，更多資料參閱：

Fazio, R. H. "On the automatic activation of associated evaluations: An overview." *Cognition and Emotion* 15 (2001): 115–41.

關於無意義的詞能啟動威脅反應，更多資料參閱：

Naccache, L., R. L. Gaillard, C. Adam, D. Hasboun, S. Clemenceau, M. Baulac, S. Dehaene, and L. Cohen. "A direct intracranial record of emotions evoked by subliminal words." *Proceedings of the National Academy of Science* 102 (2005): 7713–17.

關於杏仁核的更多資料，參閱：

Phelps, E. A. "Emotion and cognition: Insights from studies of the human amygdala." *Annual Review of Psychology* 57 (2006): 27–53.

關於「壞事比好事影響更深遠」，更多資料參閱：

Baumeister, R. F., E. Bratslavsky, C. Finkenauer, and K. D. Vohs. "Bad is stronger than good." *Review of General Psychology* 5, no. 4 (2001): 323–70.

「熱點」是我在二〇〇一年創造的一個術語，它是「旁觀者清」框架的一部分，該框架發表在 *Quiet Leadership*, New York: HarperCollins, 2006。我注意到，在一些情況下，包括出現情感問題時，人們變得無法清晰地思考。

關於情緒激發的神經科學，更多資料參閱：

Mather, M., K. J. Mitchell, C. L. Raye, D. L. Novak, E. J. Greene, and M. K. Johnson. "Emotional arousal can impair feature binding in working memory." *Journal of Cognitive Neuroscience* 18 (2006): 614–25.

關於貓頭鷹或起司圖形迷宮的研究，可以在以下文獻中找到：

Friedman, R. S., and J. Förster. "The effects of promotion and prevention cues on creativity." *Journal of Personality and Social Psychology* 81, no. 6 (2001): 1001–13.

關於邊緣系統的失誤連結、以偏概全和其他功能，更多資料參閱：

LeDoux, J. *The Emotional Brain: The Mysterious Underpinnings of Emotional Life*. New York: Simon and Schuster, 1998.

關於詹姆斯．格羅斯的模型，包括情緒的時間問題，更多資料參閱：

Ochsner K. N., and J. J. Gross. "The cognitive control of emotion." *Trends in Cognitive Sciences* 9, no. 5 (2005): 242–49.

一項詳細比較抑制和重新評估的研究，包括兩者所涉及的大腦區域和時間，可以在以下文獻中找到：

Goldin, P. R., K. McRae, W. Ramel, and J. J. Gross. "The neural bases of emotion regulation: Reappraisal and suppression of negative emotion." *Biological Psychiatry* 63 (2008): 577–86.

關於格羅斯對抑制影響記憶的研究，更多資料參閱：

Richards, J. M., and J. J. Gross. "Personality and emotional memory: How regulating emotion impairs memory for emotional events." *Journal of Research in Personality* 40, no. 5 (2006): 631–51.

關於在實驗室外比較抑制與重新評估的研究，更多資料參閱：

Gross, J. J., and O. P. John. "Individual differences in two emotion regulation processes: Implications for affect, relationships, and well-being." *Journal of Personality and Social Psychology* 85, no. 2 (2003): 348–62.

關於把情緒貼上標籤以及這種方式抑制邊緣系統激發的情況，更多資料參閱：

Lieberman, M. D., N. I. Eisenberger, M. J. Crockett, S. M. Tom, J. H. Pfeifer, & B. M. Way. "Putting feelings into words: Affect labeling disrupts amygdala activity in response to affective stimuli." *Psychological Science* 18, no. 5 (2007): 421–28.

關於利伯曼的研究顯示，要求人們預測把情緒貼上標籤的後果，他們認為會使情緒變得更糟，更多內容參閱：

Lieberman, M.D., T. Inagaki, M. Crockett, and G. Tabibnia. "Subjective responses to emotional stimuli during labeling, reappraisal, and distraction." *Emotion* 11(2011): 468-480 .

關於健康、壓力和地位密不可分的情況，參閱以下有關身體調適負荷的資訊：

Allostatic Load Working Group: Research Network on Socioeconomic Status and Health (1999). Allostatic Load and Allostasis.取自 http://www.macses.ucsf.edu/Research/Allostatic/notebook/allostatic.html（擷取日期為二〇〇

九年四月十日）。

關於大衛・克雷斯韋爾探索大腦剎車系統的活動程度，以及這與人們正念情況之間的關係，更多資料參閱：

Creswell, J. D., B. M. Way, N. I. Eisenberger, and M. D. Lieberman. "Neural correlates of dispositional mindfulness during affect labeling." *Psychosomatic Medicine* 69 (2007): 560–65.

第8景　渴望確定感的大腦

關於傑夫・霍金斯關於皮質和預測的著作，參閱：

Hawkins, J., and S. Blakeslee. *On Intelligence* . New York: Times Books, 2004.

關於不確定性產生威脅反應的影響，更多資料參閱：

Darnon, C., J. M. Harackiewicz, F. Butera, G. Mugny, and A. Quiamzade. "Performance-approach and performance-avoidance goals: When uncertainty makes a difference." *Personality and Social Psychology Bulletin* 33, no. 6 (2007): 813–27.

Hsu, M., M. Bhatt, R. Adolphs, D. Tranel, and C. F. Camerer. "Neural systems responding to degrees of uncertainty in human decision-making." *Science* 310 (2005): 1681–83.

關於史蒂夫・麥耶的研究，更多資料參閱：

Maier, S. F., R. C. Drugan, and J. W. Grau. "Controllability, coping behavior, and stress-induced analgesia in the rat." *Pain* 12 (1982): 47–56.

史蒂夫・麥耶還與馬汀・塞利格曼和其他人一起發展出「習得的無助感」（learned

helplessness）觀點，當人感到無法控制壓力源，就會發生這種情況。關於習得的無助感，更多資料參閱以下書籍：

Seligman, M. *Learned Optimism: How to Change Your Mind and Your Life*. Sydney: Random House Publishers, 1992.

關於史蒂文・德沃金對老鼠和自主權的研究，更多資料參閱：

Dworkin, S. I., S. Mirkis, and J. E. Smith. "Response-dependent versus response-independent presentation of cocaine: Differences in the lethal effects of the drug. *Psychopharmacology* 117 (1995): 262–66.

關於自主權和控制，更多資料參閱：

Mineka, S., and R. W. Hendersen. "Controllability and predictability in acquired motivation." *Annual Review of Psychology* 36 (1985): 495–529.

關於英國公務員的職場社會地位對健康和死亡率的影響，以及人們對工作控制感的研究，更多資料參閱：

Marmot, M., H. Bosma, H. Hemingway, E. Brunner, and S. Stansfeld. "Contribution of job control and other risk factors to social variations in coronary heart disease incidence." *The Lancet* 350 (1997): 235–39.

關於做小生意的人想要更多「工作與生活平衡」的研究實例，參閱：

The 2007 MYOB Special Focus Report into the lifestyle of Small Business Owners. 可從 MYOB 網站（www.myob.com.au）上的「About MYOB>>News>>MYOB Small Business Surveys>>Survey Special Focus Report-December 2007,」中下載該檔案。

關於提供簡單選擇，對養老院居民健康和長壽好處的研究，更多資料參閱：

Rodin, J., and E. J. Langer. "Long-term effects of a control-relevant intervention with the institutionalized aged." *Journal of Personality and Social Psychology* 33, no. 12 (1977): 897–902.

關於幸福感的長期研究，更多資料參閱：

Diener, E., W. Ng, J. Harter, and R. Arora. "Wealth and happiness across the world: Material prosperity predicts life evaluation, whereas psychosocial prosperity predicts positive feeling." *Journal of Personality and Social Psychology* 99, no. 1 (2010): 52–61.

關於職場自主權的研究，參閱：

Wood, S., and L.M. de Menezes. "High involvement management, high-performance work systems and wellbeing." *The International Journal of Human Resource Management* 22, no. 7 (2011): 1586–1610.

關於青少年大腦，以及美國青少年的選擇只有重罪犯的一半，更多資料參閱：

Epstein, Robert. *The Case Against Adolescence: Rediscovering the Adult in Every Teen*. Fresno, Calif.: Quill Driver Books, 2007.

關於重新評估，更多資料參閱：

Goldin, P. R., K. McRae, W. Ramel, and J. J. Gross. "The neural bases of emotion regulation: Reappraisal and suppression of negative emotion." *Biol Psychiatry* 63, no. 6 (2008): 577–86.

Ochsner, K. N., R. D. Ray, J. C. Cooper, E. R. Robertson, S. Chopra, J.D.E. Gabrieli, et al. "For better or for worse: Neural systems supporting the cognitive down and up-regulation of negative emotion." *Neuroimage* 23, no. 2 (2004): 483–99.

關於抑制情緒影響他人的情況，更多資料參閱：

Butler, E. A., B. Egloff, F. H. Wilhelm, N. C. Smith, E. A. Erickson, and J. J. Gross. "The social consequences of expressive suppression." *Emotion* 3, no. 1 (2003): 48–67.

關於青少年隨著年齡的增長，認知改變的能力逐年提升，更多資料參閱：

Steinberg, L.. "A social neuroscience perspective on adolescent risk-taking." *Developmental Review* 28, no. 1 (2008): 78–106.

華特・弗里曼的說法「大腦所能知道的一切，都是來自大腦內部知道的東西」，這句話來自他的著作 *How Brains Make Up Their Minds*, New York: Columbia University Press, 2001。

第9景　失控的期望

關於期望改變神經元的功能，更多資料參閱：

Lauwereyns, J., Y. Takikawa, R. Kawagoe, S. Kobayashi, M. Koizumi, B. Coe, M. Sakagami, and O. Hikosaka, "Feature-based anticipation of cues that predict reward in monkey caudate nucleus, *Neuron* 33, no. 3 (January 31, 2002): 463–73.

關於目標的更多資料，參閱：

Berkman, E., and M. D. Lieberman. "The neuroscience of goal pursuit: Bridging gaps between theory and data." In G. Moskowitz and H. Grant, eds. *The Psychology of Goals*. New York: Guilford Press, 2009, pp. 98–126.

Elliot, Andrew, ed. *Handbook of Approach and Avoidance Motivation*. London: Psychology Press, 2008.

關於期望影響感受的方式，更多資料參閱：

Hansen, T., M. Olkonnen, S. Walter, and K. R. Gegenfurtner. "Memory Modulates Color Appearance." *Nature*

Neuroscience 9, no. 11 (2006): 1367.

Koyama, T., J. G. McHaffie, P. J. Laurienti, and R. C. Coghill. "The subjective experience of pain: Where expectations become reality." *Proceedings of the National Academy of Science U. S. A*, 102, no. 36 (2005): 12950–55.

唐納德・普萊斯博士探討了預期的疼痛程度對腸躁症患者的影響，更多資訊參閱：

http://www.stoppain.org/for_professionals/compendium/bios/price.asp.

關於期望和多巴胺的更多資料，參閱：

Schultz, W. "The reward signal of midbrain dopamine neurons." *News in Physiological Sciences* 14, no. 6 (1999): 249–55.

———. "Reward signaling by dopamine neurons." *Neuroscientist* 7, no. 4 (2001): 293–302.

Waelti, P., A. Dickinson, and W. Schultz. "Dopamine responses comply with basic assumptions of formal learning theory." *Nature* 412 (2001): 43–48.

關於人們「過於樂觀地看待問題」對心理健康的正面影響，更多資料參閱：

Taylor, S. E., J. S. Lerner, D. K. Sherman, R. M. Sage, and N. K. McDowell. "Portrait of the self-enhancer: Well adjusted and well liked or maladjusted and friendless?" *Journal of Personality and Social Psychology* 84, no. 1 (2003): 165–76.

第10景　化敵為友

關於大腦中社交迴路的更多資料，參閱：

Lieberman, M. D. "Social cognitive neuroscience: A review of core processes." *Annual Review of Psychology* 58 (2007): 259–89.

關於新生兒朝向有臉孔的照片，機率高過於其他類型的照片，更多資料參閱：

Goren, C. C., M. Sarty, and P.Y.K. Wu. "Visual following and pattern discrimination of face-like stimuli by newborn infants." *Pediatrics* 56, no. 4 (1975): 544–49.

關於兒童發育的更多資料，參閱：

Wingert, P., and M. Brant. "Reading Your Baby's Mind." *Newsweek*, August 15, 2005, p. 35.

Jaremka, L. M., S. Gabriel, and M. Carvallo. "What makes us feel the best also makes us feel the worst: The emotional impact of independent and interdependent experiences." *Self and Identity* 10, no.1 2011: 44–63.

關於人們如何從嬰兒期就把別人歸類為朋友或敵人，更多資料參閱：

Porges, S. W. "Neuroception: A subconscious system for detecting threats and safety." *Zero to Three* 24, no. 5 (2004): 19–24.

關於把關聯感作為主要獎勵或威脅，更多資料參閱：

Baumeister, R. F., and M. R. Leary. "The need to belong: Desire for interpersonal attachments as a fundamental human motivation." *Psychological Bulletin* 117 (1995): 497–529.

Cacioppo, J. T., and B. Patrick. *Loneliness: Human Nature and the Need for Social Connection*. New York: W. W. Norton and Company, 2008.

Carter, E. J., and K. A. Pelphrey. "Friend or foe? Brain systems involved in the perception of dynamic signals of menacing and friendly social approaches." *Journal Social Neuroscience* 3, no. 2 (2008): 151–63.

關於馬斯洛的需求層次，更多資料參閱：

Maslow, A. H. "A theory of human motivation." *Psychological Review* 50 (1943): 370–96.

關於鏡像神經元和同理心的更多關係，參閱：

Keysers C., and V. Gazzola. "Towards a unifying neural theory of social cognition." *Progress in Brain Research* 156 (2006): 379–401.

Uddin, L. Q., M. Iacoboni, C. Lange, and J. P. Keenan. "The self and social cognition: The role of cortical midline structures and mirror neurons." *Trends in Cognitive Sciences* 11, no. 4 (2007): 153–57.

關於鏡像神經元與直接領會他人意圖的情況，更多資料參閱：

Iacoboni, M., I. Molnar-Szakacs, V. Gallese, G. Buccino, J. C. Mazziotta, and G. Rizzolatti. "Grasping the intentions of others with one's own mirror neuron system." *PloS Biology* 3, no. 3 (2005): 79.

關於鏡像神經元與自閉症的可能關聯，更多資料參閱：

Iacoboni, M., and M. Dapretto. "The mirror neuron system and the consequences of its dysfunction." *Nature Reviews Neuroscience* 7 (2006): 924–51.

關於情緒在整個群體中擴散的方式，也稱為情緒傳染，更多資料參閱：

Barsade, S. G. "The ripple effect: Emotional contagion and its influence on group behavior." *Administrative Science Quarterly* 47 (2002): 644–75.

Wild, B., M. Erb, and M. Bartels. "Are emotions contagious? Evoked emotions while viewing emotionally expressive faces: quality, quantity, time course, and gender differences." *Psychiatry Res.* 102 (2001): 109–24.

關於人們使用同一套大腦迴路，來思考自認與自己一樣的人；面對與自己不一樣的人，則使用不同迴路，更多資料參閱：

Mitchell, J. P., C. N. Macrae, and M. R. Banaji. "Dissociable medial prefrontal contributions to judgments of similar and dissimilar others." *Neuron* 50 (2006): 655–63.

關於催產素如何增加信任和減少油然而生的威脅感，更多資料參閱：

Kosfeld, M., M. Heinrichs, P. J. Zak, U. Fischbacher, and E. Fehr. "Oxytocin increases trust in humans." *Nature* 435 (2005): 673–76.

Meyer-Lindenberg, A., G. Domes, P. Kirsch, and M. Heinrichs. "Oxytocin and vasopressin in the human brain: Social neuropeptides for translational medicine." *National Reviews Neuroscience* 12, no. 9 (2011): 524–538.

關於催產素的複雜性，更多資料參閱：

De Dreu, C. K., L. L. Greer, M. J. Handgraaf, S. Shalvi, G.A. Van Kleef, M. Baas, et al. "The neuropeptide oxytocin regulates parochial altruism in intergroup conflict among humans." *Science* 328, no. 5984 (2010): 1408–1411.

關於康納曼和最有益的社交環境，更多資料參閱：

Kahneman, D. "Objective happiness." In D. Kahneman, E. Deiner, and N. Schwarz, eds., *Well-being: Foundations of Hedonic Psychology*, New York: Russell Sage Foundation, 1999, pp. 3–14.

關於笑聲和催產素的更多資料，參閱羅伯特・普羅文博士（Dr. Robert Provine）的著作：

Laughter: A Scientific Investigation, New York: Penguin Paperback, 2001.

關於大腦對關聯感與生俱來的需求，更多資料參閱：

Cacioppo, J. T., and B. Patrick. Loneliness: *Human Nature and the Need for Social Connection*. New York: W. W. Norton and Company, 2008.

關於關聯感減少壓力的情況，更多資料參閱：

Eisenberger, N. I., and M. D. Lieberman. "Why rejection hurts: A common neural alarm system for physical and social pain." *Trends in Cognitive Sciences* 8 (2004): 294–300.

Eisenberger, N. I., J. J. Jarcho, M. D. Lieberman, and B. D. Naliboff. "An experimental study of shared sensitivity to physical pain and social rejection." *Pain* 126 (2006): 132–38.

關於大聲講話影響記憶的情況，更多資料參閱：

Davachi, L., A. Maril, and A. D. Wagner. "When keeping in mind supports later bringing to mind: Neural markers of phonological rehearsal predict subsequent remembering." *Journal of Cognitive Neuroscience* 13, no. 8 (2001): 1059–70.

關於競爭減少同理心的情況，更多資料參閱：

Baumeister, R. F., J. M. Twenge, and C. K. Nuss. "Effects of social exclusion on cognitive processes: Anticipated aloneness reduces intelligent thought." *Journal of Personality and Social Psychology* 83, no. 4 (2002): 817–27.

Shirom, A., S. Toker, Y. Alkaly, O. Jacobson, and R. Balicer. "Work-based predictors of mortality: A 20-year followup of healthy employees." *Health Psychology* 30, no. 3 (2011): 268–275.

Holt-Lunstad, J., T. B. Smith, and J. B. Layton. "Social relationships and mortality risk: A meta-analytic review." *PLoS Medicine* 7, no. 7 (2010). doi.org/10.1371/journal.pmed.1000316.

Walton, G. M., G. L. Cohen, D. Cwir, and S. J. Spencer. "Mere belonging: The power of social connections." *Journal of Personality and Social Psychology* 102, no. 3 (2012): 513–532.

Dhont, K., A. Roets, and A. Van Hiel, "Opening closed minds: The combined effects of intergroup contact and need for closure on prejudice." *Personality and Social Psychology Bulletin* 37, no. 4 (2011): 514–528.

de Quervain, D. J., U. Fischbacher, V. Treyer, M. Schellhammer, U. Schnyder, A. Buck, and E. Fehr. "The neural basis of altruistic punishment." *Science* 305 (2004): 1254–58.

關於催產素的釋放，更多資料參閱：

Kosfeld, M., M. Heinrichs, P. J. Zak, U. Fischbacher, and E. Fehr. "Oxytocin increases trust in humans." *Nature* 435 (2005): 673–76.

關於蓋洛普研究的更多資訊，請造訪網站 www.gallup.com。

關於共同目標創造出「自己人」的感覺，更多資料參閱：

Xiao, Y. J. and J. J. Van Bavel. "Sudden shifts in social identity swiftly shape implicit evaluations." *Journal of Experimental Social Psychology* 83, (2019): 55–69.

第11景　不公平的代價

關於把公平當作主要獎勵或威脅，更多資料參閱：

Tabibnia, G., and M. D. Lieberman. "Fairness and cooperation are rewarding: Evidence from social cognitive neuroscience." *Annals of the New York Academy of Sciences* 1118 (2007): 90–101.

關於最後通牒賽局，更多資料參閱：

Sanfey, A. G., J. K. Rilling, J. A. Aronson, L. E. Nystrom, and J. D. Cohen. "The neural basis of economic decision-making in the Ultimatum Game." *Science* 300 (2003): 1755–58.

關於公平性的演化基礎，觀點來自史帝芬・品克的著作：*How the Mind Works*, New York: W. W.

Norton and Company, 1997。

關於某些活動中，青少年大腦的效率比青春期前孩子的大腦效率低，更多資料參閱：

Blakemore, S. J. "The social brain of a teenager." *The Psychologist* 20 (2007): 600–602.

McGivern, R. F., J. Andersen, D. Byrd, K. L. Mutter, and J. Reilly. "Cognitive efficiency on a match to sample task decreases at the onset of puberty in children." *Brain and Cognition* 50, no. 1 (2002): 73–89.

關於血清素和公平性，更多資料參閱：

Crockett, M. J., L. Clark, G. Tabibnia, M. D. Lieberman, and T. W. Robbins. "Serotonin modulates behavioral reactions to unfairness." *Science* 320, no. 5884 (2008): 173.

關於人們體驗到公平提議時，信任與合作會增加的情況，更多資料參閱：

Decety, J., P. L. Jackson, J. A. Sommerville, T. Chaminade, and A. N. Meltzoff. "The neural bases of cooperation and competition: An fMRI investigation." *Neuroimage* 23 (2004): 744–51.

Rilling, J. K., D. A. Gutman, T. R. Zeh, G. Pagnoni, G. S. Berns, and C. D. Kilts. "A neural basis of social cooperation." *Neuron* 35 (2002): 395–405.

關於信任和催產素的更多資料，參閱：

Kosfeld, M., Heinrichs, M., Zak, P. J., Fischbacher, U., and Fehr, E. "Oxytocin increases trust in humans." *Nature* 435 (2005): 673–76.

關於懲罰別人不公平的方式，更多資料參閱：

Xiao, E., and D. Houser. "Emotion expression in human punishment behavior." *Proceedings of the National Academy of Sciences of the United States* 102, no. 20 (2005): 7398–401.

關於感知到的公平性能降低裁員難度，更多資料參閱：

Brockner, J. "Managing the effects of layoffs on others." *California Management Review* (Winter 1992): 9–27.

Hamel, G., and C. K. Prahalad. "Competing for the future," *Harvard Business Review* (July–August 1994): 122–28.

關於公平性和組織的更多資料，參閱：

Robbins, J. M., M.T. Ford, and L. E. Tetrick. "Perceived unfairness and employee health: A meta-analytic integration." *Journal of Applied Psychology* 97, no. 2 (2012): 235–272.

關於我們接受不公平的情況，更多資料參閱：

Tabibnia, G., A. B. Satpute, and M. D. Lieberman. "The sunny side of fairness: Preference for fairness activates reward circuitry (and disregarding unfairness activates self-control circuitry." *Psychological Science* 19, no. 4 (2008): 339–47.

關於我們不會同情不公平的人，更多資料參閱：

Seymour, B., T. Singer, and R. Dolan. "The neurobiology of punishment." *Nature Reviews Neuroscience* 8 (2007): 300–311.

Singer, T., B. Seymour, J. P. O'Doherty, K. E. Stephan, R. J. Dolan, and C. D. Frith. "Empathic neural responses are modulated by the perceived fairness of others." *Nature* 439 (2006): 466–69.

關於為他人付出，啟動強烈獎勵反應的情況，更多資料參閱：

Moll, J., F. Krueger, R. Zahn, M. Pardini, R. Oliveira-Souza, and J. Grafman. "Human fronto-mesolimbic networks guide decisions about charitable donation." *Proceedings of the National Academy of Science* 103 (2006): 15623–28.

Moll, J., R. Oliveira-Souza, and R. Zahn. "The Neural Basis of Moral Cognition." *Annals of the New York Academy of Sciences* 1124 (2008): 161–80.

第12景　地位之戰

關於社交痛苦的期間與生理痛苦相比的研究，更多資料參閱：

Chen, Z., K. D. Williams, J. Fitness, and N. C. Newton. "When hurt will not heal: Exploring the capacity to relive social and physical pain." *Psychological Science* 19, no. 8 (2008): 789–95.

關於我們維護與他人之間地位關係的特定地圖，更多資料參閱：

Chiao, J. Y., A. R. Bordeaux, and N. Ambady. "Mental representations of social status." *Cognition* 93, no. 2 (2003): B49–57.

Zink, C., Y. Tong, Q. Chen, D. Bassett, J. Stein, and A. Meyer-Lindenberg. "Know your place: Neural processing of social hierarchy in humans." *Neuron* 58 (2008): 273–83.

Srivastava, S. and C. Anderson. (2011). "Accurate when it counts: Perceiving power and status in social groups." In J. L. Smith, W. Ickes, J. Hall, S. D. Hodges, and W. Gardner, eds. *Managing Interpersonal Sensitivity: Knowing When—and When Not to—Understand Others*, Psychology of Emotions, Motivations, and Actions, New York: Nova Science Publishers, 2011: 41–58.

關於地位威脅的影響，更多資料參閱：

Eisenberger, N., M. Lieberman, and K. Williams. "Does rejection hurt? An fMRI study of social exclusion." *Science* 302, no. 5643 (2003): 290–92.

Eisenberger, N., and M. Lieberman. "Why rejection hurts: A common neural alarm system for physical and social pain." *Trends in Cognitive Sciences* 8, no. 7 (2004): 294–300.

Eisenberger, N. "The pain of social disconnection: examining the shared neural underpinnings of physical and social pain." *Nature Reviews Neuroscience* 13, no. 6 (2012): 421–434.

Lieberman M., and N. Eisenberg. "The pains and pleasures of social life." *NeuroLeadership Journal* 1 (2008): 38–43.

關於動物族群地位，更多資料參閱：

Sapolsky, R. *Why Zebra's Don't Get Ulcers*. 3rd ed. New York: Henry Holt and Company, 2004.

說明地位重要性的書是：*The Status Syndrome: How Social Standing Affects Our Health and Longevity*, by Michael Marmot, New York: Henry Holt and Company, 2005。

關於地位獎勵的更多資料，參閱：

Izuma, K., D. Saito, and N. Sadato. "Processing of social and monetary rewards in the human striatum." *Neuron* 58, no. 2 (2008): 284–94.

Izuma, K. "The social neuroscience of reputation." *Journal of Neuroscience Research* 72, no. 4 (2012): 283–288.

關於電腦讓小孩得到正面回饋的研究是：

Scott, Dapretto et al. "Social, Cognitive and Affective Neuroscience." (under review, *Social Cognitive and Affective Neuroscience Journal*, 2008).

關於慢性壓力和低社經地位對大腦的影響，參閱：

Evans, G. W., and M. A. Schamberg. "Childhood poverty, chronic stress, and adult working memory."

Proceedings of the National Academy of Sciences of the United States. Published online, www.pnas.org, March 30, 2009.

平凡人做非凡事情，這個現象背後來自「地位期望」，來自我寫作時獲得的洞見。

關於地位和多巴胺之間的關聯，更多資料參閱：

Grant, K. A., C. A. Shively, M. A. Nader, R. L. Ehrenkaufer, S. W. Line, T. E. Morton, H. D. Gage, and R. H. Mach. "Effect of social status on striatal dopamine D2 receptor binding characteristics in cynomolgus monkeys assessed with positron emission tomography." *Synapse* 29, no. 1 (1998): 80–83.

關於睪固酮與地位之間的關聯，更多資料參閱：

Newman, M. L., J. G. Sellers, and R. A. Josephs. "Testosterone, cognition, and social status." *Hormones and Behavior* 47 (2005): 205–11.

地位是與自己競賽的驅動力，我這個想法來自讀到相關的資料：大腦使用相同的迴路來了解自己和他人。我得到的見識是，地位可能解釋了，為什麼設定和實現個人目標會如此激勵人心。

關於幸災樂禍的研究，更多資料參閱：

Takahashi, H., M. Kato, M. Matsuura, D. Mobbs, T. Suhara, and Y. Okubo. "When your gain is my pain and your pain is my gain: Neural correlates of envy and schadenfreude." *Science* 323, no. 5916 (2009): 937–39.

關於ＳＣＡＲＦ模型，更多資料參閱我在《神經領導力期刊》上的文章：

Rock, D. "SCARF: A brain-based model for collaborating with and influencing others." *NeuroLeadership Journal* 1 (2008): 44–52.

第13景　荒腔走板的溝通

關於複雜的人際互動系統和組織，更多資料參閱瑪格利特・惠特理（Margaret Wheatley）的著作 *Leadership and the New Science: Discovering Order in a Chaotic World*, 3rd ed. San Francisco: Berret-Koehler Publishers, 2006。

我們因為渴望避免不確定性，更容易專注於欠缺和問題模式，這是我在寫這本書時的想法。據我所知，還沒有人就這方面進行測試過。這個想法來自於串起三組資訊：我們知道過去的常識型概念，但是未來是不確定的。研究顯示，即使很小的不確定性也會產生威脅回應。其他研究也顯示，人們會自動避免威脅。

關於你設定的目標取決於你的認知，更多資料參閱：

Ferguson, M. J., and J. A. Bargh. "Liking is for doing: The effects of goal pursuit on automatic evaluation." *Journal of Personality and Social Psychology* 87, no. 5 (2004): 557–72.

更多關於促發的資訊，參閱：

Jacoby, L. L. "Perceptual enhancement: Persistent effects of an experience." *Journal of Experimental Psychology: Learning, Memory, and Cognition* 9, no. 1 (1983): 21–38.

關於大腦在每種情況下都需要選定一種行為方式，更多資料參閱：

Desimone, R., and J. Duncan. "Neural mechanisms of selective visual attention." *Annual Review of Neuroscience* 18 (1995): 193–222.

關於正面影響幫助促進洞見，更多資料參閱：

Subramaniam, K., J. Kounios, T. B. Parrish, and M. Jung-Beeman. "A brain mechanism for facilitation of insight by positive affect." *Journal of Cognitive Neuroscience* 21 (2009): 415–32.

關於「頓悟時刻」和「啊不然勒」經驗的影響，更多資料參閱：

Dougal, S., and J. W. Schooler. "Discovery misattribution: When solving is confused with remembering." *Journal of Experimental Psychology* 136, no. 4 (2007): 577–92.

關於洞見的影響，更多資料參閱：

Gick, M. L., and R. S. Lockhart. "Cognitive and affective components of insight." In R. J. Sternberg and J. E. Davidson, eds., *The Nature of Insight*, Cambridge, Mass.: MIT Press, 1995, pp. 197–228.

Knoblich, G., S. Ohlsson, and G. Raney. "Resolving impasses in problem solving: An eye movement study." In M. Hahn and S. C. Stoness, eds. *Proceedings of the Twenty-First Annual Conference of the Cognitive Sciences*, Vancouver: Simon Fraser University Press, 1999, pp. 276–81.

歐爾森探索了旁人陷入停滯時，你該怎麼辦的問題：

Schooler, J. W., and J. Melcher. "The ineffability of insight." In S. M. Smith, T. B. Ward, and R. A. Finke, eds., *The creative cognition approach*, Cambridge Mass.: MIT Press, 1997, pp. 97–133.

二〇〇八年，馬修．利伯曼在加州大學洛杉磯分校的一次採訪中，向我解釋了讓學生自己提供回饋意見的過程。

第14景　決定性的轉變

關於改變自己的行為是多麼困難，艾倫．多伊奇曼（Alan Deutschman）的著作《應變求生》（*Change or Die*）中提到，二〇〇四年一場醫療危機會議發表的數字顯示：接受了心臟外科手術後，只有九分之一的人會改變生活方式。參閱：

Deutschman, A. *Change or Die: The Three Keys to Change at Work and in Life* New York: Collins, 2007.

關於在職場使用「軟硬兼施」方法所帶來的麻煩，更多的討論參閱：

Rock, D., and J. M. Schwartz. "The neuroscience of leadership." *strategy + business* 43, 2006. 取自 http://www.strategy-business.com/media/file/sb43_06207.pdf。

關於神經同步化，更多資料參閱：

Slagter, H. A., A. Lutz, L. L. Greischar, A. D. Francis, S. Nieuwenhuis, and J. M. Davis, et al. "Mental training affects distribution of limited brain resources." *Public Library of Sciences Biology* 5, no. 6 (2007): 138.

關於神經同步化在大腦功能模組的整合中，發揮重要作用，更多資料參閱：

Ward, L. M., S. M. Doesburg, K. Kitajo, S. E. MacLean, and A. B. Roggeveen. "Neural synchrony in stochastic resonance, attention, and consciousness." *Canadian Journal of Experimental Psychology* 60, no. 4 (2006): 319–26.

關於著重於解決方案的療法，相關介紹可參閱：

"Solutions-focused brief counselling: An overview." In K. Hunt and M. Robson, eds. *Counselling and Metamorphosis*. Durham, UK: Centre for Studies in Counselling, University of Durham, 1998, pp. 99–106.

關於肯定式探尋，參閱：

Cooperrider, D., and D. Whitney. *Appreciative Inquiry: The Handbook*. Ohio: Lakeshore Publishers, 2002.

關於戴西蒙對注意力的研究，更多資料參閱：

Desimone, R., and J. Duncan. "Neural mechanisms of selective visual attention." *Annual Review of Neuroscience* 18 (1995): 193–222.

關於γ腦電波和認知，更多資料參閱：

Kaiser, J., and W. Lutzenberger. "Human gamma-band activity: A window to cognitive processing." *Neuroreport* 16 (2005b): 207–11.

Keil, A., M. M. Müller, W. J. Ray, T. Gruber, and T. Elbert. "Human gamma band activity and perception of a gestalt." *Journal of Neuroscience* 19 (1999): 7152–61.

關於海伯法則，更多資料參閱：

Hebb, D. O. *The Organization of Behavior*. New York: Wiley, 1949.

關於神經可塑性的許多案例研究，參閱諾曼・多吉的 *The Brain That Changes Itself*. New York: Viking Adult, 2007；以及傑佛瑞・史瓦茲的 *The Mind and the Brain*, New York: Harper Perennial, 2003。

自主的神經可塑性一詞出現在：

Schwartz, J. M., E. Z. Gulliford, J. Stier, and M. Thienemann. "Mindful awareness and self-directed neuroplasticity: Integrating psychospiritual and biological approaches to mental health with a focus on obsessive compulsive disorder." In S. G. Mijares and G. S. Khalsa, eds. *The Psychospiritual Clinician's Handbook: Alternative Methods for Understanding and Treating Mental Disorders*. Binghamton, N.Y.: Haworth Reference Press, 2005, p. 5.

注意力密度一詞出現在：

Schwartz, J. M., H. P. Stapp, and M. Beauregard. "Quantum physics in neuroscience and psychology: A neurophysical model of mind–brain interaction." *Philosophical Transactions of the Royal Society*, 2004. doi:10.1098/rsub200401598, 2005; http:rstb.royalsocietypublishing.org/content/360/1458/1309.abstract.

關於同化目標，更多資料參閱：

Berkman, E., and M. D. Lieberman. "The neuroscience of goal pursuit: Bridging gaps between theory and data." In G. Moskowitz and H. Grant, eds. *The Psychology of Goals*. New York: Guilford Press, 2009, pp. 98–126.

關於大腦透過故事和隱喻來學習的情況，更多資料參閱：

Perry, B. "How the brain learns best." *Instructor* 11, no. 4 (2000): 34–35.

關於吉姆．巴若的研究，以及接近／迴避目標，更多資料參閱：

Price, D. D., and J. J. Barrell. "Some general laws of human emotion: Inter-relationships between intensities of desire, expectation, and emotional feeling." *Journal of Personality* 52, no. 4 (2006): 389–409.

關於每個人經歷的個體性，更多資料參閱：

Coghill, R. C., J. G. McHaffie, and Y. Yen. "Neural correlates of inter-individual differences in the subjective experience of pain." *Proceedings of the National Academy of Sciences* 100 (2003): 8538–42.

關於園藝的比喻，是我自己觀察得出的。至於怎樣把樂器學習到最好，這方面的研究也呈現類似的想法，顯示重複是關鍵的因素。另外，關於把藝術教育效果最大化，包括學習樂器，更多資訊請造訪達納基金會（Dana Foundation）的網站：www.dana.org。這個網站還提供關於音樂／藝術訓練，有益於認知發展和心理健康的相關網址連結、資源和研究。

一般智力和自我意識呈負相關的觀念來自一系列的論文，內容探究了內側區域與外側大腦區域的作用，以及內側前額葉區域受損的人會發生什麼情況，參閱：

Beer, J. S., A. P. Shimamura, and R. T. Knight. "Frontal lobe contributions to executive control of cognitive and social behavior." In M. S. Gazzaniga, ed., *The Cognitive Neurosciences III*, Cambridge, Mass.: MIT Press, 2004, pp.

1091– 104.

Fox, M. D., A. Z. Snyder, J. L. Vincent, M. Corbetta, D. C. Van Essen, and M. E. Raichle. "The human brain is intrinsically organized into dynamic, anticorrelated functional networks." *PNAS* 102, no. 27 (July 5, 2005): 9673–78.

Gray J. R., C. F. Chabris, and T. S. Braver. "Neural mechanisms of general fluid intelligence." *Nature Neuroscience* (February 18, 2003).

Schnyer, D. M., L. Nicholls, and M. Verfaellie. "The role of VMPC in metamemorial judgments of content retrievability." *Journal of Cognitive Neuroscience* 17 (2005): 832–46.

順著大腦來生活

作　　者　大衛・洛克（David Rock）
譯　　者　黃庭敏
主　　編　呂佳昀

總 編 輯　李映慧
執 行 長　陳旭華（steve@bookrep.com.tw）

社　　長　郭重興
發行人兼出版總監　曾大福
出　　版　大牌出版 / 遠足文化事業股份有限公司
發　　行　遠足文化事業股份有限公司
地　　址　23141 新北市新店區民權路 108-2 號 9 樓
電　　話　+886- 2- 2218-1417
傳　　真　+886- 2- 8667-1851

印務協理　江域平
封面設計　陳文德
排　　版　新鑫電腦排版工作室
印　　製　成陽印刷股份有限公司
法律顧問　華洋法律事務所　蘇文生律師

定　　價　560 元
初　　版　2022 年 2 月

國家圖書館出版品預行編目資料

順著大腦來生活 / 大衛・洛克（David Rock）著 ; 黃庭敏 譯 .
-- 初版 . -- 新北市 : 大牌出版 ; 遠足文化事業股份有限公司 , 2022.02
面 ;　公分
譯自：Your Brain at Work, Revised and Updated: Strategies for Overcoming Distraction, Regaining Focus, and Working Smarter All Day Long

ISBN 978-626-7102-04-6 (平裝)

1. 腦部　2. 科學　3. 職場成功法

394.911　　110021631